Peter Dörsam

Mathematik

anschaulich dargestellt

für Studierende der Wirtschaftswissenschaften

7. überarbeitete Auflage
mit zahlreichen Abbildungen

D1731654

PD-Verlag Heidenau

Die Deutsche Bibliothek – CIP–Einheitsaufnahme

Dörsam, Peter:
Mathematik anschaulich dargestellt - für Studierende der
Wirtschaftswissenschaften / Peter Dörsam. - 7., überarb. Aufl.
- Heidenau : PD-Verl., 1997
 ISBN 3-930737-07-8

1. Auflage Juni 1993
2., überarbeitete und erweiterte Auflage Dezember 1993
3., überarbeitete Auflage Februar 1994
4., überarbeitete und erweiterte Auflage Juli 1994
5., überarbeitete und erweiterte Auflage Juli 1995
6., überarbeitete und erweiterte Auflage Jannuar 1997
7., überarbeitete Auflage April 1997
© Copyright 1997 by PD-Verlag, Everstorfer Str.19,
21258 Heidenau, Tel. 04182/401037, FAX: 04182/401038
Druck: Clausen & Bosse, Leck

Vorwort

Dieses Buch entstand über mehrere Semester, begleitend zu meinen Mathematikkursen an der Universität Hamburg. Es ist an den zum Vordiplom geforderten Kenntnissen ausgerichtet. Seit einiger Zeit stößt es auch an zahlreichen anderen Universitäten auf großes Interesse. Daher wurde die Stoffauswahl erweitert. Bei der 5. Auflage wurden insbesondere Abschnitte zu Elastizitäten, die in der Ökonomie eine wichtige Rolle spielen, und zur Finanzmathematik aufgenommen. Bei der 6. Auflage wurden weiterhin Abschnitte zur linearen Optimierung und zu Folgen und Reihen hinzugefügt. Einige andere Kapitel wurden überarbeitet. Bei der vorliegenden 7. Auflage wurden lediglich einige Überarbeitungen vorgenommen. Für die meisten Universitäten dürfte der zum Vordiplom geforderte Stoff in diesem Buch enthalten sein.

In dem Buch wird versucht, die Grundideen der mathematischen Zusammenhänge darzustellen, denn es ist meine feste Überzeugung, daß sich viele Dinge in der Mathematik durchaus "begreifen lassen". Diese Grundideen werden in der Regel anhand von Aufgaben erläutert. Die formale Seite der Mathematik kommt hierbei aus der Sicht des Mathematikers sicherlich zu kurz. Formale Beweisführungen gibt es in diesem Buch nur dort, wo sie für das Verständnis der Zusammenhänge nützlich sind.

Für manch einen mag die Mathematikausbildung für Studierende der Wirtschaftswissenschaften als eine üble Hürde weltfremder Studienplaner erscheinen. Die Frage: "Wozu braucht man das alles?" ist nicht selten zu hören. Daher sei hier betont, daß die Mathematik für das Verständnis weiter Bereiche der Wirtschaftswissenschaften das elementare Handwerkszeug darstellt. Aus diesem Grund werden die für die Ökonomie besonders wichtigen Bereiche der Mathematik, wie etwa das Lagrange-Verfahren, besonders ausführlich behandelt. Außerdem werden für diese Gebiete typische Anwendungen in der Ökonomie besprochen.

Ich hoffe, daß dieses Buch sowohl für die Mathematikprüfungen als auch die Anwendung der Mathematik in der Ökonomie eine echte Hilfestellung bietet. Für Verbesserungsvorschläge oder Hinweise auf vorhandene Fehler bin ich stets dankbar.

Vielen Dank an dieser Stelle an Matthias Brückner, Malte Claußen, Jens Cordelair, Renate Dörsam und Heike Hansen für die Durchsicht und Hinweise zur Verbesserung. Vielen Dank auch an alle Studierenden aus meinen Mathekursen, die mir Hinweise auf Fehler oder Verbesserungsvorschläge gaben.

Für inspirierende und motivierende Musik beim oft stundenlangen Schreiben und Denken am Computer bedanke ich mich insbesondere bei: REM, heroes del silencio, Fury in the Slaughterhouse, Deine Lakaien, New Model Army, Herman van Veen ....

Peter Dörsam

Inhaltsverzeichnis

1 Lineare Algebra

Algebra ist die Lehre der Gleichungen. Linear bedeutet, daß die Variablen in den Gleichungen nur in einfacher Potenz (x^1,y^1........; und nicht x^2, y^4, $x*y$ etc.) vorkommen. Graphisch bedeutet linear, daß die betrachteten Gebilde Geraden oder Ebenen sind. In der Oberstufe wird in der Regel schon einiges an Linearer Algebra behandelt, wobei es hier häufig unter dem Oberbegriff Vektorrechnung steht. Einiges von dem, was in Mathematik für Wirtschaftswissenschaftler behandelt wird, baut auf den Ideen der "Vektorrechnung" auf. Dabei ist es nicht nötig, den gesamten Stoff der Oberstufe zu beherrschen, aber die Grundideen sind doch zum weiteren Verständnis sehr wichtig. So lassen sich z.B. die meisten Eigenschaften von beliebig dimensionalen Vektorräumen "begreifen", wenn man sie sich anhand von zwei- oder dreidimensionalen Vektorräumen vorstellt.

Zunächst werden im folgenden die grundlegenden Begriffe der "Vektorrechnung" dargelegt. Später werden dann die notwendigen Verallgemeinerungen durchgeführt, hierbei handelt es sich vor allem um die Erweiterung auf beliebig dimensionale Vektorräume und die Einführung von Matrizen und der für sie geltenden Rechenregeln.

1.1 Vektorrechnung

1.1.1 Grundlagen

Jeder kennt sicher noch Zeichnungen, in denen man Vektoren als Pfeile darstellt. Die Addition von zwei Vektoren ergibt sich dann einfach, indem man die beiden Vektoren aneinanderreiht. Wichtig ist es hierbei zu beachten, daß alle parallelen Pfeile mit gleicher Länge und dem Pfeil auf der gleichen Seite den gleichen Vektor repräsentieren. Daher kann man die beiden Vektoren $\vec{a}$ und $\vec{b}$ so verschieben, daß sie aneinander liegen. Die folgende Abbildung zeigt graphisch die Addition zweier Vektoren.

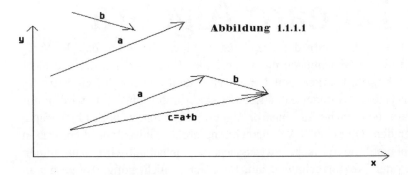

Abbildung 1.1.1.1

In diesem Fall handelt es sich um zweidimensionale Vektoren. Die zeichnerische Darstellung vermittelt zwar eine schöne Vorstellung von dem Problem, hilft aber bei konkreten Rechnungen nur wenig. Um Vektoren auch rechnerisch addieren zu können, müssen sie in derselben **Basis** dargestellt sein. Der Begriff der Basis wird später genauer erläutert werden. Bei den dargestellten zweidimensionalen Vektoren ist die günstigste Basis die der Einheitsvektoren (Vektor mit der Länge 1) in x- und in y-Richtung. Diese Basis nennt man auch kanonische Basis. Durch die **Linearkombination** dieser Basisvektoren können nun alle anderen Vektoren in der xy-Ebene dargestellt werden. (Linearkombination bedeutet, daß ein bestimmtes Vielfaches des einen Vektors mit einem bestimmten Vielfachen des anderen Vektors addiert wird.) Im folgenden Diagramm wird dies verdeutlicht:

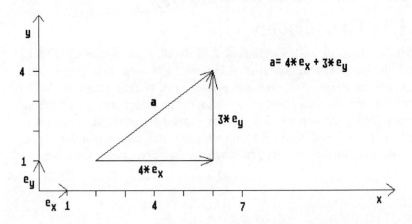

$\vec{e}_x$ steht hierbei für den Einheitsvektor in x‑Richtung. Der Vektor $\vec{a}$ läßt sich darstellen, indem man 4 mal den Vektor $\vec{e}_x$ und 3 mal den Vektor $\vec{e}_y$ zusammenzählt. Auf diese Art und Weise lassen sich auch alle anderen Vektoren, die in der xy‑Ebene liegen, darstellen.

Wenn man eine bestimmte Basis festgelegt hat, so kann man jeden Vektor durch seine "Länge" in Richtung der gewählten Basisvektoren angeben. Werden also in obigem Beispiel $\vec{e}_x$ und $\vec{e}_y$ als Basisvektoren gewählt, so kann der Vektor $\vec{a}$ auch folgendermaßen ausgedrückt werden:

$$\vec{a} = \begin{pmatrix} 4 \\ 3 \end{pmatrix}$$

Dies ist eine abkürzende Schreibweise für: $\vec{a} = 4 * \vec{e}_x + 3 * \vec{e}_y$

Die Addition zweier Vektoren läßt sich nun sehr einfach ausführen, seien die beiden Vektoren $\vec{a} = \begin{pmatrix} -1 \\ 3 \end{pmatrix}$ und $\vec{b} = \begin{pmatrix} 7 \\ -1 \end{pmatrix}$ gegeben, dann kann man $\vec{a} + \vec{b}$ berechnen, indem man die einzelnen Komponenten zusammenzählt. Es ergibt sich dann:

$$\vec{a} + \vec{b} = \begin{pmatrix} -1 \\ 3 \end{pmatrix} + \begin{pmatrix} 7 \\ -1 \end{pmatrix} = \begin{pmatrix} -1 + 7 \\ 3 + (-1) \end{pmatrix} = \begin{pmatrix} 6 \\ 2 \end{pmatrix}$$

Im folgenden ist dies noch einmal graphisch dargestellt:

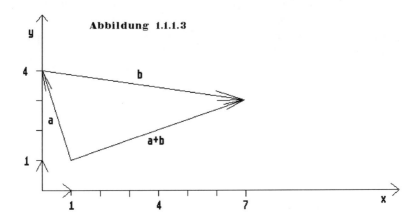

Abbildung 1.1.1.3

1.1.2 Lineare Abhängigkeit

Eine Menge von Vektoren ist genau dann linear abhängig, wenn sich einer von ihnen durch Addition beliebiger Vielfacher der anderen Vektoren darstellen läßt. In dem letzten Diagramm des vorherigen Abschnitts sind die Vektoren $\vec{a}$, $\vec{b}$ und $\vec{c}$ (mit $\vec{c} = \vec{a} + \vec{b}$) linear abhängig, denn es gilt ja $\vec{c} = 1 * \vec{a} + 1 * \vec{b}$.

Zwei Vektoren sind genau dann linear abhängig, wenn sie parallel zueinander sind. Denn bei zwei Vektoren bedeutet lineare Abhängigkeit, daß sich der eine als ein Vielfaches des anderen darstellen lassen muß. Bei zwei Vektoren, die linear abhängig sind, spricht man auch von **kollinearen** Vektoren.

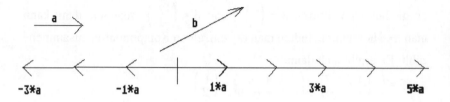

Abbildung 1.1.2.1

In obiger Skizze sind die Vektoren $\vec{a}$ und $\vec{b}$ linear unabhängig, denn egal mit welcher Zahl man den Vektor $\vec{a}$ multipliziert, man wird nie den Vektor $\vec{b}$ erhalten, sondern immer nur Vektoren, die wieder parallel zu $\vec{a}$ sind.

Drei Vektoren sind genau dann linear abhängig, wenn sie in einer Ebene liegen. Abbildung 1.1.3.1 zeigt drei Vektoren in einer Ebene, die linear abhängig sind. Durch geeignete Linearkombination der beiden Vektoren $\vec{a}$ und $\vec{b}$ läßt sich auch jeder andere Vektor in der xy-Ebene darstellen.

Die nächste Abbildung zeigt ein Beispiel für drei Vektoren, die linear unabhängig sind. Die Vektoren $\vec{a}$ und $\vec{b}$ verlaufen sozusagen auf dem "Fußboden", egal wie oft man diese aneinanderreiht, man bleibt immer auf dem Fußboden und kann nie den Vektor $\vec{c}$ bilden, der gewissermaßen in den Raum hineinragt.

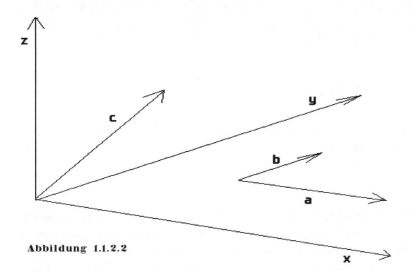

Abbildung 1.1.2.2

Vielleicht erinnert sich manch einer noch aus der Schulzeit daran, daß man 3 Vektoren, die linear abhängig sind, auch **komplanare** Vektoren nennt. In der Schule wurden zwei Komplanaritätsbedingugnen angegeben:

$$\lambda \vec{a} + \mu \vec{b} = \vec{c} \quad \text{oder} \quad \vec{a} = \lambda \vec{b}$$

Komplanar bzw. linear abhängig sind drei Vektoren, wenn eine der beiden Bedingungen erfüllt ist. Die erste Gleichung allein reicht nicht aus, denn wenn $\vec{a}$ und $\vec{b}$ schon untereinander linear abhängig sind, so liegen die drei Vektoren immer in einer Ebene, auch wenn sich $\vec{c}$ nicht als Linearkombination durch $\vec{a}$ und $\vec{b}$ darstellen läßt. Statt dieser beiden Bedingungen kann man auch folgende Bedingung aufstellen:

Die Vektoren $\vec{a}$, $\vec{b}$ und $\vec{c}$ sind genau dann komplanar, wenn die Gleichung $\lambda \vec{a} + \mu \vec{b} + \nu \vec{c} = 0$ eine andere Lösung als die Triviallösung hat. Bei der Triviallösung sind alle Parameter (λ, μ und ν) Null. Diese Lösung existiert natürlich immer. Wenn es eine andere Lösung gibt, so ist eine der beiden zuvor angeführten Bedingungen erfüllt. In diesem Fall sind die Vektoren also linear abhängig. Die zuletzt angeführte Bedingung für lineare Abhängigkeit läßt sich auf eine beliebige Anzahl von Vektoren verallgemeinern. Es gilt:

> **Die Vektoren $\vec{a}_1$, $\vec{a}_2$ ... $\vec{a}_n$ sind genau dann linear unabhängig, wenn die Gleichung $\lambda_1 \vec{a}_1 + \lambda_2 \vec{a}_2 + ... + \lambda_n \vec{a}_n = 0$ nur erfüllbar ist, wenn alle λ_i gleich Null sind.**

Die Vektoren sind also linear unabhängig, wenn die angeführte Gleichung nur die Triviallösung hat. Gibt es noch eine andere Lösung, so sind die Vektoren linear abhängig.

Mit Hilfe des Summenzeichens kann man die Gleichung auch folgendermaßen schreiben:

$$\sum_{i=1}^{n} \lambda_i \vec{a}_i = 0$$

Das Summenzeichen bedeutet, daß für i nacheinander alle Werte von 1 bis n eingesetzt werden müssen und die sich dann jeweils ergebenden Ausdrücke summiert werden sollen. Man kann es sich als eine abkürzende Schreibweise für den in der Definition verwendeten Ausdruck vorstellen.

1.1.3 Vektorräume

Ein Vektorraum ist eine Menge von Vektoren (die Elemente können auch Zahlen oder Matrizen sein), die bestimmte Eigenschaften erfüllt. Es ist also nicht jede Menge von Vektoren ein Vektorraum. Einen Vektorraum nennt man auch linearen Raum, dieses drückt schon die wesentliche Eigenschaft von Vekrorräumen aus, sie müssen nämlich abgeschlossen bezüglich der Linearkombination ihrer Elemente sein. Betrachtet man z.B. die Menge, die nur aus den beiden Vektoren $\vec{a}$ und $\vec{b}$ aus Abbildung 1.1.1.1 besteht: diese Menge ist kein Vektorraum, denn der Vektor $\vec{c} = \vec{a} + \vec{b}$ ist eine Linearkombination der Vektoren $\vec{a}$ und $\vec{b}$, aber er ist nicht in der Menge enthalten.

Dagegen ist die Menge aller Vektoren, die in der xy–Ebene liegen, ein Vektorraum, denn jede beliebige Linearkombination von Vektoren aus der xy–Ebene ergibt wieder einen Vektor in der xy–Ebene. Diesen Vektorraum nennt man auch $\mathbb{R}^2$ (R hoch zwei), denn wenn man die Elemente dieses Vektorraumes in der kanonischen Basis (Basisvektoren $\vec{e}_x$ und $\vec{e}_y$) darstellt, so haben sie die Form:

$\begin{pmatrix} x \\ y \end{pmatrix}$ wobei sowohl x als auch y beliebige Elemente aus R sein können.

Wenn man drei beliebige Variable aus R wählen darf und so einen Vektorraum bildet, so spricht man von dem R^3. Er hat die Elemente

$\begin{pmatrix} x \\ y \\ z \end{pmatrix}$ mit x,y und z ∈ R (∈ bedeutet Element)

Die Vektoren $\vec{a}$, $\vec{b}$ und $\vec{c}$ aus Abbildung 1.1.2.2 spannen gerade den R^3 auf, das heißt, daß die Menge aller möglichen Linearkombinationen der Vektoren $\vec{a}$, $\vec{b}$ und $\vec{c}$ gerade der R^3 ist. Drei Vektoren, die in einer Ebene liegen, spannen dagegen nicht den R^3, sondern den R^2 auf, denn egal wie

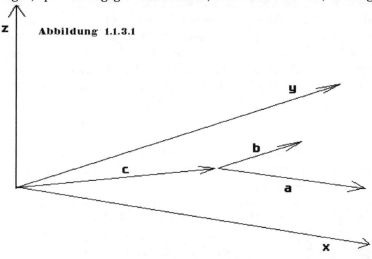

z

Abbildung 1.1.3.1

man diese Vektoren zusammenzählt, man kommt nie aus der Ebene heraus.

Eine Menge ist nur dann ein Vektorraum, wenn sie alle möglichen Linearkombinationen ihrer Elemente enthält; wenn also z.B. die Vektoren $\vec{a}$ und $\vec{b}$ Elemente der Menge sind, so müssen, damit diese Menge ein Vektorraum ist, auch alle Vektoren $\vec{x}$, die folgendermaßen gebildet werden,

$\vec{x} = \lambda * \vec{a} + \mu * \vec{b}$ (mit λ, μ ∈ R)

Elemente dieser Menge sein.

Hierbei werden die Vektoren mit beliebigen Skalaren (reellen Zahlen) multipliziert und dann addiert. Man kann diese Operationen auch einzeln betrachten und formulieren:

Ein Vektorraum muß bezüglich der Addition und der Multiplikation mit einem Skalar abgeschlossen sein. D.h. wenn man beliebige Vektoren eines Vektoraumes addiert oder mit einem beliebigem Skalar multipliziert, so muß das Ergebnis dieser Operation stets wieder ein Element des Vektorraums sein.

1.1.4 Dimension und Basis

Die Dimension eines Vektorraumes gibt die Anzahl von linear unabhängigen Vektoren an, die nötig sind, um durch ihre Linearkombination alle Elemente des Vektorraumes zu bilden. Die Dimension des $\mathbb{R}^3$ ist z.B. 3, die des $\mathbb{R}^2$ ist 2 etc.. Der $\mathbb{R}^3$ ist gerade der Raum, der uns ständig umgibt, in ihm kann man sich die Zusammenhänge noch vorstellen, während z.B. der $\mathbb{R}^4$ bereits über unser Vorstellungsvermögen hinausgeht. Glücklicherweise gelten aber die Zusammenhänge, die wir uns im $\mathbb{R}^3$ vorstellen können, vom Prinzip her auch in höher dimensionalen Vektorräumen. Um den $\mathbb{R}^3$ aufzuspannen, reichen zwei linear unabhängige Vektoren nicht aus, deren Linearkombinationen ergeben stets nur eine Ebene. Es wird ein dritter linear unabhängiger Vektor benötigt, um den $\mathbb{R}^3$ aufzuspannen. Drei derartige linear unabhängige Vektoren aus dem $\mathbb{R}^3$ nennt man auch eine **Basis** des $\mathbb{R}^3$.

> **Die Basis ist also eine Menge von Vektoren, durch deren Linearkombination sich alle Vektoren des Vektorraumes darstellen lassen. Gleichzeitig darf die Basis aber keine überflüssigen Vektoren enthalten.**

Die drei Vektoren aus dem $\mathbb{R}^2$ von Abbildung 1.1.3.1 bilden keine Basis des $\mathbb{R}^2$. Mit ihrer Hilfe lassen sich zwar auch alle Vektoren des $\mathbb{R}^2$ als Linearkombination darstellen, aber hierzu würden auch zwei der drei Vektoren ausreichen. Eine solche Menge von Vektoren, die den Vektorraum aufspannt, aber mehr Vektoren als hierzu nötig sind, enthält, nennt man auch **Erzeugendensystem**. Die gesamten Vektoren des Erzeugendensystems sind in der Regel linear abhängig. Die Vektoren, die eine Basis bilden, sind dagegen stets linear unabhängig.

> **Die Anzahl der Basisvektoren eines Vektorraumes entspricht stets der Dimension des Vektorraumes.**

In diesem Abschnitt wurden die wesentlichen Begriffe für den Umgang mit Vektorräumen anhand von zwei- und dreidimensionalen Beispielen erläutert. In den Klausuraufgaben handelt es sich meistens nicht um so einfache Vektorräume, häufig sind z.B. die Elemente der Vektorräume Matrizen. Um aber verstehen zu können, worum es bei Vektorräumen überhaupt geht, halte ich die zuvor dargelegten graphischen Veranschaulichungen für sehr nützlich. Im folgenden wird zunächst der Begriff der Matrix eingeführt werden, und erst später wird das konkrete Lösen von Vektorraumaufgaben behandelt werden.

1.2 Matrizen

1.2.1   Definition einer Matrix

Ein sehr wichtiger Begriff der Linearen Algebra ist der der Matrix. Ganz einfach formuliert, ist eine Matrix einfach ein rechteckiges Zahlenschema, für das bestimmte Rechenregeln gelten. Man kann sich eine Matrix aber auch als eine Verallgemeinerung von Vektoren vorstellen.

Ein Vektor unterscheidet sich von einer "normalen" Zahl (Skalar) dadurch, daß er mehrere Komponenten hat, die in einer "Richtung" durchnumeriert werden, wie bei nachfolgendem Dreiervektor dargestellt ist:

$$\vec{a} = \begin{pmatrix} a_1 \\ a_2 \\ a_3 \end{pmatrix}$$

Ein Vektor besteht also sozusagen aus mehreren Zahlen. Wenn man nun die Elemente nicht wie beim Vektor nur in eine "Richtung" numeriert, sondern in zwei "Richtungen", so erhält man folgendes Gebilde:

$$A = \begin{pmatrix} a_{11} & a_{12} & a_{13} \\ a_{21} & a_{22} & a_{23} \\ a_{31} & a_{32} & a_{33} \end{pmatrix}$$

Ein derartiges Gebilde nennt man eine **Matrix**. Die erste Zahl, die als Index an den Elementen steht, gibt wie beim normalen Spaltenvektor die Zeile an, in der das Element steht. Der zweite Index steht für die zusätzliche "Numerierungsrichtung", er gibt die Spalte an, in der das Element steht. Das Element a_{23} steht also in der zweiten Zeile in der dritten Spalte. In obigem Beispiel handelt es sich um eine 3 x 3 (sprich: 3 mal 3) Matrix, wobei die erste Zahl die Anzahl der Zeilen und die zweite die Anzahl der Spalten angibt. Ist wie in obigem Beispiel die Anzahl der Zeilen und der Spalten identisch, so spricht man von einer **quadratischen Matrix**. Im allgemeinen muß eine Matrix aber nicht quadratisch sein.

Im folgenden wird eine Matrix mit m Zeilen und n Spalten dargestellt:

$$A = \begin{pmatrix} a_{11} & a_{12} & a_{13} & \cdots & a_{1n} \\ a_{21} & a_{22} & a_{23} & \cdots & a_{2n} \\ a_{31} & a_{32} & a_{33} & \cdots & a_{3n} \\ \vdots & \vdots & \vdots & & \vdots \\ a_{m1} & a_{m2} & a_{m3} & \cdots & a_{mn} \end{pmatrix}$$

Die Punkte stehen für die ausgelassenen Zeilen und Spalten.

Matrizen (Singular: Matrix) bezeichnet man immer mit großen Buchstaben. Häufig wird auch von dem Matrixelement a_{ij} gesprochen. Z.B. könnte man eine Matrix folgendermaßen definieren:

Sei A eine 3 x 3 Matrix mit $a_{ij} = i + j$

Diese Matrix läßt sich auch explizit ausrechnen, hierzu muß man lediglich alle möglichen Werte für i und j einsetzen, z.b. $a_{23} = 2 + 3 = 5$. Wenn man dieses für die ganze Matrix macht, erhält man insgesamt:

$$A = \begin{pmatrix} 2 & 3 & 4 \\ 3 & 4 & 5 \\ 4 & 5 & 6 \end{pmatrix}$$

Eine Matrix, die nur aus einer Spalte besteht, entspricht gerade einem Spaltenvektor, während eine Matrix, die nur aus einer Zeile besteht, einem Zeilenvektor entspricht:

Spaltenvektor $\begin{pmatrix} 1 \\ -3 \\ 7 \end{pmatrix}$ **Zeilenvektor** $(\ 2 \quad 5 \quad 1 \ )$

1.2.2   Rechenregeln für Matrizen

Matrizen sind nicht nur von ihrer Definition her eine Art Verallgemeinerung des Vektorbegriffes, sondern die für sie geltenden Rechenregeln
sind größtenteils wie bei Vektoren. Insbesondere werden die Addition
und die Multiplikation mit einem Skalar analog den gleichen Operationen bei Vektoren durchgeführt. (Da die wesentliche Eigenschaft von Vektorräumen darin liegt, daß sie bezüglich dieser beiden Operationen abgeschlossen sein müssen, wird verständlich, daß Matrizen, genauso wie
Vektoren, als Elemente von Vektorräumen behandelt werden können.)

1.2.3   Addition von Matrizen

Genauso wie Vektoren werden Matrizen komponentenweise zusammengezählt. Folgendes Beispiel macht dies deutlich:

$$\begin{pmatrix} 2 & 3 & 4 \\ 3 & 4 & 5 \\ 4 & 5 & 6 \end{pmatrix} + \begin{pmatrix} 4 & 1 & -1 \\ 3 & 1 & 1 \\ 5 & 3 & -3 \end{pmatrix} = \begin{pmatrix} 2+4 & 3+1 & 4-1 \\ 3+3 & 4+1 & 5+1 \\ 4+5 & 5+3 & 6-3 \end{pmatrix} = \begin{pmatrix} 6 & 4 & 3 \\ 6 & 5 & 6 \\ 9 & 8 & 3 \end{pmatrix}$$

Beide Matrizen müssen hierbei dieselbe Zeilen- und Spaltenanzahl haben. Die Subtraktion wird vom Prinzip her genauso durchgeführt wie die
Addition.

1.2.4   Multiplikation einer Matrix mit ei-
ner reellen Zahl

Auch hier wird genauso wie bei Vektoren vorgegangen, d.h. jedes Element der Matrix wird mit dem Skalar multipliziert:

$$a * \begin{pmatrix} 4 & 1 & -1 \\ 3 & 1 & 1 \\ 5 & 3 & -3 \end{pmatrix} = \begin{pmatrix} 4a & 1a & -1a \\ 3a & 1a & 1a \\ 5a & 3a & -3a \end{pmatrix}$$

1.2.5 Multiplikation von Matrizen mit Matrizen

Dies ist etwas schwieriger als die Multiplikation von Vektoren, aber auch hier gibt es Analogien. Wenn man das **Skalarprodukt** zweier Vektoren bilden will, so muß man die einzelnen Komponenten multiplizieren und die so entstandenen Produkte dann addieren. Folgendes Beispiel macht dies deutlich:

$$\begin{pmatrix} 2 \\ 3 \\ 4 \end{pmatrix} * \begin{pmatrix} -1 \\ 4 \\ 1 \end{pmatrix} := 2 * (-1) + 3 * 4 + 4 * 1 = 14$$

Die Berechnung des Skalarproduktes ist natürlich nur zwischen Vektoren möglich, die gleichviele Elemente haben. Bisweilen werden Skalarprodukt und **Skalar-Multiplikation** verwechselt. Sie klingen zwar ähnlich, meinen aber ganz unterschiedliche Dinge. Skalar bedeutet jeweils, daß eine "normale" Zahl beteiligt ist. Aber beim Skalarprodukt ist die skalare Zahl das Produkt zweier Vektoren, also das Ergebnis einer Vektormultiplikation, während bei der Skalar-Multiplikation ein Vektor mit einem Skalar multipliziert wird.

Für die Multiplikation zweier Matrizen verwendet man am besten das **Falksche Schema**, seien die beiden folgenden Matrizen zu multiplizieren:

$$A = \begin{pmatrix} 1 & 5 & 0 \\ 1 & 3 & 1 \\ 0 & 2 & 3 \end{pmatrix} \qquad B = \begin{pmatrix} 1 & -2 \\ 0 & 1 \\ 2 & 3 \end{pmatrix}$$

Bei dem Falkschen Schema schreibt man nun, um A * B = C zu berechnen, die Matrizen A und B entsprechend folgendem Schema und erhält die Ergebnismatrix dort, wo C eingetragen wurde:

$$\begin{array}{c|c} & B \\ \hline A & C \end{array}$$

Wenn man hier nun die Matrizen A und B einträgt, ergibt sich folgendes:

$$
\begin{array}{c|cc}
& 1 & -2 \\
& 0 & 1 \\
& 2 & 3 \\
\hline
1\ 5\ 0 & & \\
1\ 3\ 1 & & \\
0\ 2\ 3 & &
\end{array}
$$

Zur Berechnung zieht man die obere Matrix am besten etwas auseinander, wie es in folgender Abbildung geschehen ist:

$$
\begin{array}{c|cc}
& 1 & -2 \\
& 0 & 1 \\
& 2 & 3 \\
\hline
1\ 5\ 0 & 1*1 + 5*0 + 0*2 & \\
1\ 3\ 1 & & \\
0\ 2\ 3 & &
\end{array}
$$

In obigem Schema ist zu sehen, wie das erste Element der Ergebnismatrix berechnet wird. Das erste Element ergibt sich quasi als Skalarprodukt des ersten Zeilenvektors von A und des ersten Spaltenvektors von B. Die Berechnung erfolgt hierbei gerade wie bei der Berechnung des Skalarproduktes zweier Vektoren. Entsprechend ergibt sich das Element in der zweiten Zeile und zweiten Spalte der Ergebnismatrix als "Skalarprodukt" des zweiten Zeilenvektors von A mit dem zweiten Spaltenvektor von B, u.s.w.. Nachfolgend sind alle Elemente der Ergebnismatrix berechnet:

$$
\begin{array}{c|cc}
& 1 & -2 \\
& 0 & 1 \\
& 2 & 3 \\
\hline
1\ 5\ 0 & 1*1 + 5*0 + 0*2 & 1*(-2) + 5*1 + 0*3 \\
1\ 3\ 1 & 1*1 + 3*0 + 1*2 & 1*(-2) + 3*1 + 1*3 \\
0\ 2\ 3 & 0*1 + 2*0 + 3*2 & 0*(-2) + 2*1 + 3*3
\end{array}
$$

Die einzelnen Elemente lassen sich nun noch ausrechnen:

A * B	1	-2
	0	1
	2	3
1 5 0	1	3
1 3 1	3	4
0 2 3	6	11

$$\text{bzw. } A * B = \begin{pmatrix} 1 & 3 \\ 3 & 4 \\ 6 & 11 \end{pmatrix}$$

Auch hier lassen sich die Skalarprodukte zwischen den Zeilen- und Spaltenvektoren nur berechnen, wenn die beiden Vektoren die gleiche Anzahl von Elementen haben. Daher kann man folgern, daß sich das **Produkt von Matrizen nur berechnen läßt, wenn die Anzahl der Spalten der ersten Matrix der Anzahl der Zeilen der zweiten Matrix entspricht.** Dies bedeutet z.b., daß, wenn man eine 2x3 Matrix mit einer anderen Matrix multiplizieren will, dies nur möglich ist, wenn die andere Matrix eine 3xZ Matrix ist, wobei Z beliebig ist.

1.2.6   Transposition von Matrizen

Die transponierte Matrix erhält man einfach, indem man die Zeilen mit den Spalten vertauscht. Hierbei wird aus einer 3x4 Matrix, wie in folgendem Beispiel, eine 4x3 Matrix. Das A^T vor der rechten Matrix drückt aus, daß dieses die transponierte Matrix der Matrix A ist.

$$A = \begin{pmatrix} -3 & 4 & 1 & -1 \\ 2 & 0 & 1 & 3 \\ 1 & 2 & 2 & 4 \end{pmatrix} \qquad A^T = \begin{pmatrix} -3 & 2 & 1 \\ 4 & 0 & 2 \\ 1 & 1 & 2 \\ -1 & 3 & 4 \end{pmatrix}$$

Werden die Elemente von A mit a_{ij} bezeichnet, so lauten die Elemente der transponierten Matrix a_{ji}. Wenn es sich um quadratische Matrizen handelt, so kann man sich die Transposition auch als eine Spiegelung an der Hauptdiagonalen vorstellen. Die **Hauptdiagonale** ist die Diagonale, die von links oben nach rechts unten verläuft, in der folgenden Abbildung ist sie durch einen Strich gekennzeichnet.

$$A = \begin{pmatrix} -3 & 4 & 1 \\ 2 & 0 & 1 \\ 1 & 2 & 2 \end{pmatrix} \qquad A^T = \begin{pmatrix} -3 & 2 & 1 \\ 4 & 0 & 2 \\ 1 & 1 & 2 \end{pmatrix}$$

Man nennt eine Matrix **symmetrisch,** "wenn sie auf beiden Seiten der Hauptdiagonalen gleich aussieht", es muß gelten $A = A^T$. Folgendes Beispiel zeigt eine symmetrische Matrix:

$$\begin{pmatrix} 2 & 1 & -2 \\ 1 & 0 & 3 \\ -2 & 3 & 2 \end{pmatrix}$$

Natürlich können nur quadratische Matrizen symmetrisch sein, denn die Transposition macht ja aus einer m x n Matrix eine n x m Matrix, daher können Matrizen nur symmetrisch sein, wenn m = n gilt, sie also quadratisch sind.

Antisymmetrisch nennt man eine Matrix, wenn sich bei der Transposition alle Vorzeichen ändern. Hier muß also gerade gelten $A = -A^T$, oder anders ausgedrückt $a_{ij} = -a_{ji}$. Die Elemente der Hauptdiagonalen müssen bei einer Antisymmetrischen Matrix alle gleich Null sein, denn diese bleiben bei der Transposition an der gleichen Stelle stehen, und Null ist die einzige Zahl, die mit Minus malgenommen sich selbst ergibt. Nachfolgend ist eine antisymmetrische Matrix angeführt.

$$\begin{pmatrix} 0 & 1 & -5 \\ -1 & 0 & -2 \\ 5 & 2 & 0 \end{pmatrix}$$

1.2.7   Übungsaufgaben zur Matrizenmultiplikation

Es seien zwei 3x3 Matrizen A, B durch $a_{ij} = i - j$ bzw. $b_{ij} = i + j$ für i, j = 1, 2, 3 definiert. Geben Sie A, B explizit an und berechnen Sie A+B, $A^T * A$ und $A * B$.

Zunächst müssen hier die Matrizen A und B berechnet werden. Hierzu muß man für i und j alle möglichen Kombinationen einsetzen und erhält so die a_{ij}. Es ergibt sich z.B. $a_{23} = 2 - 3 = -1$ oder $b_{12} = 1 + 2 = 3$. Insgesamt ergeben sich die beiden folgenden Matrizen:

$$A = \begin{pmatrix} 0 & -1 & -2 \\ 1 & 0 & -1 \\ 2 & 1 & 0 \end{pmatrix} \qquad B = \begin{pmatrix} 2 & 3 & 4 \\ 3 & 4 & 5 \\ 4 & 5 & 6 \end{pmatrix}$$

Nun lassen sich A+B, A^T*A und A*B berechnen:

$$A + B = \begin{pmatrix} 0 & -1 & -2 \\ 1 & 0 & -1 \\ 2 & 1 & 0 \end{pmatrix} + \begin{pmatrix} 2 & 3 & 4 \\ 3 & 4 & 5 \\ 4 & 5 & 6 \end{pmatrix} = \begin{pmatrix} 2 & 2 & 2 \\ 4 & 4 & 4 \\ 6 & 6 & 6 \end{pmatrix}$$

$$A^T = \begin{pmatrix} 0 & 1 & 2 \\ -1 & 0 & 1 \\ -2 & -1 & 0 \end{pmatrix}$$

$$\begin{array}{rrr|rrr}
 & & & 0 & -1 & -2 \\
 & & & 1 & 0 & -1 \\
 & & & 2 & 1 & 0 \\
\hline
0 & 1 & 2 & 5 & 2 & -1 \\
-1 & 0 & 1 & 2 & 2 & 2 \\
-2 & -1 & 0 & -1 & 2 & 5
\end{array} = A^T * A$$

$$\begin{array}{rrr|rrr}
 & & & 2 & 3 & 4 \\
 & & & 3 & 4 & 5 \\
 & & & 4 & 5 & 6 \\
\hline
0 & -1 & -2 & -11 & -14 & -17 \\
1 & 0 & -1 & -2 & -2 & -2 \\
2 & 1 & 0 & 7 & 10 & 13
\end{array} = A * B$$

1.3 Lineare Gleichungs-systeme

1.3.1 Strukturiertes Additionsverfahren

Lineare Gleichungssysteme dürfte jeder noch aus der Schule kennen. Ein einfaches Beispiel ist:

$$x + y = 2$$
$$x - 3y = 1$$

Aus den einzelnen Gleichungen kann man noch keine Werte für x und y bestimmen. Man muß nun mit geeigneten Verfahren eine Gleichung produzieren, in der nur noch eine der Variablen vorkommt. Entweder kann eine Gleichung nach einer Variablen aufgelöst und das Ergebnis dann in die andere Gleichung eingesetzt werden, oder man kann das Additionsverfahren verwenden. Hierbei addiert oder subtrahiert man zu der einen Gleichung ein Vielfaches der anderen Gleichung, so daß eine der Variablen aus der entstehenden Gleichung herausfällt. In dem Beispiel kann man einfach von der ersten Gleichung die zweite abziehen.

$$x + y = 2$$
$$- (x - 3y = 1)$$
$$0 + 4y = 1$$

Aus der so entstandenen Gleichung kann nun y berechnet und das Ergebnis dann in eine der ursprünglichen Gleichungen eingesetzt werden:

$$4y = 1 \Leftrightarrow y = 0{,}25$$
$$\Rightarrow x + 0{,}25 = 2 \Leftrightarrow x = 1{,}75$$

Wenn die Anzahl der Gleichungen größer ist, kann vom Prinzip her genauso verfahren werden; es seien beispielsweise folgende 3 Gleichungen gegeben:

$$2x - 2y = 0$$
$$x + y - 1 = -2z$$
$$x + y + z = 1$$

Hier muß man zunächst zwei Gleichungen erzeugen, in denen nur noch zwei bestimmte Variable vorkommen. Die meisten werden bei derartigen

Berechnungen schon einmal erlebt haben, daß man sehr schnell den Überblick verliert und sich verzettelt. Noch problematischer wird dies natürlich bei 4, 5 oder noch mehr Gleichungen. Daher erscheint es sinnvoll, zur Lösung dieser Gleichungen eine gewisse formale Strenge einzuhalten. Wie man dies macht, wird im folgenden beschrieben, wobei es sich einfach um eine Anwendung des Additionsverfahrens handelt.

Zunächst formt man die Gleichungen so um, daß alle Variablen auf der linken Seite und alle einzelnen Zahlen oder Konstanten auf der rechten Seite stehen. In dem Beispiel sind die erste und dritte Gleichung bereits in der geforderten Form gegeben. Nur die zweite muß umgeformt werden:

$$x + y + 2z = 1$$

Nun schreibt man die Gleichungen untereinander, wobei man darauf achten muß, daß die geichen Variablen direkt untereinander stehen. Kommt in einer Gleichung eine Variable nicht vor, so fügt man dort eine 0 ein:

$$2x - 2y + 0 = 0 \mid : 2$$
$$x + y + 2z = 1$$
$$x + y + z = 1$$

Nun wird zunächst dafür gesorgt, daß die erste Variable in allen Gleichungen in gleicher Anzahl vorkommt. Hierzu wird die erste Gleichung durch 2 geteilt:

$$x - y + 0 = 0$$
$$x + y + 2z = 1 \mid -I$$
$$x + y + z = 1 \mid -I$$

Nun wird in der zweiten und dritten Zeile das x eliminiert. Hierzu werden zu diesen Gleichungen geeignete Vielfache der ersten Gleichung addiert oder subtrahiert. In diesem Fall muß von der zweiten und dritten Gleichung gerade einmal die erste Gleichung abgzogen werden. Hinter den zuvor angeführten Gleichungen wird dies durch die römischen Zahlen hinter den Gleichungen angedeutet. Werden diese Rechnungen ausgeführt, ergibt sich:

$$x - y + 0 = 0$$
$$0 + 2y + 2z = 1 \mid : 2$$
$$0 + 2y + z = 1 \mid -\text{II}$$

Nun wird an sich dafür gesorgt, daß vor dem y in der zweiten Gleichung eine 1 steht, um danach das y in der dritten Gleichung zu eliminieren. In diesem Fall steht aber in der zweiten und der dritten Gleichung jeweils 2y, so daß es einfacher ist, zunächst die 2y in der dritten Gleichung zu eliminieren und erst dann die zweite Gleichung durch zwei zu teilen:

$$x - y + 0 = 0$$
$$0 + y + z = 0,5$$
$$0 + 0 - z = 0$$

In der letzten Gleichung steht nun schon, wie groß z ist. Dieses Ergebnis kann man dann in die zweite Gleichung einsetzen, um y zu bestimmen, und durch Einsetzen des Ergebnisses für y in die erste Gleichung erhält man dann x:

$$z = 0$$
$$y + 0 = 0,5 \Leftrightarrow y = 0,5$$
$$x - 0,5 = 0 \Leftrightarrow x = 0,5$$

Man kann auch die Gleichungen mit dem Additionsverfahren noch weiter umformen und erhält schließlich auch so explizit die Werte der einzelnen Variablen:

$$x - y + 0 = 0$$
$$0 + y + z = 0,5 \mid +\text{III}$$
$$0 + 0 - z = 0$$

Hierzu eliminiert man zunächst z in der zweiten Gleichung, indem man die dritte Gleichung zu der zweiten addiert.

$$x - y + 0 = 0 \mid +\text{II}$$
$$0 + y + 0 = 0,5$$
$$0 + 0 - z = 0$$

Nun eliminiert man in der ersten Gleichung noch das y, indem man die zweite Gleichung zu der ersten addiert, und erhält somit für x, y und z:

$$x = 0,5$$
$$y = 0,5$$
$$z = 0$$

1.3.2   Der Gauß-Algorithmus

Der Gauß–Algorithmus ist vom Prinzip her nichts anderes als das im vorherigen Abschnitt vorgestellte strukturierte Additionsverfahren. Betrachtet man die Berechnungen im vorherigen Abschnitt, so fällt auf, daß in allen Ausdrücken die Variablen und auch das Gleichheitszeichen immer an der gleichen Stelle stehen. Man kann sie also für die Berechnung auch weglassen und erst am Ende wieder hinschreiben. Bei dem Gleichungssystem des vorherigen Abschnitts, das in geordneter Form folgendermaßen aussah

$$2x - 2y + 0 = 0$$
$$x - y + 2z = 1$$
$$x + y + z = 1$$

würde man also schreiben:

$$
\begin{array}{cccc}
2 & -2 & 0 & 0 \\
1 & -1 & 2 & 1 \\
1 & 1 & 1 & 1
\end{array}
$$

Versieht man das Ganze noch mit einer Klammer, so hat man eine Matrix:

$$
\left(
\begin{array}{ccc|c}
2 & -2 & 0 & 0 \\
1 & -1 & 2 & 1 \\
1 & 1 & 1 & 1
\end{array}
\right)
$$

Den vorderen Teil der Matrix, bis zu der gestrichelten Linie, nennt man **Koeffizientenmatrix**, denn diese Matrix enthält die Zahlen, die in dem Gleichungssystem vor den Variablen stehen (die Koeffizienten) als Elemente. Die gesamte Matrix enthält zusätzlich zu den Koeffizienten des Gleichungssystems die Zahlen bzw. Konstanten der Gleichungen. Deshalb nennt man sie **erweiterte Koeffizientenmatrix** des Gleichungssystems. Diese Matrix wird nun genauso, wie es zuvor beschrieben wurde, umgeformt. Die Umformungen nennt man auch **Elementare Zeilenumformungen**. Diese Umformungen entsprechen gerade den Umformungen, die man mit einem Gleichungssystem machen darf, ohne seine Lösungsmenge zu verändern. Im Prinzip bestehen die Elementaren Zeilenumformungen aus drei verschiedenen Operationen:

1. Multiplikation einer Zeile mit einem Skalar

2. Vertauschen zweier Zeilen

3. Addition des Vielfachen einer Zeile zu einer anderen Zeile

Nachfolgend wird das Verfahren an einem Beispiel gezeigt werden, wobei noch einmal darauf hingewiesen sei, daß vom Prinzip her alles wie bei dem "strukturierten Additionsverfahren" läuft, nur daß man hier eben eine Matrix umformt.

Man bestimme mit dem Gauß-Verfahren alle Lösungen des linearen Gleichungssystems:

$$x + y = 1, \quad x + z = 2, \quad x - y + z = 3$$

Zur Übersicht kann man zunächst in die Gleichungen noch Nullen eintragen, wenn bestimmte Variable nicht vorkommen:

$$x + y + 0*z = 1,$$
$$x + 0*y + z = 2,$$
$$x - y + z = 3$$

Die erweiterte Koeffizientenmatrix lautet also:

$$\begin{pmatrix} 1 & 1 & 0 & 1 \\ 1 & 0 & 1 & 2 \\ 1 & -1 & 1 & 3 \end{pmatrix} \begin{matrix} \\ \text{-I} \\ \text{-I} \end{matrix}$$

Die weiteren Umformungen werden nun durchgeführt, wobei hinter den Zeilen der Matrix jeweils angegeben wird, welche Berechnungen durchgeführt werden.

$$\begin{pmatrix} 1 & 1 & 0 & 1 \\ 0 & -1 & 1 & 1 \\ 0 & -2 & 1 & 2 \end{pmatrix} \begin{matrix} \\ *(-1) \\ \\ \end{matrix}$$

$$\begin{pmatrix} 1 & 1 & 0 & 1 \\ 0 & 1 & -1 & -1 \\ 0 & -2 & 1 & 2 \end{pmatrix} + (2 * II)$$

$$\begin{pmatrix} 1 & 1 & 0 & 1 \\ 0 & 1 & -1 & -1 \\ 0 & 0 & -1 & 0 \end{pmatrix}$$

Eine Matrix wie diese nennt man eine obere Dreiecksmatrix. Eine derartige Matrix zeichnet sich dadurch aus, daß unterhalb der links oben beginnenden Diagonalen nur Nullen stehen. Die ersten Elemente in den Zeilen, die ungleich Null sind, bezeichnet man auch als **Pivotelemente**. In der nachfolgenden Matrix sind die Pivoelemente fett hervorgehoben:

$$\begin{pmatrix} \mathbf{1} & 1 & 0 & 1 \\ 0 & \mathbf{1} & -1 & -1 \\ 0 & 0 & \mathbf{-1} & 0 \end{pmatrix}$$

Die Anzahl der nun verbliebenen Zeilen, die nicht nur aus Nullen bestehen, gibt die Anzahl der **linear unabhängigen Gleichungen** an. Wenn die Anzahl der linear unabhängigen Gleichungen der Anzahl der Variablen entspricht und es eine Lösung gibt, so handelt es sich stets um eine eindeutige Lösung. Ist die Anzahl der linear unabhängigen Gleichungen kleiner als die Anzahl der Variablen, so ist das Gleichungssystem, wenn es lösbar ist, mehrdeutig lösbar. In diesem Fall liegen drei linear unabhängige Gleichungen und drei Variable vor. Da das Gleichungssystem lösbar ist, besitzt es also eine eindeutige Lösung. Zur Bestimmung dieser Lösung gibt es nun zwei verschiedene Möglichkeiten:

1. Die Gleichungen werden nacheinander, von unten beginnend, wieder hingeschrieben. Für die bereits berechneten Variablen werden die gefundenen Werte hierbei eingesetzt.

2. In der Matrix werden weitere Nullen produziert, bis auch oberhalb der links oben beginnenden Diagonalen Nullen stehen.

Das erste Verfahren dürfte einfacher sein und wird im folgenden angewendet. Der Vollständigkeit halber wird danach die Lösung auch noch einmal mit dem anderen Verfahren berechnet.

Zunächst schreibt man sich die unterste Gleichung auf:

$$-z = 0 \Leftrightarrow z = 0$$

Nun schreibt man die zweitletzte Gleichung auf und setzt hierbei für den zuvor bestimmten Parameter ein:

$$y - z = -1 \Leftrightarrow y - 0 = -1 \Leftrightarrow y = -1$$

Nun wird die erste Gleichung aufgeschrieben, hierbei muß nun für alle Variablen außer x das bisher gefundene Ergebnis eingesetzt werden:

$$x + (-1) + 0 = 1 \mid +1$$

$$\Leftrightarrow x = 2$$

Als Lösung ergibt sich also: **x = 2, y = -1, z = 0**

Nachfolgend wird das zweite Verfahren durchgeführt:

$$\begin{pmatrix} 1 & 1 & 0 & 1 \\ 0 & 1 & -1 & -1 \\ 0 & 0 & -1 & 0 \end{pmatrix} * (-1)$$

$$\begin{pmatrix} 1 & 1 & 0 & 1 \\ 0 & 1 & -1 & -1 \\ 0 & 0 & 1 & 0 \end{pmatrix} + III$$

$$\begin{pmatrix} 1 & 1 & 0 & 1 \\ 0 & 1 & 0 & -1 \\ 0 & 0 & 1 & 0 \end{pmatrix} - II$$

$$\begin{pmatrix} 1 & 0 & 0 & 2 \\ 0 & 1 & 0 & -1 \\ 0 & 0 & 1 & 0 \end{pmatrix}$$

Überträgt man dies wieder in Gleichungen, so ergibt sich die Lösung:

$$x = 2, \ y = -1, \ z = 0$$

1.3.3 Mehrdeutige Lösungen

Nachfolgend wird ein Beispiel für die Lösung eines mehrdeutigen Gleichungssystems gegeben:

Man bestimme mit dem Gauß-Verfahren alle Lösungen des linearen Gleichungssystems:

$$x + y = 1, \quad x + 2y + z = 4, \quad 2x + 3y + z = 5.$$

Anhand der Gleichungen kann man noch nicht erkennen, ob das Gleichungssystem eine eindeutige oder mehrdeutige Lösung hat. Es kann aber in jedem Fall der Gauß–Algorithmus angewendet werden. Im Laufe der Berechnung läßt sich feststellen, ob die Lösung eindeutig oder mehrdeutig ist.

$$\begin{pmatrix} 1 & 1 & 0 & 1 \\ 1 & 2 & 1 & 4 \\ 2 & 3 & 1 & 5 \end{pmatrix} \begin{matrix} \\ - \text{I} \\ - 2 * \text{I} \end{matrix}$$

$$\begin{pmatrix} 1 & 1 & 0 & 1 \\ 0 & 1 & 1 & 3 \\ 0 & 1 & 1 & 3 \end{pmatrix} \begin{matrix} \\ \\ - \text{II} \end{matrix}$$

$$\begin{pmatrix} 1 & 1 & 0 & 1 \\ 0 & 1 & 1 & 3 \\ 0 & 0 & 0 & 0 \end{pmatrix}$$

Wenn man die untere Zeile wieder in eine Gleichung umsetzen würde, so hätte man eine Gleichung, die immer erfüllt ist. Die Lösungsmenge wird also allein von den beiden oberen Zeilen bestimmt. Nun bleiben also nur **zwei** Gleichungen über, um die **drei** Variablen zu bestimmen. Hieraus läßt sich folgern, daß es sich, wenn es eine Lösung gibt, auf jeden Fall um eine mehrdeutige Lösung handelt. Dies bedeutet, daß die Lösung nur in Abhängigkeit eines frei wählbaren Parameters bestimmt werden kann. Hier muß ein freier Parameter gewählt werden, da bei 3 Variablen 2 linear unabhängige Gleichungen vorhanden sind (3-2 = 1). Wären z.B. 5 Variable und 3 linear unabhängige Gleichungen vorhanden, so müßten 2 freie Parameter gewählt werden. Die freien Parameter wählt man am besten von "hinten" beginnend. Im vorliegenden Fall wird also z als freier

Parameter gewählt. x und y müssen nun durch z ausgedrückt werden. Um nicht durcheinander zu kommen, kann man die frei zu wählende(n) Variable(n) auch anders benennen (etwa $z=\lambda$).

Die Lösungsmenge kann nun wieder durch sukzessives Einsetzen in die Gleichungen, von unten beginnend, erfolgen. Die vorletzte Zeile lautet als Gleichung:

$$y + z = 3 \Leftrightarrow y = -z + 3$$

Somit ist y durch z ausgedrückt worden, und es kann nun aus der ersten Gleichung x berechnet werden:

$$x + (-z + 3) = 1 \Leftrightarrow x = z - 2$$

Die Lösungsmenge lautet somit:

$$\mathbb{L} = \{ (x,y,z) \mid x = z-2 \wedge y = -z+3 \; ; z \in \mathbb{R}\}$$

Diese Darstellung bedeutet folgendes: Die geschweiften Klammern sind Mengenklammern. Die Lösungsmenge ist die Menge der (x,y,z), für die gilt, daß $x = z-2$ und $y = -z+3$ und $z \in \mathbb{R}$ ist.

Statt dem schrittweisen Einsetzen in die Gleichungen kann auch hier die Matrix noch weiter umgeformt werden. Es hatte sich folgende Matrix ergeben:

$$\begin{pmatrix} 1 & 1 & 0 & 1 \\ 0 & 1 & 1 & 3 \\ 0 & 0 & 0 & 0 \end{pmatrix}$$

Da das Gleichungssystem einfach unterbestimmt ist, wird beim weiteren "Nullenproduzieren" die letzte Spalte unberücksichtigt gelassen. Damit drückt sich aus, daß man z als freien Parameter wählt. Somit muß nur noch das zweite Element der ersten Zeile zu Null gemacht werden:

$$\begin{pmatrix} 1 & 1 & 0 & 1 \\ 0 & 1 & 1 & 3 \\ 0 & 0 & 0 & 0 \end{pmatrix} \begin{matrix} - \text{II} \\ \\ \end{matrix}$$

$$\begin{pmatrix} 1 & 0 & -1 & -2 \\ 0 & 1 & 1 & 3 \\ 0 & 0 & 0 & 0 \end{pmatrix}$$

Dieses muß man nun wieder in Gleichungen umsetzen. Danach könnte die Lösungsmenge wieder wie zuvor angegeben werden. Nachfolgend soll die Lösung aber als Vektorgleichung angegeben werden. Die nachfolgenden Schritte dienen dazu, diese Vektorgleichung zu erhalten.

In der letzten Zeile würde einfach $0 = 0$ stehen. Für die weiteren Umformungen ist es günstig, auf der linken Seite statt 0 $z-z$ zu schreiben:

$$\begin{aligned} x - z &= -2 \\ y + z &= 3 \\ z - z &= 0 \end{aligned}$$

Nun bringt man die z auf die rechte Seite, so daß auf der linken Seite jeweils nur noch x, y und z stehen:

$$\begin{aligned} x &= -2 + z \\ y &= 3 - z \\ z &= 0 + z \end{aligned}$$

Diese Gleichung kann man nun auch als Vektorgleichung schreiben:

$$\begin{pmatrix} x \\ y \\ z \end{pmatrix} = \begin{pmatrix} -2 \\ 3 \\ 0 \end{pmatrix} + z \begin{pmatrix} 1 \\ -1 \\ 1 \end{pmatrix}$$

Dies ist eine Geradengleichung in Punkt-Richtungsform, der erste Vektor auf der rechten Seite gibt den Aufpunktvektor an, der zweite den Richtungsvektor. Die Lösungsmenge lautet nun folgendermaßen:

$$\mathbb{L} = \left\{ \begin{pmatrix} x \\ y \\ z \end{pmatrix} \middle| \begin{pmatrix} x \\ y \\ z \end{pmatrix} = \begin{pmatrix} -2 \\ 3 \\ 0 \end{pmatrix} + z \begin{pmatrix} 1 \\ -1 \\ 1 \end{pmatrix} ; \ z \in \mathbb{R} \right\}$$

Würde man aus der Vektorgleichung wieder Einzelgleichungen machen, so erhielte man natürlich genau die Gleichungen, die sich bei der vorherigen Berechnung ergeben hatten.

1.3.4   Schema für den Gauß-Algorithmus

1. Falls nötig, werden die Gleichungen umgeformt, so daß auf der einen Seite die Variablen nacheinander stehen und auf der anderen Seite alle Zahlen oder Konstanten.

2. Nun werden die Koeffizienten in die erweiterte Koeffizientenmatrix übertragen. (Wenn eine Variable in einer der Gleichungen nicht vorkommt, so ist eine Null einzutragen.)

3. Falls oben links in der Matrix eine Null steht, so muß dies durch Vertauschung zweier Zeilen verändert werden.

4. Durch Multiplikation der ersten Zeile mit einem Skalar wird dafür gesorgt, daß das erste Element der Zeile eine 1 wird. Dann werden in der ersten Spalte unterhalb der ersten Zeile überall Nullen produziert, indem Vielfache der ersten Zeile zu den anderen Zeilen addiert oder subtrahiert werden.

5. Analog wird nun für die weiteren Zeilen vorgegangen, bis unterhalb der Hauptdiagonalen nur noch Nullen stehen. (Wenn man oberhalb der produzierten Nullen "Treppenstufen" einzeichnet, darf es keine doppelte Stufe nach unten mehr geben, sonst wurden noch nicht genug Nullen produziert.)

6. Die Anzahl der verbliebenen "Nichtnullzeilen" muß nun mit der Anzahl der Variablen verglichen werden. Ist die Anzahl identisch, so gibt es eine eindeutige Lösung. Ist die Anzahl der Variablen größer, so ist das Gleichungssystem unterbestimmt. Entsprechend dem Grad der Unterbestimmtheit müssen dann, von hinten beginnend, Variable als freie Parameter gewählt werden.

6. Nun kann die Matrix entweder wieder in Gleichungen übertragen werden, um dann durch Einsetzen die restlichen Variablen zu berechnen, oder es wird versucht, auch oberhalb der Hauptdiagonalen möglichst viele Nullen zu produzieren, um schließlich die Lösung direkt ablesen zu können.

7. Die Lösungsmenge muß angegeben werden

Natürlich kann der Gauß–Algorithmus auch anders als zuvor beschrieben durchgeführt werden. Einige Schritte können z.b. vertauscht werden. Es können auch zunächst nicht in der ersten Spalte, sondern in einer hinteren Spalte Nullen produziert werden. Um nicht durcheinanderzukommen, scheint es aber sinnvoll zu sein, sich an das vorgegebene Schema zu halten.

1.3.5 Umgehen von Brüchen

Die zuvor betrachteten Aufgaben waren relativ leicht zu berechnen, weil sich immer ganze Zahlen ergaben. Dieses ist natürlich nicht immer der Fall. Bei dem zuvor beschriebenen Verfahren ergeben sich im allgemeinen Brüche, deren Berechnung erfahrungsgemäß vielen Schwierigkeiten bereitet. Um diese Brüche zu vermeiden, bietet sich folgendes Verfahren an:

Angenommen, es sei folgendes Gleichungssystem mit dem Gauß- Algorithmus zu lösen:

$$2x_1 - 3x_2 + x_4 = 1 \quad \wedge -x_1 + 2x_3 = -2 \quad \wedge 4x_1 + x_2 - x_3 - 2x_4 = 0$$

Die erweiterte Koeffizientenmatrix lautet:

$$\begin{pmatrix} 2 & -3 & 0 & 1 & 1 \\ -1 & 0 & 2 & 0 & -2 \\ 4 & 1 & -1 & -2 & 0 \end{pmatrix} \begin{matrix} *2 \\ *4 \\ \end{matrix}$$

Nun wird das kleinste gemeinsame Vielfache der Zahlen in der ersten Spalte gesucht. In diesem Fall ist dieses 4. Nun werden die Zeilen so mit Zahlen multipliziert, daß in der ersten Spalte nur noch Vieren stehen. Hier wird die erste Gleichung mit 2 und die zweite mit 4 multipliziert.

$$\begin{pmatrix} 4 & -6 & 0 & 2 & 2 \\ -4 & 0 & 8 & 0 & -8 \\ 4 & 1 & -1 & -2 & 0 \end{pmatrix} \begin{matrix} \\ +I \\ -I \end{matrix}$$

$$\begin{pmatrix} 4 & -6 & 0 & 2 & 2 \\ 0 & -6 & 8 & 2 & -6 \\ 0 & 7 & -1 & -4 & -2 \end{pmatrix} \begin{matrix} \\ *7 \\ *6 \end{matrix}$$

Nun müssen die unterlegten Zahlen der zweiten Spalte auf das kleinste gemeinsame Vielfache gebracht werden.

$$\begin{pmatrix} 4 & -6 & 0 & 2 & 2 \\ 0 & -42 & 56 & 14 & -42 \\ 0 & 42 & -6 & -24 & -12 \end{pmatrix} +\text{II}$$

$$\begin{pmatrix} 4 & -6 & 0 & 2 & 2 \\ 0 & -42 & 56 & 14 & -42 \\ 0 & 0 & 50 & -10 & -54 \end{pmatrix} \begin{matrix} \\ /7 \\ /2 \end{matrix}$$

Damit die nachfolgende Rechnung nicht zu kompliziert wird, werden in den Zeilen vorhandene Faktoren "herausgeteilt".

$$\begin{pmatrix} 4 & -6 & 0 & 2 & 2 \\ 0 & -6 & 8 & 2 & -6 \\ 0 & 0 & 25 & -5 & -27 \end{pmatrix}$$

Nachfolgend wird die Matrix wieder in Gleichungen umgesetzt. Da 3 linear unabhängige Gleichungen und 4 Variable vorhanden sind, wird x_4 als Variable gewählt. Die unterste Zeile lautet als Gleichung:

$$25x_3 - 5x_4 = -27 \Leftrightarrow 25x_3 = 5x_4 - 27$$

$$\Leftrightarrow x_3 = \frac{1}{5}x_4 - \frac{27}{25} \Leftrightarrow x_3 = 0{,}2x_4 - 1{,}08$$

Nachfolgend wird mit Dezimalzahlen weitergerechnet. Es könnte natürlich auch mit Brüchen weitergerechnet werden. Aus der zweiten Zeile folgt:

$$-6x_2 + 8*(0{,}2x_4 - 1{,}08) + 2x_4 = -6$$

$$\Leftrightarrow -6x_2 + 1{,}6x_4 - 8{,}64 + 2x_4 = -6 \mid -3{,}6x_4 +8{,}64$$

$$\Leftrightarrow -6x_2 = -3{,}6x_4 +2{,}64 \mid /(-6)$$

$$\Leftrightarrow x_2 = 0{,}6x_4 - 0{,}44$$

Aus der ersten Gleichung ergibt sich schließlich:

$$4x_1 - 6(0{,}6x_4 - 0{,}44) + 2x_4 = 2$$

$$\Leftrightarrow 4x_1 - 3{,}6x_4 + 2{,}64 + 2x_4 = 2$$

$$\Leftrightarrow 4x_1 = 1{,}6x_4 - 0{,}64 \Leftrightarrow x_1 = 0{,}4x_4 - 0{,}16$$

Somit ergibt sich folgende Lösungsmenge:

$$\mathbb{L} = \{(x_1,x_2,x_3,x_4) \mid x_1=0{,}4x_4-0{,}16 \ \wedge x_2=0{,}6x_4-0{,}44 \ \wedge x_3=0{,}2x_4-1{,}08 ; x_4 \in \mathbb{R}\}$$

$$\Rightarrow \ |L = \left\{ \left(\begin{array}{c} x_1 \\ x_2 \\ x_3 \\ x_4 \end{array} \right) \middle| \left(\begin{array}{c} x_1 \\ x_2 \\ x_3 \\ x_4 \end{array} \right) = -\frac{1}{25} \left(\begin{array}{c} 4 \\ 11 \\ 27 \\ 0 \end{array} \right) + \frac{1}{5}x_4 \left(\begin{array}{c} 2 \\ 3 \\ 1 \\ 5 \end{array} \right), \ x_4 \in \mathbb{R} \right\}$$

1.3.6 Lösbarkeit linearer Gleichungssysteme

Nicht jedes lineare Gleichungssystem ist lösbar, und falls es lösbar ist, so muß es -wie zuvor gezeigt- nicht unbedingt eine eindeutige Lösung haben. Manch einer wird vielleicht vermuten, daß ein lineares Gleichungssystem mit weniger Variablen als Gleichungen nicht lösbar ist. Dieses stimmt aber nicht.

Nachfolgend sei ein sehr einfaches lineares Gleichungssystem betrachtet:

$$2x + y = 1$$
$$4x + 2y = 4$$

Ein derartiges System kann man sich natürlich auch geometrisch veranschaulichen. Die beiden Gleichungen beschreiben jeweils eine Gerade, so daß die beiden Gleichungen zusammen gerade im Schnittpunkt der Geraden erfüllt sind. Wenn man die beiden Gleichungen nach y auflöst, kann man sie sehr einfach zeichnen:

$$y = -2x +1$$
$$y = -2x +2$$

Die Zahl vor dem x gibt die Steigung der Geraden an, die einzelne Zahl am Ende den Achsenabschnitt. Gezeichnet ergibt sich:

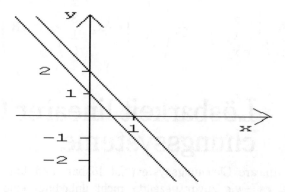

Die Geraden sind also parallel (dies hätte man auch schon daran sehen können, daß sie dieselbe Steigung, aber nicht denselben Achsenabschnitt haben). Da es keinen Schnittpunkt gibt, können die beiden Gleichungen nie gleichzeitig erfüllt sein. Was passiert nun in einem derartigen Fall, wenn man nichtsahnend den Gauß-Algorithmus anwendet? Die erweiterte Koeffizientenmatrix lautet:

$$\begin{pmatrix} 2 & 1 & 1 \\ 4 & 2 & 4 \end{pmatrix} : 2$$

$$\begin{pmatrix} 1 & 0,5 & 0,5 \\ 4 & 2 & 4 \end{pmatrix} - 4 \ \text{I}$$

$$\begin{pmatrix} 1 & 0,5 & 0,5 \\ 0 & 0 & 2 \end{pmatrix}$$

Wenn man nun die letzte Zeile wieder in eine Gleichung umschreibt, ergibt sich $0x + 0y = 2 \Leftrightarrow 0 = 2$, dieses ist aber ein Widerspruch.

Allgemein läßt sich festhalten:

> Bei nicht lösbaren Gleichungssystemen führt der Gauß-Algorithmus zu Widersprüchen, an denen man erkennen kann, daß das Gleichungssystem nicht lösbar ist.

Es gibt aber auch ein anderes relativ einfaches Kriterium, anhand dessen man die Lösbarkeit überprüfen kann. Dieses Kriterium beruht auf den zuvor beschriebenen Zusammenhängen. Wenn direkt nach der Lösbarkeit eines linearen Gleichungssystems gefragt wird, sollte man dieses Verfahren verwenden.

Die erweiterte Koeffizientenmatrix hatte 2 linear unabhängige Zeilen, da sich keine Nullzeile produzieren ließ. Die Koeffizientenmatrix des Gleichungssystems sieht folgendermaßen aus:

$$\begin{pmatrix} 2 & 1 \\ 4 & 2 \end{pmatrix} -2*I$$

$$\begin{pmatrix} 2 & 1 \\ 0 & 0 \end{pmatrix}$$

Da sich hier eine Nullzeile produzieren läßt, hat diese Matrix nur eine linear unabhängige Zeile. Allgemein gilt nun, daß ein lineares Gleichungssystem genau dann nicht lösbar ist, wenn die Anzahl der linear unabhängigen Zeilen der Koeffizientenmatrix kleiner als die der erweiterten Koeffizientenmatrix ist. (In diesen Fällen führt der Gauß-Algorithmus immer zu den zuvor beschriebenen Widersprüchen.) Wenn die Anzahl der linear unabhängigen Zeilen der beiden Matrizen identisch ist, ist das Gleichungssystem somit lösbar.

Die Anzahl der linear unabhängigen Zeilen einer Matrix nennt man auch den **Rang** der Matrix. (Näheres hierzu findet sich in Abschnitt 1.4.2) Somit gilt:

Ein lineares Gleichungssystem ist genau dann lösbar, wenn der Rang der Koeffizientenmatrix gleich dem Rang der erweiterten Koeffizientenmatrix ist.

1.3.7 Weitere Zusammenhänge

Mit Hilfe des Ranges kann auch ein allgemeines Kriterium angegeben werden, wann ein lineares Gleichungssystem eine mehrdeutige Lösung hat. In Abschnitt 1.3.4 wurde gezeigt, daß ein lösbares lineares Gleichungssystem genau dann eine mehrdeutige Lösung hat, wenn die Anzahl der linear unabhängigen Gleichungen kleiner als die Anzahl der Variablen ist. Also gilt:

> **Ein lineares Gleichungssystem ist genau dann mehrdeutig lösbar, wenn der Rang der Koeffizientenmatrix gleich dem Rang der erweiterten Koeffizientenmatrix (Lösbarkeitsbedingung) ist und dieser Rang kleiner als die Anzahl der Variablen ist.**

Mittels der Koeffizientenmatrix kann ein lineares Gleichungssystem auch formal beschrieben werden. Es sei folgendes lineare Gleichungssystem gegeben:

$$4x + y = 1$$
$$4x + 2y = 4$$

Dieses Gleichungssystem könnte man auch durch folgenden Ausdruck beschreiben:

$$A * \vec{x} = \vec{b}$$

Dabei ist A die Koeffizientenmatrix, $\vec{x}$ ist der Vektor der Variablen des Gleichungssystems, und $\vec{b}$ ist der Vektor der einzelnen Zahlen (Konstanten) des Gleichungssystems. Daß die formale Beschreibung richtig ist, kann man nachrechnen. Es muß lediglich das vordere Matrizenprodukt berechnet werden:

$$\begin{pmatrix} 4 & 1 \\ 4 & 2 \end{pmatrix} \begin{pmatrix} x \\ y \end{pmatrix} = \begin{pmatrix} 1 \\ 4 \end{pmatrix}$$

Wenn A^{-1} existiert kann die Lösung eines Gleichungssystems auch mittels der inversen Matrix angegeben werden:

$$A * \vec{x} = \vec{b} \mid * A^{-1} \text{ von links}$$
$$\Leftrightarrow A^{-1} * A * \vec{x} = A^{-1} * \vec{b}$$
$$\Leftrightarrow \vec{x} = A^{-1} * \vec{b}$$

Insbesondere wenn man die Inverse der Koeffizientenmatrix bereits kennt, bietet es sich an, auf die beschriebene Weise den Lösungsvektor des Gleichungssystems zu ermitteln..

Den Vektor $\vec{b}$ nennt man auch den **inhomogenen** Teil der Gleichungen. Besteht $\vec{b}$ nur aus Nullen, so bezeichnet man das Gleichungssystem auch als ein **homogenes** Gleichungssystem. Ein homogenes Gleichungssystem ist nie unlösbar, denn es gibt hier immer die **triviale Lösung**. Dieses ist die "Nullösung". Denn wenn alle Variablen gleich Null gesetzt werden, ergibt die linke Seite immer Null, so daß dies auf jeden Fall eine Lösung für ein homogenes Gleichungssystem ist. (Dieser Sachverhalt ließe sich auch daran erkennen, daß bei einem homogenen Gleichungssystem der Rang der erweiterten Koeffizientenmatrix nie größer als der Rang der Koeffizientenmatrix sein kann.)

Die Lösungsmenge eines linearen homogenen Gleichungssystems bezeichnet man auch als **Kern**.

1.3.8 Die Cramersche Regel

Abschließend wird noch die Cramersche Regel angeführt. Mit dieser Regel können **eindeutig lösbare** lineare Gleichungssysteme relativ elegant gelöst werden. Bei der Berechnung werden Determinanten benötigt. Wie diese zu berechnen sind, wird im nächsten Abschnitt (1.4.1) behandelt.

Wie zuvor gezeigt, kann ein lineares Gleichungssystem durch folgende Gleichung beschrieben werden:

$$A * \vec{x} = \vec{b}$$

Bei einem eindeutig lösbaren Gleichungssystem ist A eine quadratische Matrix. Die einzelnen Spalten dieser Matrix seien nun mit $\vec{a}_1$, $\vec{a}_2$, $\vec{a}_3$ etc. bezeichnet. Nach der Cramerschen Regel ergibt sich die Lösung folgendermaßen:

$$x_1 = \frac{\det(\vec{b}, \vec{a}_2 ...)}{\det A}$$

Im Zähler wird also bei der Matrix, deren Determinante berechnet wird, die Spalte der gerade zu berechnenden Variablen durch $\vec{b}$ ersetzt. Hier war dies die erste Spalte. x_2 ergibt sich also zu:

$$x_2 = \frac{\det(\vec{a}_1, \vec{b}, ...)}{\det A}$$

Nachfolgend wird das Verfahren noch an einem Beispiel verdeutlicht:

Sei folgendes Gleichungssystem gegeben:

$$x + y - z = 1 \;\wedge\; 2x - 3y + z = 0 \;\wedge\; x - z = 2$$

Die Koeffizientenmatrix und $\vec{b}$ lauten somit:

$$A = \begin{pmatrix} 1 & 1 & -1 \\ 2 & -3 & 1 \\ 1 & 0 & -1 \end{pmatrix} \qquad \vec{b} = \begin{pmatrix} 1 \\ 0 \\ 2 \end{pmatrix}$$

Für die Determinante von A ergibt sich:

$$\det A = 3 + 1 - 3 + 2 = 3$$

Die einzelnen Variablen ergeben sich nun folgendermaßen:

$$x = \det \begin{pmatrix} 1 & 1 & -1 \\ 0 & -3 & 1 \\ 2 & 0 & -1 \end{pmatrix} * \tfrac{1}{3} = (3 + 2 - 6) * \tfrac{1}{3} = -\tfrac{1}{3}$$

$$y = \det \begin{pmatrix} 1 & 1 & -1 \\ 2 & 0 & 1 \\ 1 & 2 & -1 \end{pmatrix} * \tfrac{1}{3} = (1 - 4 - 2 + 2) * \tfrac{1}{3} = -1$$

$$z = \det \begin{pmatrix} 1 & 1 & 1 \\ 2 & -3 & 0 \\ 1 & 0 & 2 \end{pmatrix} * \tfrac{1}{3} = (-6 + 3 - 4) * \tfrac{1}{3} = -\tfrac{7}{3}$$

Also insgesamt $|L = \{-\tfrac{1}{3}, -1, -\tfrac{7}{3}\}$

(Bei einem unterbestimmten Gleichungssystem kann diese Methode natürlich nicht funktionieren, denn in diesem Fall hat die Koeffizientenmatrix keinen vollen Rang, so daß sich für ihre Determinante Null ergibt.)

1.4 Determinanten, Rang und Inverse

1.4.1 Determinanten

Determinanten sind ein sehr nützliches Hilfsmittel, sie werden im folgenden bei der Überprüfung auf lineare Abhängigkeit und bei der Inversion von Matrizen verwendet werden. Bei der Determinante wird eine quadratische Matrix auf einen Skalar abgebildet. Man schreibt abkürzend für die Determinante auch det A. In ausgeschriebener Form drückt man die Determinante auch durch senkrechte Striche aus:

$$\det \begin{pmatrix} 2 & 5 \\ 6 & 1 \end{pmatrix} = \begin{vmatrix} 2 & 5 \\ 6 & 1 \end{vmatrix}$$

Für 2x2 und auch noch 3x3 Matrizen gibt es relativ einfache Regeln, um diese zu berechnen, diese sollen zunächst besprochen werden. Bei einer 2x2 Matrix ergibt sich die Determinante als das Produkt der Elemente der Hauptdiagonalen minus dem Produkt der Elemente der Nebendiagonalen. Die Nebendiagonale ist die Diagonale, die von links unten nach rechts oben läuft.

$$\det \begin{pmatrix} 2 & 5 \\ 6 & 1 \end{pmatrix} \quad = 2*1 - 6*5 = -28$$

Nebendiagonale

Hauptdiagonale

Die Berechnung von Determinanten von 3x3 Matrizen läßt sich in ähnlicher Weise durchführen. Zunächst erweitert man die Matrix, indem man die ersten beiden Spalten noch einmal hinter die Matrix schreibt, wie es im folgenden geschehen ist:

$$A = \begin{pmatrix} 2 & 4 & -7 \\ 3 & 9 & 1 \\ 0 & -2 & 1 \end{pmatrix} \xrightarrow{\text{Erweitern}} \begin{pmatrix} 2 & 4 & -7 & 2 & 4 \\ 3 & 9 & 1 & 3 & 9 \\ 0 & -2 & 1 & 0 & -2 \end{pmatrix}$$

Das so entstandene Gebilde hat 3 Haupt- und 3 Nebendiagonalen:

Nun werden die Produkte der Elemente der Diagonalen gebildet. Die Produkte der Hauptdiagonalelemente werden dann addiert und die der Nebendiagonalen subtrahiert:

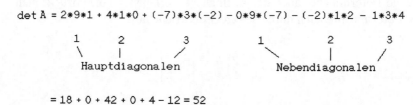

```
det A = 2*9*1 + 4*1*0 + (-7)*3*(-2) - 0*9*(-7) - (-2)*1*2 - 1*3*4
```

```
= 18 + 0 + 42 + 0 + 4 - 12 = 52
```

Dieses Verfahren zur Berechnung der Determinante einer 3x3 Matrix heißt **Sarrus'sche Regel**.

Nachfolgend soll anhand zweier Beispiele eine wesentliche Eigenschaft von Determinanten illustriert werden.

Man kann eine Matrix auch bilden, indem man mehrere Spaltenvektoren aneinanderreiht. In der Graphik sind drei Dreiervektoren gezeichnet:

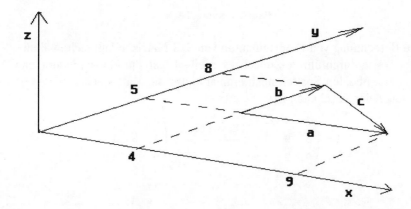

Als Spaltenvektoren lauten diese Vektoren:

$$a = \begin{pmatrix} 5 \\ 0 \\ 0 \end{pmatrix} \qquad b = \begin{pmatrix} 0 \\ 3 \\ 0 \end{pmatrix} \qquad c = \begin{pmatrix} 5 \\ -3 \\ 0 \end{pmatrix}$$

Wenn man Sie nun zu einer Matrix zusammenfaßt, ergibt sich:

$$\begin{pmatrix} 5 & 0 & 5 \\ 0 & 3 & -3 \\ 0 & 0 & 0 \end{pmatrix}$$

Berechnet man die Determinante dieser Matrix, ergibt sich folgendes:

$$\det \begin{pmatrix} 5 & 0 & 5 \\ 0 & 3 & -3 \\ 0 & 0 & 0 \end{pmatrix} = 5*3*0 + 0*(-3)*0 + 5*0*0 - 0*3*5 - 0*(-3)*5 - 0*0*0 = 0$$

Wie sich leicht erkennen läßt, muß die Determinante Null werden, wenn, wie in diesem Beispiel, eine Zeile oder Spalte nur aus Nullen besteht. Denn in einem derartigem Fall wird in jedem Produkt mindestens einmal mit Null multipliziert.

Nachfolgend werden drei andere Dreiervektoren betrachtet, die nicht in einer Ebene liegen

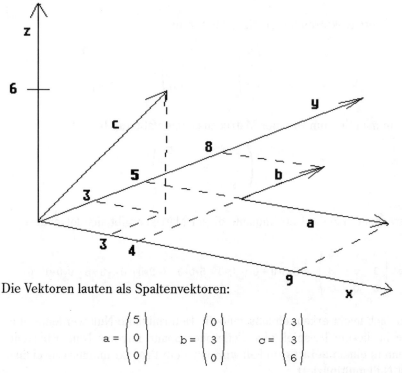

Die Vektoren lauten als Spaltenvektoren:

$$a = \begin{pmatrix} 5 \\ 0 \\ 0 \end{pmatrix} \qquad b = \begin{pmatrix} 0 \\ 3 \\ 0 \end{pmatrix} \qquad c = \begin{pmatrix} 3 \\ 3 \\ 6 \end{pmatrix}$$

Für die Determinante der aus diesen Vektoren gebildeten Matrix ergibt sich:

$$\det \begin{pmatrix} 5 & 0 & 3 \\ 0 & 3 & 3 \\ 0 & 0 & 6 \end{pmatrix} = 5*3*6+0*3*0+3*0*0-0*3*3-0*3*5-6*0*0 = 90$$

In den Beispielen ist die Determinante für drei Vektoren, die in einer Ebene liegen, also linear abhängige Vektoren, Null. Für drei Vektoren, die nicht in einer Ebene liegen, also drei linear unabhängige Vektoren, ist sie ungleich Null. **Es läßt sich zeigen, daß dies generell gilt:**

> **Eine Determinante wird gerade dann Null , wenn ihre Spaltenvektoren (und damit auch ihre Zeilenvektoren) linear abhängig sind.**

Mit den bisherigen Verfahren lassen sich nur Determinanten von 2x2 und 3x3 Matrizen berechnen. Zur Berechnung der Determinanten von beliebig dimensionalen quadratischen Matrizen dient der **Laplace Ent-wicklungssatz.** Mit Hilfe dieses Satzes können Determinanten um eine Dimension reduziert werden. Hier soll das Verfahren an einem Beispiel kurz gezeigt werden. Es sei folgende Determinante zu berechnen:

$$
\det \begin{pmatrix} 2 & 5 & 1 & 0 \\ 1 & 1 & 0 & 5 \\ 1 & 2 & 3 & -1 \\ 2 & 1 & -1 & 1 \end{pmatrix}
$$

Die Determinante kann man nun nach verschiedenen Zeilen (oder auch Spalten) entwickeln. Nachfolgend wird die Determinante nach der ersten Zeile entwickelt:

$$
\det \begin{pmatrix} 2 & 5 & 1 & 0 \\ 1 & 1 & 0 & 5 \\ 1 & 2 & 3 & -1 \\ 2 & 1 & -1 & 1 \end{pmatrix}
$$

Die Elemente der ersten Zeile werden nun mit den Unterdeterminanten multipliziert, die sich ergeben, wenn die erste Zeile und die Spalte des jeweiligen Elements aus der Matrix gestrichen werden.

$$
\begin{pmatrix} 2 & 5 & 1 & 0 \\ 1 & 1 & 0 & 5 \\ 1 & 2 & 3 & -1 \\ 2 & 1 & -1 & 1 \end{pmatrix}
\begin{pmatrix} 2 & 5 & 1 & 0 \\ 1 & 1 & 0 & 5 \\ 1 & 2 & 3 & -1 \\ 2 & 1 & -1 & 1 \end{pmatrix}
\begin{pmatrix} 2 & 5 & 1 & 0 \\ 1 & 1 & 0 & 5 \\ 1 & 2 & 3 & -1 \\ 2 & 1 & -1 & 1 \end{pmatrix}
\begin{pmatrix} 2 & 5 & 1 & 0 \\ 1 & 1 & 0 & 5 \\ 1 & 2 & 3 & -1 \\ 2 & 1 & -1 & 1 \end{pmatrix}
$$

So erhält man 4 Terme, die nach folgendem Vorzeichenschema ver-knüpft werden.

$$
\begin{pmatrix} + & - & + & - & \cdots \\ - & + & - & + & \cdots \\ + & - & + & - & \cdots \\ - & + & - & + & \cdots \\ \vdots & \vdots & \vdots & \vdots & \vdots \end{pmatrix}
$$

Wenn man also nach der ersten Zeile entwickelt, so erhält der erste Term ein Plus, der zweite ein Minus, der dritte ein Plus und der vierte ein Minus. Würde man nach der zweiten Zeile entwickeln, so müßte man mit einem Minus beginnen. Insgesamt ergibt sich für die Determinante der 4x4 Matrix, wie zuvor beschrieben:

$$2 * \begin{vmatrix} 1 & 0 & 5 \\ 2 & 3 & -1 \\ 1 & -1 & 1 \end{vmatrix} - 5 * \begin{vmatrix} 1 & 0 & 5 \\ 1 & 3 & -1 \\ 2 & -1 & 1 \end{vmatrix} + 1 * \begin{vmatrix} 1 & 1 & 5 \\ 1 & 2 & -1 \\ 2 & 1 & 1 \end{vmatrix} - 0 * \begin{vmatrix} 1 & 1 & 0 \\ 1 & 2 & 3 \\ 2 & 1 & -1 \end{vmatrix}$$

Die 3x3 Determinanten können nun nach der Regel von Sarrus berechnet werden. Es ergibt sich insgesamt:

$$2 * (-23) - 5 * (-33) + 1 * (-15) = 104$$

Besonders einfach wird die Berechnung natürlich, wenn in der Zeile oder Spalte, nach der entwickelt wird, sehr viele Nullen stehen.

Für Dreiecksmatrizen folgt aus dem Laplacen Entwicklungssatz eine sehr einfache Regel, um ihre Determinanten zu bestimmen. Eine (obere) Dreiecksmatrix ist eine Matrix, bei der unterhalb der Hauptdiagonalen nur Nullen stehen. Also eine Matrix in Zeilen-Stufenform.

$$\det A = \begin{vmatrix} 2 & 5 & 7 & 9 & 0 \\ 0 & 1 & 2 & 1 & 1 \\ 0 & 0 & 3 & 2 & 0 \\ 0 & 0 & 0 & -1 & 2 \\ 0 & 0 & 0 & 0 & 1 \end{vmatrix}$$

Diese Matrix entwickelt man am besten nach der ersten Spalte. Da nur ein einziges Element dieser Spalte ungleich Null ist, ergibt sich nur eine einzige Unterdeterminante bei der Entwicklung. Diese wurde im folgenden dann nach dem gleichen Prinzip weiter zerlegt:

$$\det A = 2 * \begin{vmatrix} 1 & 2 & 1 & 1 \\ 0 & 3 & 2 & 0 \\ 0 & 0 & -1 & 2 \\ 0 & 0 & 0 & 1 \end{vmatrix} = 2 * 1 * \begin{vmatrix} 3 & 2 & 0 \\ 0 & -1 & 2 \\ 0 & 0 & 1 \end{vmatrix} = 2 * 1 * 3 * (-1) * 1 = -6$$

> **Allgemein ergibt sich die Determinante einer Dreiecksmatrix also als das Produkt der Elemente der Hauptdiagonalen.**

Abschließend seien noch einige **Rechenregeln** für **Determinanten** aufgeführt:

1    $\det(A*B) = \det(A) * \det(B)$

2    $\det(A^{-1}) = \frac{1}{\det(A)}$

     Diese Regel ergibt sich unter Ausnutzung der vorherigen Regel:

$$\det(A) * \det(A^{-1}) = \det(A*A^{-1}) = \det(I) = 1 \Leftrightarrow \det(A^{-1}) = \frac{1}{\det(A)}$$

3    $\det(A) = \det(A^T)$

4   Werden zwei Zeilen vertauscht, so wechselt das Vorzeichen der Determinante.

5   Wenn zu einer Zeile der Matrix das λ-fache einer anderen Zeile addiert wird, verändert sich der Wert der Determinante nicht.

6   Es kann eine Konstante in eine beliebige Zeile hineinmultipliziert werden:

$$\lambda*\det \begin{vmatrix} 2 & -2 & 0 \\ 1 & -1 & 2 \\ 1 & 1 & 1 \end{vmatrix} = \det \begin{vmatrix} 2 & -2 & 0 \\ \lambda*1 & -\lambda*1 & \lambda*2 \\ 1 & 1 & 1 \end{vmatrix}$$

Hier wurde das λ in die zweite Zeile "hineinmultipliziert". Es hätte natürlich auch in die erste oder dritte Zeile multipliziert werden können.

7    $\det(\lambda*A) = \lambda^n * \det A$ A sei hier eine $(n*n)$ Matrix

Diese Regel folgt aus der vorherigen, denn wenn das λ direkt vor der Matrix steht, muß jede Zeile mit λ multipliziert werden. Aus jeder Zeile kann dann aber das λ nach vorne gezogen werden.

Aufgrund der angeführten Regeln ergibt sich eine zusätzliche **Methode zur Berechnung von Determinanten:**

> Mit dem Gauß-Algorithmus wird die Matrix umgeformt, bis sich eine obere Dreiecksmatrix ergibt. Die Determinante der oberen Dreiecksmatrix ergibt sich dann, wie zuvor beschrieben, als das Produkt der Elemente der Hauptdiagonalen. Wenn Zeilen hierbei mit einer Konstanten multipliziert werden, ist darauf zu achten, daß sich der Wert der Determinante entsprechend der angeführten Regeln ändert.

1.4.2 Rang einer Matrix

Der Rang einer Matrix gibt die Anzahl der linear unabhängigen Zeilen an. Deren Anzahl ist immer identisch mit der Anzahl der linear unabhängigen Spalten. Der Rang einer Matrix kann mittels des Gauß–Algorithmus berechnet werden. Mittels der elementaren Zeilenumformungen wird die Matrix solange umgeformt, bis sie in Zeilenstufenform ist. Die Anzahl der verbliebenen "nicht Nullzeilen" gibt dann den Rang der Matrix an. Wie in dem Abschnitt zum Gauß–Algoritmus beschrieben, bestehen die elementaren Zeilenumformungen aus folgenden Operationen:

1. Multiplikation einer Zeile mit einem Skalar

2. Vertauschen zweier Zeilen

3. Addition des Vielfachen einer Zeile zu einer anderen Zeile

Diese Operationen verändern die Matrix, aber sie verändern ihren Rang nicht. Mit Hilfe dieser Operationen muß man nun möglichst viele Zeilen produzieren, die nur aus Nullen bestehen. Lassen sich keine weiteren Zeilen produzieren, die nur aus Nullen bestehen, so gibt die Anzahl der verbleibenden Zeilen, die nicht nur aus Nullen bestehen, den Rang der Matrix an. An folgendem Beispiel wird das Verfahren aufgezeigt.

Es sei der Rang der Matrix A zu bestimmen:

$$A = \begin{pmatrix} 1 & 0 & 1 \\ 1 & 2 & 0 \\ 2 & 2 & 1 \end{pmatrix} \begin{matrix} I \\ II \\ III \end{matrix}$$

Hinter der Matrix sind die Zeilennummern als römische Zahlen angegeben. Die Zahlen in dem gestrichelten Kästchen sollen zunächst zu Nullen gemacht werden. Hierzu müssen geeignete Vielfache der ersten Zeile von den unteren Zeilen abgezogen werden. Nachfolgend ist hinter der Zeile jeweils angegeben, das Wievielfache welcher Zeile von ihr abgezogen werden muß, um in dem gestrichelten Kästchen überall Nullen zu erhalten.

$$\begin{pmatrix} 1 & 0 & 1 \\ 1 & 2 & 0 \\ 2 & 2 & 1 \end{pmatrix} \begin{matrix} \\ -I \\ -2*I \end{matrix}$$

Von jedem Element der zweiten Zeile muß also das darüberstehende Element der ersten Zeile und von jedem Element der dritten Zeile das 2 fache des darüberstehenden Elements der ersten Zeile abgezogen werden.

$$\begin{pmatrix} 1 & 0 & 1 \\ 0 & 2 & -1 \\ 0 & 2 & -1 \end{pmatrix} - \text{II}$$

Nun müssen in der zweiten Spalte Nullen produziert werden. Die erste Zeile darf nun nirgendwo mehr abgezogen werden, denn dadurch würden ja die Nullen in der ersten Spalte wieder zerstört werden. Daher wird von der dritten Spalte die zweite Spalte abgezogen. Dadurch wird das zweite Element der dritten Zeile zu Null. In diesem speziellen Fall wird auch das dritte Element der dritten Zeile Null, und es ergibt sich:

$$\begin{pmatrix} 1 & 0 & 1 \\ 0 & 2 & -1 \\ 0 & 0 & 0 \end{pmatrix}$$

Die dritte Zeile besteht nun nur aus Nullen. Weitere Zeilen, die nur aus Nullen bestehen, können nicht mehr produziert werden. Eine solche Darstellung einer Matrix nennt man **Zeilenstufenform**. Da nur zwei Zeilen der Matrix andere Elemente als Nullen enthalten, ist der Rang der Matrix 2. Man schreibt **rg A = 2**, oder auch **rangA=2**. Dies bedeutet, daß die Matrix zwei linear unabhängige Zeilenvektoren enthält. Dies bedeutet auch, daß der durch die Zeilenvektoren aufgespannte Vektorraum zweidimensional ist.

Eine **quadratische** Matrix hat genau dann vollen Rang, wenn alle ihre Zeilen linear unabhängig sind. Wie zuvor gezeigt wurde, gilt dies gerade dann, wenn ihre Determinante ungleich Null ist. Ist die Determinante einer quadratischen Matrix ungleich Null, so ist ihr Rang also gerade identisch mit der Anzahl der Zeilen der Matrix. Ist die Determinante Null, so ist der Rang der Matrix kleiner als die Anzahl ihrer Zeilen. Wie groß er dann genau ist, kann mit Hilfe der Determinante aber nicht berechnet werden. Um dies festzustellen, verwendet man Elementare Zeilenumformungen, wie es zuvor beschrieben wurde.

1.4.3   Inverse Matrizen

Ähnlich wie bei der normalen Multiplikation gibt es auch bei der Matrizenmultiplikation ein neutrales Element. Das **neutrale Element** der normalen Multiplikation ist die Eins, denn wenn man eine andere Zahl mit eins malnimmt, so erhält man die ursprüngliche Zahl auch wieder als Ergebnis. Das neutrale Element verändert also andere Elemente nicht. Auch bei der Matrizenmultiplikation gibt es ein neutrales Element, also eine Matrix, die, wenn sie mit einer anderen Matrix multipliziert wird, diese nicht verändert. Diese Matrix nennt man analog zur 1 der "normalen" Multiplikation auch **Einheitsmatrix**. Die 3x3 Einheitsmatrix lautet folgendermaßen:

$$I = \begin{pmatrix} 1 & 0 & 0 \\ 0 & 1 & 0 \\ 0 & 0 & 1 \end{pmatrix}$$

Sie wird im allgemeinen mit I (identity Matrix) bezeichnet, manchmal aber auch mit E (Einheitsmatrix). Daß diese Matrix andere Matrizen bei der Multiplikation wirklich nicht verändert, läßt sich sehr schön an einem Beispiel sehen:

$$A = \begin{pmatrix} 3 & 4 & 1 \\ 2 & -2 & 3 \\ 1 & 0 & -4 \end{pmatrix}$$

$$\begin{array}{ccc} 1 & 0 & 0 \\ 0 & 1 & 0 \\ 0 & 0 & 1 \end{array}$$

$$\begin{array}{ccc|ccc} 3 & 4 & 1 & 3 & 4 & 1 \\ 2 & -2 & 3 & 2 & -2 & 3 \\ 1 & 0 & -4 & 1 & 0 & -4 \end{array} = A * I = A$$

Es zeigt sich hier deutlich, warum die Einheitsmatrix andere Matrizen nicht verändert. Bei der Bildung der einzelnen "Skalarprodukte" sorgt die Einheitsmatrix gerade dafür, daß jeweils nur die Zahl in die Ergebnismatrix eingetragen wird, die auch bei der Ausgangsmatrix an der gleichen Stelle steht. Da bei der Matrizenmultiplikation die Spaltenzahl der ersten und die Zeilenzahl der zweiten Matrix identisch sein müssen, braucht man je nach Aufgabenstellung unterschiedliche Einheitsmatrizen (2x2, 3x3, 4x4 etc.). Dabei sehen natürlich alle Einheitsmatrizen von der Struktur her so aus wie die angeführte 3x3 Einheitsmatrix, d.h. sie haben in der Hauptdiagonalen überall Einsen stehen und ansonsten nur

Nullen.

Bei der "normalen" Multiplikation gibt es auch **inverse Elemente.**Wenn eine Zahl gegeben ist, so muß diese Zahl multipliziert mit ihrem Inversen gerade das neutrale Element, also in diesem Fall 1 ergeben. Das inverse Element wird gekennzeichnet, indem man eine -1 in den Exponenten schreibt.

$$4 * 4^{-1} = 1$$

Hier schreibt man statt 4^{-1} auch $\frac{1}{4}$ oder auch 1 geteilt durch 4. Bei Matrizen darf das Inverse nicht so ausgedrückt werden, denn wie später noch gezeigt wird, ist die Matrizen–Multiplikation nicht kommutativ, d.h. es macht einen Unterschied, ob von links oder von rechts mit einer anderen Matrix multipliziert wird. Dieser Unterschied würde durch den Ausdruck "geteilt" nicht berücksichtigt, wie folgendes Beispiel zeigt:

$$A * B^{-1} = \frac{A}{B} = B^{-1} * A$$

Daher darf es Brüche oder "geteilt durch" bei Matrizen nicht geben.

Bei Matrizen muß für die inverse Matrix im Prinzip das gleiche gelten wie bei der "normalen Multiplikation", die inverse Matrix ist also durch folgenden Ausdruck definiert:

$$A * A^{-1} = I$$

Wenn man für A^{-1} zunächst unbekannte Elemente ansetzt und dann die linke Seite der Gleichung ausrechnet, so kommt man zu einem Gleichungssystem, das man bei sehr einfachen Fällen gut lösen kann, wie folgendes Beispiel zeigt:

$$A^{-1}$$

		b_{11}	b_{12}
		b_{21}	b_{22}
A	1 0	b_{11}	b_{12}
	2 1	$2*b_{11} + b_{21}$	$2*b_{12} + b_{22}$

Das Ergebnis obiger Multiplikation muß nun gerade gleich der Einheitsmatrix sein:

$$A * A^{-1} = I \iff \begin{pmatrix} b_{11} & b_{12} \\ 2*b_{11} + b_{21} & 2*b_{12} + b_{22} \end{pmatrix} = \begin{pmatrix} 1 & 0 \\ 0 & 1 \end{pmatrix}$$

Zwei Matrizen sind nur dann identisch, wenn jedes ihrer Elemente identisch ist. Daher läßt sich die Matrizengleichung in folgende 4 einzelne Gleichungen übertragen:

$$b_{11} = 1 \wedge b_{12} = 0 \wedge 2b_{11} + b_{21} = 0 \iff 2b_{12} + b_{22} = 1$$

Aus den ersten beiden Gleichungen ergeben sich b_{11} und b_{12} direkt. Unter Verwendung dieser Ergebnisse ergibt sich aus den beiden anderen Gleichungen:

$$2 + b_{21} = 0 \iff b_{21} = -2 \text{ und } b_{22} = 1$$

Insgesamt lautet die inverse Matrix zu A also:

$$A^{-1} = \begin{pmatrix} 1 & 0 \\ -2 & 1 \end{pmatrix}$$

Bei nicht so einfachen Matrizen wird die Berechnung aber sehr kompliziert, so daß man andere Verfahren anwenden muß. Es gibt zwei verschiedene Verfahren. Bei dem einen Verfahren schreibt man hinter die zu invertierende Matrix die Einheitsmatrix und muß dann mit elementaren Zeilenumformungen (siehe den Abschnitt über den Gaußalgorithmus) so lange umformen, bis vorne die Einheitsmatrix steht. Hinter der Einheitsmatrix steht dann die inverse Matrix. Dieses Verfahren ist von der Struktur her sehr schön, aber wenn die zu invertierende Matrix mehrere Variable enthält, verrechnet man sich aufgrund der vielen auftretenden Brüche sehr leicht. Hier soll daher zunächst das Verfahren über die Adjungierte Matrix behandelt werden.

Wie schon angeführt, gibt es inverse Matrizen nur zu quadratischen Matrizen. Hat aber nun jede quadratische Matrix eine inverse Matrix? Folgendes Beispiel zeigt, daß dem nicht so ist:

$$
\begin{array}{ccc}
x_{11} & \boxed{x_{12}} & x_{13} \\
x_{21} & \boxed{x_{22}} & x_{23} \\
x_{31} & \boxed{x_{32}} & x_{33}
\end{array}
$$

$$
\begin{array}{ccc|ccc}
2 & 5 & 1 & 1 & 0 & 0 \\
\boxed{0\ \ 0\ \ 0} & & & 0 & \boxed{1} & 0 \\
1 & 0 & 2 & 0 & 0 & 1
\end{array}
$$

Die links angeführte Matrix ist nicht invertierbar, denn die in der Einheitsmatrix eingerahmte 1 läßt sich nicht produzieren, egal wie die Elemente x_{12}, x_{22} und x_{32} gewählt werden, das "Skalarprodukt" der beiden eingerahmten Vektoren ergibt immer Null. Die angeführte Matrix, die in einer Zeile nur Nullen enthält, ist ein spezielles Beispiel für Matrizen, deren Zeilenvektoren linear abhängig sind. Im allgemeinen müssen Matrizen, deren Zeilenvektoren linear abhängig sind, keine Zeilen enthalten, die nur aus Nullen bestehen. Es läßt sich aber zeigen, daß auch für diese Matrizen keine inverse Matrix existiert. Insgesamt gilt also:

> **Matrizen, deren Zeilenvektoren (und damit auch Spaltenvektoren) linear abhängig sind, sind nicht invertierbar. Derartige Matrizen nennt man singulär.**

Wie in Abschnitt 1.4.1 gezeigt wurde, gilt:

> **Die Determinante singulärer Matrizen ist Null.**

Denn die Determinante ist gerade dann Null, wenn die Zeilenvektoren der Matrix linear abhängig sind.

> **Matrizen, deren Zeilenvektoren linear unabhängig sind, deren Determinante also ungleich Null ist, nennt man regulär.**

Wenn eine Matrix invertiert werden soll, muß also zunächst mit der Determinanten bestimmt werden, ob die Matrix überhaupt invertierbar ist. Dieses ist nur möglich, wenn die Determinante ungleich Null ist. An einem Beispiel wird nun gezeigt, wie man die Inverse berechnet.

Es sei folgende Matrix A zu invertieren:

$$A = \begin{pmatrix} 1 & 4 & 3 \\ 2 & 0 & 0 \\ 3 & 5 & 4 \end{pmatrix}$$

Zunächst muß die Determinante berechnet werden, die Matrix im gestrichelten Rahmen dient als Hilfestellung zur Anwendung der Sarrus'schen Regel.

$$\det A = \begin{vmatrix} 1 & 4 & 3 \\ 2 & 0 & 0 \\ 3 & 5 & 4 \end{vmatrix} = 30 - 32 = -2 \qquad \left(\begin{array}{ccc|cc} 1 & 4 & 3 & 1 & 4 \\ 2 & 0 & 0 & 2 & 0 \\ 3 & 5 & 4 & 3 & 5 \end{array}\right)$$

Da die Determinante ungleich Null ist, existiert die Inverse.

Die Inverse ergibt sich durch: $\qquad A^{-1} = \dfrac{1}{\det A} * adj(A)$

adj(A) steht für die **Adjungierte Matrix** (oder auch die **Adjunkte**), wie diese berechnet wird, wird nun behandelt. Zunächst muß man die ursprüngliche Matrix transponieren. (Es wäre auch möglich, die Matrix erst zu einem späterem Zeitpunkt zu transponieren.):

$$A^T = \begin{pmatrix} 1 & 2 & 3 \\ 4 & 0 & 5 \\ 3 & 0 & 4 \end{pmatrix}$$

Nun stellt man die Vorzeichenmatrix auf, diese wurde schon bei dem Laplacen Entwicklungssatz benutzt. Da in diesem Fall eine 3x3 Matrix zu invertieren ist, braucht man auch eine 3x3 Vorzeichenmatrix, diese sieht folgendermaßen aus:

$$\begin{pmatrix} + & - & + \\ - & + & - \\ + & - & + \end{pmatrix}$$

Wäre eine 4x4 Matrix zu invertieren, so müßte eine 4x4 Vorzeichenmatrix aufgestellt werden, man müßte in obiger Matrix nach unten und nach rechts jeweils das "andere" Vorzeichen ergänzen. In das Vorzeichenschema trägt man nun Unterdeterminanten ein und erhält so die Adjungierte Matrix:.

$$
\text{adj}(A) = \begin{pmatrix} +\det\ (A_{11}{}^T) & -\det\ (A_{12}{}^T) & +\det\ (A_{13}{}^T) \\ -\det\ (A_{21}{}^T) & +\det\ (A_{22}{}^T) & -\det\ (A_{23}{}^T) \\ +\det\ (A_{31}{}^T) & -\det\ (A_{32}{}^T) & +\det\ (A_{33}{}^T) \end{pmatrix}
$$

Die Unterdeterminanten erhält man aus der transponierten Matrix, indem man dort Zeile und Spalte entsprechend dem Index der Unterdeterminante streicht. Am besten kann man dies Verfahren an folgenden Beispielen verstehen:

1. Spalte

1. Zeile
$$
\begin{pmatrix} 1 & 2 & 3 \\ 4 & 0 & 5 \\ 3 & 0 & 4 \end{pmatrix} \Rightarrow \det{}_{11} = \begin{vmatrix} 0 & 5 \\ 0 & 4 \end{vmatrix}
$$

1. Spalte

2. Zeile
$$
\begin{pmatrix} 1 & 2 & 3 \\ 4 & 0 & 5 \\ 3 & 0 & 4 \end{pmatrix} \Rightarrow \det{}_{21} = \begin{vmatrix} 2 & 3 \\ 0 & 4 \end{vmatrix}
$$

2. Spalte

2. Zeile
$$
\begin{pmatrix} 1 & 2 & 3 \\ 4 & 0 & 5 \\ 3 & 0 & 4 \end{pmatrix} \Rightarrow \det{}_{22} = \begin{vmatrix} 1 & 3 \\ 3 & 4 \end{vmatrix}
$$

Nach dem gleichen Prinzip werden auch alle anderen Unterdeterminanten ausgerechnet.

So erhält man schließlich für die Adjungierte Matrix:

$$
\text{adj}(A) = \begin{pmatrix}
+\begin{vmatrix} 0 & 5 \\ 0 & 4 \end{vmatrix} & -\begin{vmatrix} 4 & 5 \\ 3 & 4 \end{vmatrix} & +\begin{vmatrix} 4 & 0 \\ 3 & 0 \end{vmatrix} \\[2mm]
-\begin{vmatrix} 2 & 3 \\ 0 & 4 \end{vmatrix} & +\begin{vmatrix} 1 & 3 \\ 3 & 4 \end{vmatrix} & -\begin{vmatrix} 1 & 2 \\ 3 & 0 \end{vmatrix} \\[2mm]
+\begin{vmatrix} 2 & 3 \\ 0 & 5 \end{vmatrix} & -\begin{vmatrix} 1 & 3 \\ 4 & 5 \end{vmatrix} & +\begin{vmatrix} 1 & 2 \\ 4 & 0 \end{vmatrix}
\end{pmatrix}
$$

Die einzelnen Unterdeterminanten können nun berechnet werden. Hierzu bildet man das Produkt der Hauptdiagonalelemente und zieht dann das Produkt der Nebendiagonalelemente ab, wie es bereits in Kapitel 1.4.1 besprochen wurde. (Es ist darauf zu achten, daß das Vorzeichen auf die ganze Determinante anzuwenden ist.)

$$
\text{adj}(A) = \begin{pmatrix}
0 & -1 & 0 \\
-8 & -5 & 6 \\
10 & 7 & -8
\end{pmatrix}
$$

Wäre insgesamt eine 4x4 Matrix zu invertieren, so wären die Unterdeterminanten alles 3x3 Determinanten, die nach der Regel von Sarrus berechnet werden könnten.

Insgesamt ergibt sich nun für die inverse Matrix:

$$
A^{-1} = \frac{1}{\det A} * \text{adj}(A) = \frac{1}{-2} * \begin{pmatrix}
0 & -1 & 0 \\
-8 & -5 & 6 \\
10 & 7 & -8
\end{pmatrix} = \begin{pmatrix}
0 & 0.5 & 0 \\
4 & 2.5 & -3 \\
-5 & -3.5 & 4
\end{pmatrix}
$$

Zur Überprüfung kann man noch das Produkt aus A und A^{-1} berechnen. Ergibt dieses nicht die Einheitsmatrix, so liegt ein Rechenfehler vor.

$$A^{-1}$$

$$
\begin{array}{c|ccc}
 & 0 & 0.5 & 0 \\
 & 4 & 2.5 & -3 \\
 & -5 & -3.5 & 4 \\
\hline
 & 1 & 4 & 3 & 1 & 0 & 0 \\
A & 2 & 0 & 0 & 0 & 1 & 0 \\
 & 3 & 5 & 4 & 0 & 0 & 1 \\
\end{array}
$$

Nachfolgend wird anhand eines Beispiels die Inversion einer Matrix mit Hilfe des **Gauß-Algorithmuses** beschrieben. Angenommen, es sei folgende Matrix zu invertieren:

$$
\begin{pmatrix}
1 & -2 & 0 \\
-1 & 7 & 1 \\
2 & 1 & -1
\end{pmatrix}
$$

Die Matrix wird nun zunächst um die Einheitsmatrix ergänzt und dann solange umgeformt, bis vorne statt der Ausgangsmatrix die Einheitsmatrix steht.

$$
\begin{pmatrix}
1 & -2 & 0 & 1 & 0 & 0 \\
-1 & 7 & 1 & 0 & 1 & 0 \\
2 & 1 & -1 & 0 & 0 & 1
\end{pmatrix}
\begin{matrix}
\\ +I \\ -2*I
\end{matrix}
$$

$$
\begin{pmatrix}
1 & -2 & 0 & 1 & 0 & 0 \\
0 & 5 & 1 & 1 & 1 & 0 \\
0 & 5 & -1 & -2 & 0 & 1
\end{pmatrix}
\begin{matrix}
\\ \\ -II
\end{matrix}
$$

$$
\begin{pmatrix}
1 & -2 & 0 & 1 & 0 & 0 \\
0 & 5 & 1 & 1 & 1 & 0 \\
0 & 0 & -2 & -3 & -1 & 1
\end{pmatrix}
\begin{matrix}
\\ \\ /(-2)
\end{matrix}
$$

$$
\begin{pmatrix}
1 & -2 & 0 & 1 & 0 & 0 \\
0 & 5 & 1 & 1 & 1 & 0 \\
0 & 0 & 1 & 1,5 & 0,5 & -0.5
\end{pmatrix}
\begin{matrix}
\\ -III \\ \\
\end{matrix}
$$

$$
\left(\begin{array}{cccccc}
1 & -2 & 0 & 1 & 0 & 0 \\
0 & 5 & 0 & -0{,}5 & 0{,}5 & 0{,}5 \\
0 & 0 & 1 & 1{,}5 & 0{,}5 & -0{,}5
\end{array}\right) /5
$$

$$
\left(\begin{array}{cccccc}
1 & -2 & 0 & 1 & 0 & 0 \\
0 & 1 & 0 & -0{,}1 & 0{,}1 & 0{,}1 \\
0 & 0 & 1 & 1{,}5 & 0{,}5 & -0{,}5
\end{array}\right) +2*\text{II}
$$

$$
\left(\begin{array}{cccccc}
1 & 0 & 0 & 0{,}8 & 0{,}2 & 0{,}2 \\
0 & 1 & 0 & -0{,}1 & 0{,}1 & 0{,}1 \\
0 & 0 & 1 & 1{,}5 & 0{,}5 & -0{,}5
\end{array}\right)
$$

Die Inverse lautet somit:

$$
\left(\begin{array}{ccc}
0{,}8 & 0{,}2 & 0{,}2 \\
-0{,}1 & 0{,}1 & 0{,}1 \\
1{,}5 & 0{,}5 & -0{,}5
\end{array}\right)
$$

1.4.4 Übungsaufgaben

Man betrachte die Matrizen

$$U = \begin{pmatrix} a & b & 0 \\ 0 & a & b \\ 0 & 0 & a \end{pmatrix}$$

mit $a,b \in \mathbb{R}$ und bestimme rang (U), $\det(U)$ sowie U^{-1}, sofern dies existiert.

Am besten berechnet man hier zuerst die Determinante, weil man damit auch schon Aussagen über den Rang der Matrix machen kann.

$$\det U = \begin{vmatrix} a & b & 0 \\ 0 & a & b \\ 0 & 0 & a \end{vmatrix} = a^3 \qquad \left(\begin{array}{ccc|cc} a & b & 0 & a & b \\ 0 & a & b & 0 & a \\ 0 & 0 & a & 0 & 0 \end{array}\right)$$

Hieraus lassen sich zwei Aussagen ziehen:

1. Nur für a ungleich Null ist die Matrix invertierbar.

2. Für a ungleich Null ist der Rang der Matrix 3

Wenn a gleich Null ist, kann aus der Determinante nur gefolgert werden, daß der Rang kleiner als 3 sein muß. Wie groß er dann genau ist, muß untersucht werden. Dies hängt nun wiederum davon ab, ob b gleich Null ist.

$$a = 0 \text{ und } b \neq 0 \quad \begin{pmatrix} 0 & b & 0 \\ 0 & 0 & b \\ 0 & 0 & 0 \end{pmatrix} \qquad a = 0 \text{ und } b = 0 \quad \begin{pmatrix} 0 & 0 & 0 \\ 0 & 0 & 0 \\ 0 & 0 & 0 \end{pmatrix}$$

Im ersten Fall ist der Rang der Matrix 2, denn sie hat zwei linear unabhängige Zeilen. Hier können durch elementare Zeilenumformungen keine weiteren Zeilen erzeugt werden, die nur aus Nullen bestehen. Im zweiten Fall bestehen alle Zeilen nur aus Nullen, so daß der Rang der Matrix gerade 0 ist. Insgesamt gilt also:

Für $a \neq 0 \quad$ rg $(U) = 3$

Für $a = 0$ und $b \neq 0$ rg (U) $= 2$

Für $a = 0$ und $b = 0$ rg (U) $= 0$

Für $a \neq 0$ muß die Matrix nun invertiert werden. Hierzu wird zunächst die transponierte Matrix gebildet:

$$U^T = \begin{pmatrix} a & 0 & 0 \\ b & a & 0 \\ 0 & b & a \end{pmatrix}$$

Nun müssen die Unterdeterminanten in die Vorzeichenmatrix eingesetzt werden, um so die Adjungierte Matrix zu erhalten

$$\text{adj}(A) = \begin{pmatrix} +\det_{11} & -\det_{12} & +\det_{13} \\ -\det_{21} & +\det_{22} & -\det_{23} \\ +\det_{31} & -\det_{32} & +\det_{33} \end{pmatrix}$$

Werden die Unterdeterminanten durch Streichung der jeweiligen Zeile und Spalte der transponierten Matrix gebildet, so ergibt sich:

$$\text{adj}(A) = \begin{pmatrix} +\begin{vmatrix} a & 0 \\ b & a \end{vmatrix} & -\begin{vmatrix} b & 0 \\ 0 & a \end{vmatrix} & +\begin{vmatrix} b & a \\ 0 & b \end{vmatrix} \\ -\begin{vmatrix} 0 & 0 \\ b & a \end{vmatrix} & +\begin{vmatrix} a & 0 \\ 0 & a \end{vmatrix} & -\begin{vmatrix} a & 0 \\ 0 & b \end{vmatrix} \\ +\begin{vmatrix} 0 & 0 \\ a & 0 \end{vmatrix} & -\begin{vmatrix} a & 0 \\ b & 0 \end{vmatrix} & +\begin{vmatrix} a & 0 \\ b & a \end{vmatrix} \end{pmatrix}$$

Die Unterdeterminanten müssen nun ausgerechnet werden

$$\text{adj}(U) = \begin{pmatrix} a^2 & -a*b & b^2 \\ 0 & a^2 & -a*b \\ 0 & 0 & a^2 \end{pmatrix}$$

Die Inverse ergibt sich nun folgendermaßen:

$$U^{-1} = \frac{1}{\det U} * adj(U) = \frac{1}{a^3} * \begin{pmatrix} a^2 & -a*b & b^2 \\ 0 & a^2 & -a*b \\ 0 & 0 & a^2 \end{pmatrix}$$

$$= \begin{pmatrix} \dfrac{1}{a} & -\dfrac{b}{a^2} & \dfrac{b^2}{a^3} \\ 0 & \dfrac{1}{a} & -\dfrac{b}{a^2} \\ 0 & 0 & \dfrac{1}{a} \end{pmatrix}$$

Schließlich sei noch die Probe angeführt:

			$\dfrac{1}{a}$	$-\dfrac{b}{a^2}$	$\dfrac{b^2}{a^3}$	
			0	$\dfrac{1}{a}$	$-\dfrac{b}{a^2}$	
			0	0	$\dfrac{1}{a}$	
a	b	0	1	0	0	
0	a	b	0	1	0	$= U * U^{-1} = I$
0	0	a	0	0	1	

1.5 Formales Rechnen mit Matrizen

1.5.1 Grundlagen

Formale Gleichungen geben bestimmte Beziehungen zwischen den in ihnen enthaltenen Variablen an. Ein Beispiel mit "normalen" Variablen (also noch keine Matrizen) ist folgende Gleichung

$$2 * y + 3 = x$$

Gut möglich ist es, daß man diese Gleichung nach y aufgelöst haben möchte. Hierzu bringt man zunächst alles, was auf der Seite, auf der y steht, addiert oder subtrahiert wird, auf die ander Seite, also

$$2 * y + 3 = x \mid -3$$

$$\Leftrightarrow 2 * y = x - 3$$

Nun beseitigt man alles, was mit y multiplikativ verbunden ist

$$2 * y = x - 3 \mid /2$$

$$\Leftrightarrow y = 0,5 * x - 1,5$$

Vieles geht bei Matrizengleichungen genauso. Es gibt aber einen entscheidenden Unterschied:

1.   Die Matrizenmultiplikation ist nicht kommutativ

Bei der "normalen" Multiplikation gilt $a * b = b * a$. Dieses gilt bei Matrizen nicht. Daß dies für nicht quadratische Matrizen nicht gilt, läßt sich sehr einfach erkennen. Sei z.B. A eine 2x3 Matrix und B eine 3x4 Matrix. $A * B$ ((**2x3**) * (**3**x4)) läßt sich für diese Matrizen berechnen, denn die Spaltenzahl der ersten Matrix entspricht der Zeilenzahl der zweiten. $B * A$ ((**3x4**) * (**2**x3)) läßt sich dagegen gar nicht berechnen, denn hier müßte eine 3x4 Matrix mit einer 2x3 Matrix multipliziert werden. Dies geht aber nicht, denn Spaltenzahl der ersten Matrix und Zeilenzahl der zweiten Matrix sind hier nicht identisch.

Aber auch bei quadratischen Matrizen muß nicht gelten $A * B = B * A$, wie folgendes Gegenbeispiel zeigt:

$$A = \begin{pmatrix} 2 & 2 \\ 0 & 1 \end{pmatrix} \qquad B = \begin{pmatrix} 0 & 3 \\ 1 & 0 \end{pmatrix}$$

		0	3
		1	0
2	2	2	6
0	1	1	0

$= A * B$

		2	2
		0	1
0	3	0	3
1	0	2	2

$= B * A$

Im allgemeinen gilt also für Matrizen : $A * B \neq B * A$

Aus dieser nicht vorhandenen Kommutativität folgt weit mehr, als man im ersten Moment vermuten würde. Viele Operationen führt man bei der normalen Multiplikation ganz automatisch aus, ohne sich dabei bewußt zu sein, daß diese Operationen nur aufgrund der Kommutativität gestattet sind. Nachfolgend werden wichtige Konsequenzen aus der bei Matrizen nicht geltenden Kommutativität angeführt:

- Da die Matrizenmultiplikation nicht kommutativ ist, macht es einen sehr großen Unterschied, ob eine Matrizengleichung mit einer Matrix von links oder von rechts multipliziert wird. Entweder muß auf beiden Seiten von links, oder auf beiden Seiten von rechts multipliziert werden.

- Auch beim Ausklammern und Ausmultiplizieren muß man immer auf die Reihenfolge achten:
  $$XA + CA = (X + C)A$$

Wenn z.B. eine Klammer quadriert werden soll folgt:
$$(A + B)^2 = (A + B) * (A + B) = A^2 + BA + AB + B^2$$

Die beiden mittleren Terme können nun nicht zu $2AB$ zusammengefaßt werden. Auf dieser Zusammenfassung beruhen aber die Binomischen Formeln, die somit für Matrizen nicht gelten.

- Aus der fehlenden Kommutativität folgt auch, daß es ein "geteilt durch" bei Matrizen nicht geben kann. Dieses wurde bereits in Abschnitt 1.4.3 behandelt. Hier sei dies nur noch einmal an einem Beispiel erläutert, es gelte folgende Matrizengleichung nach X aufzulösen:

$$A * X = B$$

hier darf man nun **nicht** wie folgt rechnen :

$$A * X = B \mid : A \quad \Leftrightarrow \quad X = \frac{B}{A} \quad \text{denn die rechte Seite könnte nun sowohl}$$

$A^{-1} * B$ als auch $B * A^{-1}$ lauten.

Das richtige Ergebnis erhält man, indem man beide Seiten der Gleichung von links mit A^{-1} multipliziert:

$$A * X = B \mid * A^{-1} \text{ von links}$$

$$\Leftrightarrow \quad A^{-1} * A * X = A^{-1} * B$$

$$\Leftrightarrow \quad I * X = A^{-1} * B \quad \Leftrightarrow \quad X = A^{-1} * B$$

Beim Auflösen von "Klammern", die als Ganzes transponiert oder invertiert werden, gilt es bestimmte Regeln zu beachten.

Wird die Transposition auf eine Summe oder eine Differenz von Matrizen angewendet, so kann sie auch einfach auf die einzelnen Matrizen angewendet werden:

$$(A - B)^{T} = A^{T} - B^{T}$$

Ein einfaches Beispiel zeigt, daß diese Regel sehr naheliegend ist:

$$\left(\begin{pmatrix} 2 & 2 \\ 0 & 1 \end{pmatrix} + \begin{pmatrix} 0 & 3 \\ 1 & 0 \end{pmatrix} \right)^{T} = \left(\begin{pmatrix} 2 & 5 \\ 1 & 1 \end{pmatrix} \right)^{T} = \begin{pmatrix} 2 & 1 \\ 5 & 1 \end{pmatrix}$$

$$\left(\begin{pmatrix} 2 & 2 \\ 0 & 1 \end{pmatrix} + \begin{pmatrix} 0 & 3 \\ 1 & 0 \end{pmatrix} \right)^{T} = \begin{pmatrix} 2 & 2 \\ 0 & 1 \end{pmatrix}^{T} + \begin{pmatrix} 0 & 3 \\ 1 & 0 \end{pmatrix}^{T} = \begin{pmatrix} 2 & 0 \\ 2 & 1 \end{pmatrix} + \begin{pmatrix} 0 & 1 \\ 3 & 0 \end{pmatrix} = \begin{pmatrix} 2 & 1 \\ 5 & 1 \end{pmatrix}$$

Wird ein Produkt von Matrizen transponiert, so darf die Transposition nicht einfach auf die einzelnen Matrizen angewendet werden, wie folgendes Gegenbeispiel zeigt:

$$A = \begin{pmatrix} 1 & 1 \\ 0 & 3 \end{pmatrix}$$

$$B = \begin{pmatrix} 0 & 2 \\ 1 & 0 \end{pmatrix}$$

$$
\begin{array}{cc|cc}
 & & 0 & 2 \\
 & & 1 & 0 \\
\hline
1 & 1 & 1 & 2 \\
0 & 3 & 3 & 0
\end{array}
= A * B \Rightarrow (A * B)^T = \begin{pmatrix} 1 & 3 \\ 2 & 0 \end{pmatrix}
$$

$$
\begin{array}{cc|cc}
 & & 0 & 1 \\
 & & 2 & 0 \\
\hline
1 & 0 & 0 & 1 \\
1 & 3 & 6 & 1
\end{array}
= A^T * B^T
$$

Daß das "Transponiert" bei der Multiplikation nicht einfach in die Klammern gezogen werden kann, läßt sich auch folgendermaßen zeigen. Es sei $(A*B)^T$ zu berechnen, wobei A eine 2x3 und B eine 3x4 Matrix sei. Diese Aufgabe ist lösbar. Würde nun aber das "Transponiert" einfach in die Klammer gezogen werden, so müßte eine 3x2 Matrix mit einer 4x3 Matrix multipliziert werden. Dieses ist aber nicht möglich, da die Spaltenzahl der ersten Matrix nun nicht mehr der Zeilenzahl der zweiten entspricht. Würde man die Matrizen zusätzlich bei dem Hereinziehen vertauschen, so wäre die Aufgabe lösbar. Es läßt sich zeigen, daß sich hierbei auch immer die richtige Lösung ergibt. Also gilt:

> **Wird bei einem Produkt die Transposition in die Klammer gezogen, so muß die Reihenfolge der Matrizen vertauscht werden:**
>
> $$(A * B)^T = B^T * A^T$$

Wird für das zuvor behandelte Beispiel $B^T * A^T$ berechnet, so ergibt sich das richtige Ergebnis für $(A * B)^T$:

$$
\begin{array}{cc|cc}
 & & 1 & 0 \\
 & & 1 & 3 \\
\hline
0 & 1 & 1 & 3 \\
2 & 0 & 2 & 0
\end{array}
= B^T * A^T = (A * B)^T
$$

Die zuvor angeführte Regel für die Transposition von Produkten gilt analog auch für die Inversion von Ausdrücken:

$$(A * B)^{-1} = B^{-1} * A^{-1}$$

Bei Summen und Differenzen kann keine Vereinfachung durchgeführt werden. Es gilt also im allgemeinen **nicht** $(A + B)^{-1} = A^{-1} + B^{-1}$.
Dieser Zusammenhang gilt ja auch bei der normalen Multiplikation nicht.

Nachfolgend seien die **wichtigsten Rechenregeln für Matrizen** angeführt. Sie sind aus dem bisher Dargelegten ableitbar:

1. $A^{-1^T} = A^{T^{-1}}$

2. $A^{-1^{-1}} = A$

3. $A^{T^T} = A$

4. $A * A^{-1} = I = A^{-1} * A$

5. $I * A = A * I = A$

6. $\lambda * A = A * \lambda$ mit $\lambda \in \mathbb{R}$

7. $A + A*B = A * (I + B)$ hier muß beim Ausklammern die Einheitsmatrix eingefügt werden, eine Eins wäre zwar an sich auch richtig, aber dann würde in der Klammer die Eins mit einer Matrix addiert werden, und dies ist nicht definiert.

8. $A * (B + C) = A*B + A*C$ hier ist die Reihenfolge zu beachten

9. $(A + B)^T = A^T + B^T$

10. $(A * B)^T = B^T * A^T$

11. $(A * B)^{-1} = B^{-1} * A^{-1}$

Verboten sind folgende Umformungen (das Ungleichheitszeichen darf in den nachfolgenden Bezeichungen nicht zu stark gedeutet werden, denn es kann z.B. in einem Spezialfall durchaus A*B = B*A gelten.. Das Ungleichheitszeichen soll nur bedeuten, daß im allgemeinen derartige Umformungen verboten sind):

1. $A * B \neq B * A$

2. $A*B - A*C \neq (B - C) * A$

3. $(A + B)^{-1} \neq A^{-1} + B^{-1}$

4. $A*B - A \neq A * (B - 1)$

5. $(A * B)^T \neq A^T * B^T$

Am besten wird man durch Aufgaben mit diesen Zusammenhängen vertraut. Daher sind im nächsten Abschnitt zwei Aufgaben hierzu angeführt.

1.5.2 Übungsaufgaben

1. *Man löse die folgende Matrizengleichung formal nach X auf:*

$$2X*(I - A) = (C\,X^T)^T + X - B$$

$$2X*(I - A) = (C\,X^T)^T + X - B \qquad \text{| Zunächst werden die Klammern aufgelöst}$$

$$\Leftrightarrow \quad 2X - 2XA = X^{T^T}* C^T + X - B$$

$$\Leftrightarrow \quad 2X - 2XA = X * C^T + X - B \qquad |-X \; -X * C^T \quad \text{Alle X werden auf eine Seite ge-}$$
bracht.

$$\Leftrightarrow \quad X - 2XA - X * C^T = -B \qquad \Big| \text{X wird nach links ausgeklammert}$$

$$\Leftrightarrow \quad X*(I - 2A - C^T) = -B \qquad | * (I - 2A - C^T)^{-1} \quad \text{Es wird mit dem Inversen multipli-}$$
$$\text{ziert, dadurch wird erreicht, daß X danach alleine steht.}$$

$$\Leftrightarrow \quad \mathbf{X = -B * (I - 2A - C^T)^{-1}}$$

---

2. Lösen Sie die Matrixgleichung $2X + XR = (L^T * X^T)^T - G$ formal nach X auf!

$$2X + XR = (L^T * X^T)^T - G \qquad \text{| Zunächst wird die Klammer aufgelöst}$$

$$\Leftrightarrow \quad 2X + XR = X * L - G \qquad |- X*L$$

$$\Leftrightarrow \quad 2X + XR - X * L = -G \qquad | \text{ Nun wird auf der linken Seite X ausgeklammert}$$

$$\Leftrightarrow \quad X * (2I + R - L) = -G \qquad | * (2I + R - L)^{-1}$$

$$\Leftrightarrow \quad \mathbf{X = -G * (2I + R - L)^{-1}}$$

1.6 Konkrete Überprüfung auf lineare Abhängigkeit

1.6.1 Grundlagen

Die Grundlagen dieser Gebiete wurden bereits in Abschnitt 1.1 behandelt. Hier soll es nun um die konkrete Berechnung von Aufgaben gehen.

Die formale Definition der linearen Unabhängigkeit lautete folgendermaßen:

> **Die Vektoren $\vec{a}_1$, $\vec{a}_2$ .... $\vec{a}_n$ sind genau dann linear unabhängig, wenn die Gleichung $\lambda_1 \vec{a}_1 + \lambda_2 \vec{a}_2 + ... + \lambda_n \vec{a}_n = 0$ nur erfüllbar ist, wenn alle λ_i gleich Null sind.**

Hier sei angemerkt, daß man statt Vektoren auch Matrizen in die Bedingung einsetzen kann. Matrizen können also auch linear abhängig sein.

Die angeführte Gleichung stellt ein linear homogenes Gleichungssystem dar. Es muß untersucht werden, ob dieses Gleichungssystem nur die triviale Lösung (Nullösung) hat. Nachfolgend wird die Problemstellung anhand eines Beispiels erörtert.

Prüfen Sie die Vektoren $(3, 1, 2, 2)^T$, $(5, 2, 1, 4)^T$ und $(5, 1, 8, 2)^T$ auf lineare Unabhängigkeit.

Das Transponiert drückt aus, daß es sich hier um Spaltenvektoren handelt. (Für die lineare Abhängigkeit ist es allerdings egal, ob es sich um Zeilen- oder Spaltenvektoren handelt.) Die zu untersuchende Gleichung lautet:

$$\lambda(3, 1, 2, 2)^T + \mu(5, 2, 1, 4)^T + \nu(5, 1, 8, 2)^T = 0$$

Hieraus ergeben sich 4 Gleichungen, da eine Vektorgleichung immer in allen Komponenten gelten muß. Die einzelnen Gleichungen lauten:

$$3\lambda + 5\mu + 5\nu = 0 \quad \wedge \lambda + 2\mu + \nu = 0$$

$$\wedge \, 2\lambda + \mu + 8\nu = 0 \quad \wedge 2\lambda + 4\mu + 2\nu = 0$$

Wenn dieses Gleichungssystem eindeutig lösbar ist, so hat es nur die Nullösung. Eindeutig lösbar ist es aber immer dann, wenn der Rang der Koeffizientenmatrix gleich der Anzahl der Variablen ist. In diesem Fall handelt es sich um 3 Variable (λ, μ und ν). Wenn der Rang der Koeffizientenmatrix 3 ist, sind die Vektoren also linear unabhängig. Ist der Rang kleiner als 3, sind sie linear abhängig.

Die Koeffizientenmatrix lautet:

$$\begin{pmatrix} 3 & 5 & 5 \\ 1 & 2 & 1 \\ 2 & 1 & 8 \\ 2 & 4 & 2 \end{pmatrix} \quad \text{I und II vertauschen}$$

Die Spalten dieser Matrix sind gerade die zu untersuchenden Spaltenvektoren. (Bei einer konkreten Berechnung könnte man also gleich die Vektoren zu einer Matrix zusammenfassen.) Nun wird der Rang der Matrix bestimmt:

$$\begin{pmatrix} 1 & 2 & 1 \\ 3 & 5 & 5 \\ 2 & 1 & 8 \\ 2 & 4 & 2 \end{pmatrix} \begin{array}{l} \\ -3*I \\ -2*I \\ -2*I \end{array}$$

$$\begin{pmatrix} 1 & 2 & 1 \\ 0 & -1 & 2 \\ 0 & -3 & 6 \\ 0 & 0 & 0 \end{pmatrix} \begin{array}{l} \\ \\ -3*II \\ \end{array}$$

$$\begin{pmatrix} 1 & 2 & 1 \\ 0 & -1 & 2 \\ 0 & 0 & 0 \\ 0 & 0 & 0 \end{pmatrix}$$

Da nur zwei Zeilen nicht nur aus Nullen bestehen, ist der Rang 2. Da der Rang kleiner als die Anzahl der Vektoren ist, sind die Vektoren linear abhängig.

Da der Zeilenrang einer Matrix immer dem Spaltenrang entspricht, hätte man die Vektoren auch in die Zeilen der Matrix schreiben können und wäre zu demselben Ergebnis gekommen.

Insgesamt ergibt sich also folgendes Verfahren zur Überprüfung von linearer Abhängigkeit von Vektoren:

> **Die Vektoren werden in eine Matrix geschrieben. Dann wird der Rang der Matrix bestimmt. Entspricht der Rang der Matrix der Anzahl der Vektoren, so sind diese linear unabhängig. Ansonsten sind sie linear abhängig.**

Unter bestimmten Bedingungen kann die Rangbestimmung mittels der Determinante durchgeführt werden:

> **Die Determinante kann zur Untersuchung auf lineare Abhängigkeit immer dann verwendet werden, wenn die Anzahl der zu untersuchenden Vektoren und die Anzahl der Komponenten der Vektoren identisch sind.** (Dies folgt schon daraus, daß die Determinante nur für quadratische Matrizen definiert ist.) **Ist die Determinante in diesen Fällen Null, so sind die Vektoren linear abhängig, ist sie ungleich Null, so sind sie linear unabhängig.**

In der Regel ist es sinnvoll, den Rang mittels der Determinante zu bestimmen, falls dies möglich ist. Insbesondere wenn in den Vektoren Variable auftauchen, ist dies ratsam. Ab vier Vektoren bereitet aber die Berechnung der Determinante größere Schwierigkeiten (siehe Laplacer Entwicklungssatz), so daß man sich jeweils überlegen muß, welche Methode geschickter ist.

Die zuvor gezeigten Methoden können auch benutzt werden, wenn Matrizen auf lineare Abhängigkeit überprüft werden sollen. Seien die folgenden 3 Matrizen gegeben:

$$A = \begin{pmatrix} 1 & 2 \\ 3 & 4 \end{pmatrix}, \quad B = \begin{pmatrix} 1 & 0 \\ 0 & 1 \end{pmatrix} \quad \text{und} \quad C = \begin{pmatrix} 0 & 2 \\ 1 & 0 \end{pmatrix}$$

Bezüglich linearer Abhängigkeit gelten für Matrizen alle Zusammenhänge genauso wie für Vektoren. Einerseits kann untersucht werden, ob folgendes Gleichungssystem nur die Triviallösung (Nullösung) hat:

$$\lambda \begin{pmatrix} 1 & 2 \\ 3 & 4 \end{pmatrix} + \mu \begin{pmatrix} 1 & 0 \\ 0 & 1 \end{pmatrix} + \nu \begin{pmatrix} 0 & 2 \\ 1 & 0 \end{pmatrix} = \begin{pmatrix} 0 & 0 \\ 0 & 0 \end{pmatrix}$$

Alternativ zu der Lösung dieses Gleichungssystems kann aber auch der Rang der Koeffizientenmatrix bestimmt werden. Ist dieser Rang gleich 3, so ist das Gleichungssystem eindeutig lösbar. Da es ein homogenes Gleichungssystem ist, hat es dann nur die Triviallösung. Zunächst können also die Matrizen in die Zeilen (oder auch Spalten) einer "großen" Matrix geschrieben werden. Nachfolgend werden die Elemente der einzelnen Matrizen zeilenweise hingeschrieben. Sie könnten auch spaltenweise hingeschrieben werden, wichtig ist allerdings, daß die Elemente für alle Matrizen in derselben Sortierung aufgeschrieben werden:

$$\begin{pmatrix} 1 & 2 & 3 & 4 \\ 1 & 0 & 0 & 1 \\ 0 & 2 & 1 & 0 \end{pmatrix} -\text{I}$$

$$\begin{pmatrix} 1 & 2 & 3 & 4 \\ 0 & -2 & -3 & -3 \\ 0 & 2 & 1 & 0 \end{pmatrix} +\text{II}$$

$$\begin{pmatrix} 1 & 2 & 3 & 4 \\ 0 & -2 & -3 & -3 \\ 0 & 0 & -2 & -3 \end{pmatrix}$$

Der Rang der Matrix ist also 3. Somit sind die 3 gegebenen Matrizen linear unabhängig.

1.6.2 Übungsaufgaben

1. *Gibt es ein* $a \in \mathbb{R}$ *so daß die Vektoren* $x = (2a, 1, 2)$, $y = (a, 2, 4)$ *und* $z = (1\text{-}a, 3, 5)$ *linear abhängig sind? Wenn ja, bestimmen Sie ein solches* a.

Die Determinante dreier Vektoren ist genau dann gleich Null, wenn die Vektoren linear abhängig sind. Für die Determinante ergibt sich:

$$\begin{vmatrix} 2a & 1 & 2 \\ a & 2 & 4 \\ 1\text{-}a & 3 & 5 \end{vmatrix} \begin{matrix} 2a & 1 \\ a & 2 \\ 1\text{-}a & 3 \end{matrix}$$

$$\begin{vmatrix} 2a & 1 & 2 \\ a & 2 & 4 \\ 1\text{-}a & 3 & 5 \end{vmatrix} = 2a*2*5 + 1*4*(1\text{-}a) + 2*a*3 - (1\text{-}a)*2*2 - 3*4*2a - 5*a*1$$

$$= 20a + 4 - 4a + 6a - 4 + 4a - 24a - 5a = \mathbf{-3a}$$

Die Determinante wird also gerade für a=0 Null. Somit sind die drei Vektoren für a=0 linear abhängig.

---

2. Es sei $\mathbb{R}$ die Menge der reellen Zahlen. Geben Sie zu $a^T = (1, 1, 1, 1)$, $b^T = (0, 1, 1, 0)$ sowie $c^T = (1, 0, 0, 0)$ einen Vektor des $\mathbb{R}^4$ an, so daß alle vier Vektoren linear unabhängig sind.

Das Transponiert drückt einfach die Schreibweise für Spaltenvektoren aus, ohne das ^{T} wären Zeilenvektoren gemeint. Hier kann auch die Determinante benutzt werden. Für den vierten Vektor wird dann $x^T = (x_1, x_2, x_3, x_4)$ angesetzt. Wenn man dann von den vier Vektoren die Determinante bildet und gleich Null setzt, erhält man alle möglichen Lösungen. In der Aufgabe war aber nur gefordert, eine bestimmte Lösung zu finden. Hier gibt es ein einfacheres Verfahren: Der Rang einer Matrix gibt an, wieviele Zeilen bzw. Spalten linear unabhängig sind. Die vier Vektoren sind also genau dann linear unabhängig, wenn der Rang der von ihnen gebildeten Matrix 4 ist.

Durch geschickte Anordnung der gegebenen Vektoren läßt sich die Aufgabe leicht lösen:

$$\begin{pmatrix} 1 & 0 & 1 \\ 0 & 1 & 1 \\ 0 & 1 & 1 \\ 0 & 0 & 1 \end{pmatrix}$$

Bei dieser Anordnung der drei Vektoren kann man erkennen, daß die Matrix schon fast in Zeilenstufenform ist. Bei geschickter Wahl des vierten Vektors ist die Matrix in Zeilenstufenform:

$$\begin{pmatrix} 1 & 1 & 0 & 1 \\ 0 & 1 & 1 & 1 \\ 0 & 0 & 1 & 1 \\ 0 & 0 & 0 & 1 \end{pmatrix}$$

Hier wurde eine mögliche Wahl für den vierten Vektor getroffen. Der Rang der Matrix ist 4, und somit ist der Vektor $(1, 1, 0, 0)^T$ mit den anderen drei Vektoren linear unabhängig.

Nachfolgend wird die Berechnung über die Determinante auch noch angeführt. Bei der gegebenen Aufgabenstellung ist dieses die kompliziertere Lösungsmöglichkeit. Wenn aber alle möglichen Lösungen ermittelt werden sollen, ist der Weg über die Determinante besser:

$$\begin{vmatrix} 1 & 1 & 1 & 1 \\ 0 & 1 & 1 & 0 \\ 1 & 0 & 0 & 0 \\ x_1 & x_2 & x_3 & x_4 \end{vmatrix}$$

Diese Determinante kann man nun nach dem Laplacen Entwicklungssatz entwickeln. Hierbei entwickelt man am besten nach der dritten Zeile. Da diese Zeile drei Nullen enthält, wird die Entwicklung sehr einfach, die einzige Unterdeterminante, die man betrachten muß, ist die, bei der die erste Spalte und die dritte Zeile gestrichen werden:

$$\begin{vmatrix} 1 & 1 & 1 & 1 \\ 0 & 1 & 1 & 0 \\ 1 & 0 & 0 & 0 \\ x_1 & x_2 & x_3 & x_4 \end{vmatrix}$$

Nach dem Vorzeichenschema ergibt sich für die Eins ein + als Vorzeichen:

$$\begin{vmatrix} 1 & 1 & 1 & 1 \\ 0 & 1 & 1 & 0 \\ 1 & 0 & 0 & 0 \\ x_1 & x_2 & x_3 & x_4 \end{vmatrix} = 1 * \begin{vmatrix} 1 & 1 & 1 \\ 1 & 1 & 0 \\ x_2 & x_3 & x_4 \end{vmatrix} - 0 * \ldots + 0 * \ldots - 0 * \ldots$$

Die 3x3 Determinante kann man nun nach der Regel von Sarrus ausrechnen:

$$\begin{array}{ccc|cc} 1 & 1 & 1 & 1 & 1 \\ 1 & 1 & 0 & 1 & 1 \\ x_2 & x_3 & x_4 & x_2 & x_3 \end{array}$$

$$\begin{vmatrix} 1 & 1 & 1 \\ 1 & 1 & 0 \\ x_2 & x_3 & x_4 \end{vmatrix} = x_4 + x_3 - x_2 - x_4 = x_3 - x_2$$

Wenn die Determinante ungleich Null ist, sind die vier Vektoren linear unabhängig. Es muß also gelten:

$$x_3 - x_2 \neq 0 \quad \Leftrightarrow \quad x_3 \neq x_2$$

Es erfüllen also alle Vektoren x^T, bei denen x_3 und x_2 nicht identisch sind, die gestellte Bedingung. Da in der Aufgabenstellung nur nach einem bestimmten Vektor gefragt wurde, der diese Bedingung erfüllt, kann man nun einen beliebigen Vektor wählen, der die Bedingung erfüllt. Also z.B. folgenden Vektor: d = (0, 1, 0, 0)

3.   *Für welche Werte $c \in \mathbb{R}$ sind die Vektoren*

$$\begin{pmatrix} 1 \\ 0 \\ 1 \end{pmatrix}, \quad \begin{pmatrix} c \\ c \\ 0 \end{pmatrix}, \quad \begin{pmatrix} 0 \\ 1 \\ c \end{pmatrix}$$

linear abhängig? Begründen Sie dies.

Hier läßt sich zur Überprüfung auf lineare Abhängigkeit am besten die Determinante benutzen:

$$\det \begin{pmatrix} 1 & c & 0 \\ 0 & c & 1 \\ 1 & 0 & c \end{pmatrix} = c^2 + c$$

Wenn die Determinante Null ist, sind die Vektoren linear abhängig.

$$c^2 + c = 0 \Leftrightarrow c*(c+1) = 0 \Leftrightarrow c = 0 \lor c+1 = 0$$

$$\Leftrightarrow c = 0 \lor c = -1$$

Die Vektoren sind für c=0 und für c=−1 linear abhängig.

1.7　Überprüfung auf Vektorraumeigenschaften

1.7.1　Grundlagen

Vektorräume wurden bereits in Abschnitt 1.1.3 behandelt. Dort ging es um den $\mathbb{R}^2$ und den $\mathbb{R}^3$. Geometrisch stellt der $\mathbb{R}^2$ eine Ebene und der $\mathbb{R}^3$ den normalen dreidimensionalen Vektorraum dar. Die Dimension dieser Vektorräume entspricht gerade der Anzahl der Parameter ihrer Vektoren.

Ein Vektorraum ist eine Menge mit einer Verknüpfung (+) und einer Skalarmultiplikation (für reelle Vektorräume ist dies die Multiplikation mit einer reellen Zahl). Allerdings ist nicht jede Menge, auf der diese Verknüpfungen definiert sind, ein Vektorraum. Es müssen bestimmte Axiome erfüllt sein:

1) die Menge darf nicht leer sein

   Für die Verknüpfung + muß:
2) ein neutrales Element (der Nullvektor) existieren
3) ein inverses Element existieren
4) und $\vec{a} + \vec{b} = \vec{b} + \vec{a}$ gelten (sie muß also kommutativ sein).

   Außerdem muß die Skalarmultiplikation assoziativ sein:
5) $(\lambda * \mu) * \vec{a} = \lambda * (\mu * \vec{a})$ 　　　　　　$\lambda, \mu \in \mathbb{R}$

   Es muß für alle $\vec{a}$ gelten:
6) $1 * \vec{a} = \vec{a}$

   Es muß für die Vektoren und die Skalare das Distributivgesetz gelten:
7) $\lambda * (\vec{a} + \vec{b}) = \lambda * \vec{a} + \lambda * \vec{b}$

8) $(\lambda + \mu) * \vec{a} = \lambda * \vec{a} + \mu * \vec{a}$

Diese Bedingungen sind relativ abstrakt. Strenggenommen muß bei einem Vektorraum nachgewiesen werden, daß diese Bedingungen gelten. Sofern bei der Mathematik für Wirtschaftswissenschaftler Vektorraumaufgaben behandelt werden, sind sie aber häufig einfacher, als durch den Nachweis all dieser Bedingungen, lösbar. Häufig handelt es sich um Unterraumaufgaben (die im nächsten Abschnitt behandelt werden), oder Aufgaben, bei denen relativ leicht festgestellt werden kann, ob es sich um einen Vektorraum handelt (Der $\mathbb{R}^n$ mit n∈ℕ ist ein Vektorraum, während andere Mengen meist die im folgenden beschriebene Abgeschlossenheitsforderung nicht erfüllen.)

Für einen Vektorraum lassen sich auch folgende Forderungen herleiten:

> **Abgeschlossenheit bezüglich der Addition**
> **Abgeschlossenheit bezüglich der skalaren Multiplikation**

Die beiden angeführten Bedingungen bedeuten, daß, wenn bei einer Menge, die Vektorraumeigenschaft besitzt, zwei beliebige Elemente aus der Menge addiert werden, das Ergebnis der Addition auch Element der Menge ist (=Abgeschlossenheit der Addition), und wenn ein beliebiges Element der Menge mit einer beliebigen reellen Zahl (Skalar) multipliziert wird, das Ergebnis ebenfalls Element der Menge ist (=Abgeschlossenheit der skalaren Multiplikation). Diese beiden Eigenschaften kann man auch in einer Forderung zusammenfassen, wie schon in Abschnitt 1.1.3 gezeigt wurde:

> **Ein Vektorraum muß alle Linearkombinationen seiner Elemente enthalten.**

Angenommen, es soll untersucht werden, ob die Menge der geraden Zahlen ein Vektorraum ist. Wenn man zwei gerade Zahlen addiert, so erhält man immer als Ergebnis eine gerade Zahl. Also ist diese Menge abgeschlossen bezüglich der Addition. Wenn man aber eine gerade Zahl mit einem beliebigem Skalar multipliziert, so muß das Ergebnis keinesfalls wieder eine gerade Zahl sein. Wird z.B. 2 (Element der geraden Zahlen) mit 1,5 multipliziert, so ist das Ergebnis 3, und dies ist keine gerade Zahl. Da die Bedingungen der Abgeschlossenheit immer erfüllt sein müssen, reicht ein solches Gegenbeispiel, um zu zeigen, daß es sich um keinen Vektorraum handelt. Die Menge der geraden Zahlen ist also kein Vektorraum.

Elemente von Vektorräumen können nicht nur Zahlen oder Vektoren, sondern auch Matrizen sein. Der $\mathbb{R}^4$ kann als Elemente entweder Vektoren mit 4 Komponenten haben oder auch 2x2 Matrizen, denn diese haben ja auch 4 unabhängige Komponenten. Entsprechend stellt die Menge aller 3x3 Matrizen mit Elementen aus $\mathbb{R}$ den $\mathbb{R}^9$ dar.

Nachfolgend eine Beispielaufgabe:

Bildet die Menge $G_{|3}$ aller reellen ganzrationalen Funktionen 3. Grades einen Vektorraum über $\mathbb{R}$? Wenn ja, geben Sie eine Basis und die Dimension an.

Zentrale Voraussetzung für Vektorräume ist die Abgeschlossenheit bezüglich der Addition und der skalaren Multiplikation. Wenn sich ein Gegenbeispiel finden läßt, für das diese Abgeschlossenheit nicht erfüllt ist, so handelt es sich um keinen Vektorraum. Im vorliegenden Fall läßt sich leicht ein solches Beispiel konstruieren. Sei $f(x) = x^3$ und $g(x) = -x^3 + x^2$, dann ist $f(x) + g(x) = x^2$ kein Element der ganzrationalen Funktionen 3. Grades, denn dieses sind nur Funktionen, bei denen das x auch tatsächlich in dritter Potenz vorkommt.

1.7.2 Unterräume

Wenn der $\mathbb{R}^n$ gewissen einschränkenden Bedingungen unterliegt und die durch die Einschränkungen entstehende Menge Vektorraumeigenschaften hat, so bezeichnet man diesen Vektorraum auch als Unterraum des $\mathbb{R}^n$. Jeder Unterraum ist somit ein Vektorraum. Aber nicht alle einschränkenden Bedingungen führen dazu, daß die entstehende Menge Vektorraumeigenschaften hat. Die entstehende Menge ist genau dann ein Vektorraum (bzw.Unterraum), wenn sie **abgeschlossen** bezüglich der Addition und der skalaren Multiplikation ist.

Nachfolgend werden einige Beispiele betrachtet:

1          $V = \{ (x, y) \mid x + y = 1 \text{ sowie } x, y \in \mathbb{R} \}$

Hier läßt sich sehr leicht zeigen, daß es sich bei dieser Menge um keinen Vektorraum handelt, denn der Nullvektor ist nicht Element der Menge, da $0 + 0 \neq 1$ ist. (Es wäre hier auch leicht, ein Gegenbeispiel bezüglich der Abgeschlossenheit zu finden.) Die obige Nebenbedingung ist eine **in-homogene** Gleichung. (Würde statt der 1 eine 0 stehen, wäre sie homogen). Die zuvor angeführte Betrachtung läßt sich bei allen inhomogenen Nebenbedingungen durchführen. Denn inhomogene Gleichungen sind gerade dadurch gekennzeichnet, daß wenn alle Variablen auf der einen Seite stehen, auf der anderen Seite keine 0 steht. Dann können aber nicht alle Variablen gleichzeitig Null sein.

2 $V = \{ (x, y) \mid y = x^3 \text{ sowie } x, y \in \mathbb{R} \}$

Hier ist die angeführte Nebenbedingung homogen. Dennoch läßt sich leicht ein Gegenbeispiel bezüglich der Abgeschlossenheit finden:

$$(1, 1) \quad + \quad (2, 8) \quad = \quad (3, 9)$$
$$\in V \qquad\qquad \in V \qquad\qquad \notin V$$
$$1^3 = 1 \qquad\quad 2^3 = 8 \qquad\quad 3^3 = 27 \neq 9$$

Bei derartigen **nicht linearen** Nebenbedingungen lassen sich fast immer Gegenbeispiele finden. Graphisch sieht die zuvor betrachtete Menge folgendermaßen aus:

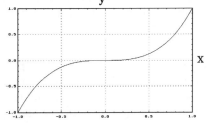

Es dürfte anschaulich klar sein, daß wenn man Vektoren, die vom Ursprung auf die Kurve führen, addiert oder mit einem Skalar multipliziert, der sich ergebende Vektor nicht mehr auf der Kurve endet. Daher ist er kein Element der Menge. Bei nicht linearen Gleichungen ergeben sich derartige "Kurven".

3 $V = \{ (x, y) \mid 24x - y = 0 \text{ sowie } x, y \in \mathbb{R} \}$

Hier ist die Nebenbedingung **linear** und **homogen**. Gezeichnet ergibt sich für diese Menge:

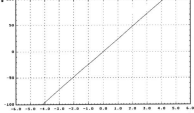

Es handelt sich also um eine Gerade (linear), die durch den Ursprung geht (homogen). Addiert man Vektoren, die vom Ursprung auf die Gerade führen, (oder multilpiziert man sie mit einem Skalar), so ergibt sich ein Vektor, der wieder auf der Geraden endet.

Allgemein gilt:

Sind die einschränkenden Bedingungen linear und homogen (handelt es sich also um ein linear homogenes Gleichungssystem), **so ist die betrachtete Menge ein Vektorraum, sind sie es nicht, so handelt es sich meist um keinen Vektorraum.**

Nachfolgend noch ein Beispiel:

Zeigen Sie, daß $V = \{ (u, v, w, s) \mid 2u + v = w + s$ sowie $u, v, w, s \in \mathbb{R} \}$ ein Vektorraum ist, und bestimmen Sie seine Dimension.

Es ist also die Menge der u, v, w und s, die alle Element aus $\mathbb{R}$ sind und der beschränkenden Bedingung $2u+v = w+s$ unterliegen, auf Vektorraumeigenschaft zu untersuchen. Wäre diese Aufgabe ohne beschränkende Bedingung gestellt, so würde es sich um den $\mathbb{R}^4$ handeln. Die Frage ist also, ob die beschränkende Bedingung die Vektorraumeigenschaft zerstört. Um dies festzustellen, kann man die Bedingung untersuchen. Linear ist sie dann, wenn alle Variablen nur in einfacher Potenz erscheinen und auch nicht miteinander multipliziert werden (also z.B. kein v^2 oder u^{-1} oder $u*v$), homogen ist sie, wenn keine einzelne Zahl oder Konstante als Glied in der Gleichung auftaucht (Zahlen oder Konstanten dürfen also nur auftauchen, wenn sie mit den Variablen multipliziert werden). Man kann auch sagen, daß die Gleichung genau dann homogen ist, wenn sie sich so umstellen läßt, daß auf der einen Seite nur Variable stehen und auf der anderen Seite dann eine Null steht. In obigem Beispiel ist beides erfüllt, so daß es sich um einen Vektorraum handelt. Würde die Bedingung z.B. $2u+v = w+s+3$ lauten, so wäre die Homogenität der Gleichung nicht erfüllt, und es würde sich um keinen Vektorraum handeln. Bei derartigen inhomogenen Nebenbedingungen läßt es sich sehr leicht verstehen, daß die eingeschränkte Menge keine Vektorraumeigenschaft hat: Wie zu Anfang angeführt, muß jeder Vektorraum das neutrale Element der Addition, also den Nullvektor, enthalten. Bei dem Nullvektor sind u, v, w und s alle Null. Die Gleichung $2u+v = w+s+3$ ist aber dann nicht erfüllt. Der Nullvektor ergibt sich nur bei homogenen Gleichungen als Lösung. Alle inhomogenen Nebenbedingungen "produzieren" also eine Menge, in der der Nullvektor nicht enthalten ist und die somit auch keinen Vektorraum darstellt.

Für die vorherige Aufgabe wird nachfolgend die Abgeschlossenheit der Addition und der skalaren Multiplikation nachgewiesen (dieses ist die umständlichere Methode):

Es wird die Linearkombination zweier Elemente der angegebenen Menge gebildet:

$$\lambda * \begin{pmatrix} u_1 \\ v_1 \\ w_1 \\ s_1 \end{pmatrix} + \mu * \begin{pmatrix} u_2 \\ v_2 \\ w_2 \\ s_2 \end{pmatrix} = \begin{pmatrix} \lambda u_1 + \mu u_2 \\ \lambda v_1 + \mu v_2 \\ \lambda w_1 + \mu w_2 \\ \lambda s_1 + \mu s_2 \end{pmatrix}$$

Damit es sich um einen Vektorraum handelt, muß die rechte Seite dieser Gleichung Element der betrachteten Menge sein, dies bedeutet, daß die Elemente der rechten Seite die geforderte Nebenbedingung erfüllen müssen. Also

$$2\lambda u_1 + \lambda v_1 + 2\mu u_2 + \mu v_2 = \lambda w_1 + \mu w_2 + \lambda s_1 + \mu s_2$$

Diese Bedingung läßt sich nun umformen:

$$\lambda(2u_1 + v_1) + \mu(2u_2 + v_2) = \lambda(w_1 + s_1) + \mu(w_2 + s_2)$$

Nun kann man noch weiter umstellen:

$$\lambda(2u_1 + v_1) - \lambda(w_1 + s_1) = -\mu(2u_2 + v_2) + \mu(w_2 + s_2)$$

$$\Leftrightarrow \lambda(2u_1 + v_1 - w_1 - s_1) = -\mu(2u_2 + v_2 - w_2 - s_2)$$

Da die beiden anfänglichen Vektoren beliebige Vektoren aus der gegebenen Menge waren, müssen sie die gegebene Nebenbedingung erfüllen. Dies bedeutet aber gerade, daß die Klammern auf der rechten und linken Seite Null sind. Die Nebenbedingung ist also auch für die Linearkombinationen zweier Vektoren der gegebenen Menge erfüllt. Somit handelt es sich um einen Vektorraum.

Dieser Nachweis läßt sich immer führen, wenn die Nebenbedingungen linear und homogen sind.

Somit kann bei Unterraum-Aufgaben (Aufgaben mit einschränkender Bedingung) folgendermaßen verfahren werden:

> **Die Nebenbedingungen werden auf Linearität und Homogenität überprüft:**
>
> **1. Sind die Nebenbedingungen linear und homogen, so handelt es sich um einen Unterraum (bzw. Vektorraum).**
>
> **2. Sind die Nebenbedingungen nicht linear oder/und nicht homogen, so muß noch gezeigt werden, daß es sich auch tatsächlich um keinen Vektorraum handelt. Dieses geschieht durch ein Gegenbeispiel bezüglich der Abgeschlossenheit der Addition oder der skalaren Multiplikation. Bei inhomogenen Nebenbedingungen kann man auch feststellen, daß der Nullvektor kein Element der eingeschränkten Menge ist.**

Das Verfahren mit einem Gegenbeispiel wird nun noch einmal an einem Beispiel gezeigt:

Ist $V = \{ (x, y, z) \mid x^2 = y \text{ sowie } x, y, z \in \mathbb{R} \}$ ein Unterraum des $\mathbb{R}^3$?

Die Nebenbedingung ist nicht linear. Durch ein Gegenbeispiel kann nun bewiesen werden, daß es sich um keinen Vektorraum handelt:

Es werden zwei Vektoren gebildet, die die Nebenbedingung erfüllen, also Elemente von V sind. Diese beiden Vektoren werden dann addiert:

$$
\begin{pmatrix} 1 \\ 1 \\ 1 \end{pmatrix}
+
\begin{pmatrix} 2 \\ 4 \\ 1 \end{pmatrix}
=
\begin{pmatrix} 3 \\ 5 \\ 2 \end{pmatrix}
$$

$$\epsilon V \qquad\qquad \epsilon V \qquad\qquad \notin V$$

$$1^2 = 1 \qquad\qquad 2^2 = 4 \qquad\qquad 3^2 \neq 5$$

Die Menge ist also bezüglich der Addition nicht abgeschlossen.

1.7.3 Bestimmung von Dimension und Basis des Vektorraumes

Wenn es sich bei einer Menge um einen Vektorraum handelt, so können Dimension und Basis des Vektorraumes bestimmt werden. Die Dimension gibt die Anzahl der frei wählbaren Parameter an. Die Dimension des Unterraumes ist genau um soviel kleiner als die Dimension des uneingeschränkten Raumes, wie es linear unabhängige Nebenbedingungen gibt.

Im vorherigen Abschnitt war folgende Aufgabe behandelt worden:

Zeigen Sie, daß $V = \{ (u, v, w, s) \mid 2u + v = w + s$ sowie $u, v, w, s \in \mathbb{R} \}$ ein Vektorraum ist, und bestimmen Sie seine Dimension.

Es wurde gezeigt, daß es sich um einen Vektorraum handelt. Ohne einschränkende Bedingung würde es sich um den $\mathbb{R}^4$ handeln. Hier gibt es eine einschränkende Gleichung, so daß die Dimension des Unterraumes 3 ist.

Mittels der Bedingung kann eine Variable durch die anderen Variablen ausgedrückt werden:

$$2u + v = w + s \Leftrightarrow v = w + s - 2u$$

Dieser Ausdruck kann für v eingesetzt werden, so daß die Menge auch durch $(u, w+s-2u, w, s)$ mit $u, w, s \in \mathbb{R}$ beschrieben werden kann. Hier kann man erkennen, daß drei Parameter notwendig sind, um die Menge zu beschreiben.

Die Anzahl der Basiselemente entspricht gerade der Dimension des Vektorraumes. Man könnte nun einfach 3 Vektoren aus der Menge wählen, und prüfen, ob diese linear unabhägig sind. Wenn sie es sind, bilden sie eine Basis. Geschickter ist aber nachfolgende Methode, mit der man garantiert linear unabhängige Vektoren konstruiert:

Man setzt jeweils einen Parameter gleich 1 und alle anderen Parameter gleich Null. Auf diese Weise können drei Vektoren gebildet werden. Die Menge dieser Vektoren ist eine Basis des Vektorraumes:

$$B = \{(1,-2,0,0); (0,1,1,0); (0,1,0,1)\}$$

Nachfolgend noch eine Aufgabe mit mehreren Nebenbedingungen:

Untersuchen Sie, ob

$$U = \{\, (a, b, c, d) \mid a + b = 0 \wedge b + c + d = 0 \wedge c = 2d \,\}$$

ein Unterraum des $\mathbb{R}^4$ ist.

Geben Sie ggf. die Dimension und eine Basis von U an!

In diesem Fall sind alle Nebenbedingungen linear und homogen. Linear sind sie, weil alle Variablen nur in einfacher Potenz vorkommen und auch nicht miteinander multipliziert werden, und homogen sind die Gleichungen, weil in ihnen keine einzelnen Zahlen oder Konstanten auftauchen. Der Unterraum ist also die Lösungsmenge eines linearen homogenen Gleichungssystems, daher handelt es sich um einen Vektorraum.

Wenn alle drei einschränkenden Gleichungen linear unabhängig sind, so schränkt jede Gleichung die Dimension um 1 ein. Es würde sich dann bei dem Unterraum um den $\mathbb{R}^1$ handeln. Man könnte also nun die Dimension ermitteln, indem man die drei Gleichungen auf lineare Abhängigkeit überprüft.

Es kann aber auch die allgemeine Lösung der Gleichungen ermittelt werden. Die Anzahl der dann noch vorhandenen Parameter gibt die Dimension des Vektorraumes an.

$c = 2d$ in die zweite Gleichung einsetzen:

$b + 2d + d = 0 \Leftrightarrow b = -3d$ in die erste Gleichung einsetzen:

$a + -3d = 0 \Leftrightarrow a = 3d$

Somit können alle Variablen nur durch die eine Variable d ausgedrückt werden. Die Elemente der Menge lauten somit:

$(3d, -3d, 2d, d)$ mit $d \in \mathbb{R}$

Da nur ein Parameter frei gewählt werden kann, ist die Dimension des Vektorraumes 1. Daher besteht die Basis aus einem einzigem Element, für das nun einfach ein beliebiger Wert für d eingesetzt werden kann. Also z.B. : Basis: $\{(3, -3, 2, 1)\}$

1.8 Lineare Optimierung

1.8.1 Grundlagen

Häufig treten in der Ökonomie Ungleichungen statt Gleichungen auf. Auch in zahlreichen BWL-Klausuren tauchen entsprechend Aufgaben zur linearen Optimierung auf.

Die optimale Lösung für ein System von Ungleichungen zu bestimmen ist deutlich schwerer, als die Lösung eines Gleichungssystems zu ermitteln. Denn es gibt in aller Regel viele verschiedene Lösungsmöglichkeiten für ein Ungleichungssystem, die sich auch nicht so einfach beschreiben lassen wie der lineare Raum, der sich bei einem unterbestimmten linaren Gleichungssystem als Lösungsmenge ergibt.

Nachfolgend wird zunächst an einem Beispiel der ökonomische Bezug dargestellt:

Es sei angenommen, daß ein Betrieb seinen Gewinn maximieren will. Er stellt Sonnenschirme und Regenschirme her. Für die Herstellung der beiden Produkte werden Facharbeiter und Maschinenkapazität benötigt. Die gesamte zur Verfügung stehende Maschinenkapazität beträgt 1.000 Stunden, für einen Sonnenschirm wird 1 Stunde und für einen Regenschirm 2,5 Stunden der Maschinenkapazität benötigt. Die Kapazität an Facharbeiterstunden beträgt 500 Stunden. Für die Herstellung eines Sonnenschirmes muß ein Facharbeiter 1 Stunde und für die Herstellung eines Regenschirmes 0,5 Stunden arbeiten. Weiterhin sei angenommen, daß maximal 700 Sonnenschirme und 500 Regenschirme abgesetzt werden können. Der Gewinn beträgt pro Sonnenschirm 300 DM und pro Regenschirm 200 DM. Welche Produktionsaufteilung ist gewinnoptimal?

Zunächst müssen die angeführten Zusammenhänge in Form von formalen Aussagen dargestellt werden. Sei die Menge der produzierten Sonnenschirme mit x und die der Regenschirme mit y bezeichnet. Für die Absatzgrenzen ergeben sich dann folgende Bedingungen:

$$x \leq 700$$
$$y \leq 500$$

Aus der begrenzten Maschinenkapazität ergibt sich dann folgende Bedingung:

$$1x + 2{,}5y \leq 1.000$$

In dieser Bedingung kommt zum Ausdruck, daß die Maschinenstunden für die Produktion von Sonnenschirmen und Regenschirmen zusammen höchstens 1.000 Stunden betragen kann. Entsprechend ergibt sich für die Kapazität an Facharbeiterstunden:

$$1x + 0{,}5y \leq 500$$

Außerdem kann es natürlich auch keine negativen Produktionsmengen geben. Somit muß gelten:

$$x \geq 0$$
$$y \geq 0$$

Derartige nicht-negativitäts-Bedingungen müssen bei den meisten ökonomischen Fragestellungen erfüllt sein.

Außer den zuvor angeführten Bedingungen, die den zulässigen Raum beschreiben, gibt es bei einem Optimierungsproblem auch eine Größe, die maximiert oder minimiert werden soll. In diesem Fall soll der Gewinn maximiert werden. Für den Gewinn gilt in diesem Fall:

$$G(x, y) = 300x + 200y$$

Die Lösungsmenge der angeführten Ungleichungen, die man auch zulässigen Bereich nennt, ist nicht so einfach wie die Lösungsmenge eines linearen Gleichungssystems zu beschreiben. Gesucht ist die Lösung aus dem Lösungsraum, bei der der Gewinn maximal wird.

Im nachfolgenden Abschnitt wird gezeigt, wie man den zulässigen Bereich und die optimale Lösung für den vorliegenden Fall von nur zwei Variablen graphisch darstellen kann.

1.8.2 Graphische Lösung

Nachfolgend ist ein Koordinatensystem für die beiden Variablen x und y dargestellt. In dieses Koordinatensystem wurden zunächst die beiden Absatzgrenzen (x ≤ 700 und y ≤ 500) eingezeichnet.

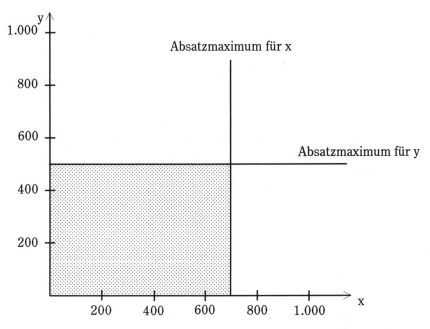

Aufgrund der Absatzbegrenzungen und der nicht-negativitäts-Bedingungen ist nur der grau dargestellte Bereich zulässig. Nun müssen aber auch die anderen beiden Ungleichungen (Maschinen- und Facharbeiterkapazität) erfüllt sein. Die erste dieser Ungleichungen lautete:

$$x + 2{,}5y \leq 1.000$$

Wie schon zuvor bei den Absatzgrenzen zeichnet man die durch diese Ungleichung dargestellte Begrenzung in die Zeichnung ein, indem man aus der Ungleichung eine Gleichung macht und die sich so ergebende Gerade einzeichnet.

$$x + 2{,}5y = 1.000$$

Um diese Gerade zu zeichnen, bestimmt man am besten zwei Punkte, indem man zuerst x und dann y gleich Null setzt. Wenn man x gleich Null setzt, ergibt sich:

$0 + 2{,}5y = 1.000$

$\Leftrightarrow y = 400$

Die Gerade geht also durch den Punkt (0; 400). Wenn man y gleich Null setzt, ergibt sich:

$x + 2{,}5 * 0 = 1.000$

$\Leftrightarrow x = 1.000$

Also geht die Gerade auch durch den Punkt (1.000, 0). Indem man die beiden Punkte einzeichnet und verbindet, erhält man die entsprechende Gerade:

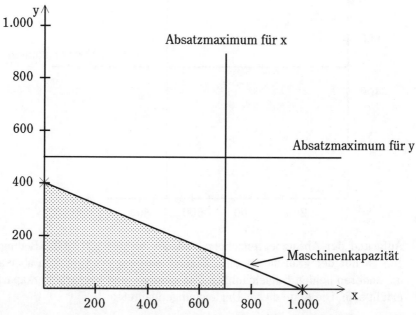

Wiederum wurde in der Zeichnung der aufgrund der eingezeichneten Bedingungen verbleibende zulässsige Bereich grau dargestellt. Für die Facharbeiterkapazität ergibt sich nun analog folgendes:

$x + 0{,}5y = 500$

$\Rightarrow$ für x=0 $0 + 0{,}5y = 500$ $\Leftrightarrow$ $y = 1.000$ $\Rightarrow$ $P_1(0; 1.000)$

$\Rightarrow$ für y=0 $x + 0{,}5 * 0 = 500$ $\Leftrightarrow$ $x = 500$ $\Rightarrow$ $P_2(500; 0)$

Mittels der beiden gefundenen Punkte kann nun auch die Gerade eingezeichnet werden, die die Facharbeiterkapazität beschreibt:

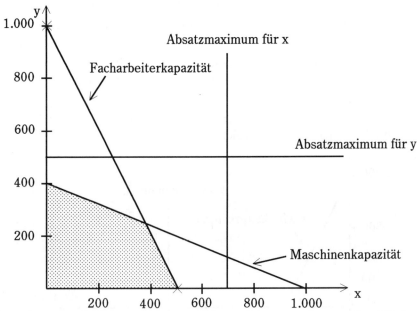

Nun sind alle Bedingungen eingezeichnet. Die grau dargestellte Fläche stellt den zulässigen Bereich bzw. den Lösungsraum des Systems von Ungleichungen dar. Nur innerhalb des grauen Bereiches ist keine der geforderten Bedingungen verletzt. Hierbei ist zu beachten, daß auch die Bedingungen $x \geq 0$ und $y \geq 0$ erfüllt werden mußten. Die Lösungsmenge eines linearen Programms ist immer ein Gebilde, das wie in dem Beispiel mehrere Eckpunkte hat und dessen Begrenzungen durch die Verbindungslinien zwischen den Eckpunkten gebildet werden. Man nennt ein derartiges Gebilde auch ein **Polytop**.

Welcher Punkt aus dem Lösungsraum ist aber nun der gewinnoptimale Punkt?

Der Gewinn ergibt sich aus der zuvor anfgeführten Gewinnfunktion:

$$G(x, y) = 300x + 200y$$

Sei nun zunächst für den Gewinn ein bestimmter Wert angenommen, nachfolgend ein Wert von 60.000 (60.000 ergibt sich gerade, wenn die Koeffizienten vor dem x und dem y miteinander multipliziert werden), dann ergibt sich:

$$300x + 200y = 60.000$$

Durch diese Gleichung werden alle Punkte beschrieben, bei denen der Gewinn genau 60.000 beträgt. Man kann auch diese Gerade einzeichnen, indem man zwei Punkte auf der Geraden bestimmt:

$$\Rightarrow \text{für } x=0 \quad 200y = 60.000 \Leftrightarrow y = 300 \Rightarrow P_1(0; 300)$$
$$\Rightarrow \text{für } y=0 \quad 300x = 60.000 \Leftrightarrow x = 200 \Rightarrow P_2(200; 0)$$

In der nachfolgenden Zeichnung ist die sich ergebende Isogewinngerade (Iso heißt gleich, es handelt sich also um eine Gerade, auf der der Gewinn überall gleichgroß ist) eingezeichnet:

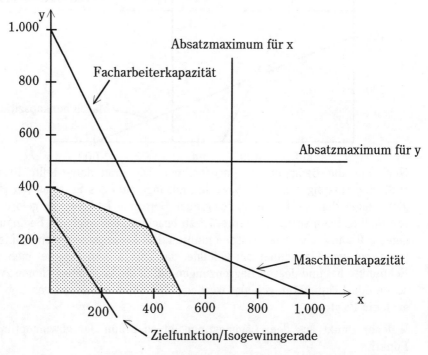

Die Punkte der Isogewinngeraden auf den Koordinatenachsen hätte man auch erhalten, wenn man auf der x-Achse einfach den Wert, der vor dem y steht (200), und auf der y-Achse den Wert, der vor dem x steht (300), abgetragen hätte.

Wenn man für den Gewinn zunächst einen größeren Wert als 60.000 ausgesucht hätte, so würde die Gerade weiter nach rechts/oben liegen, hätte man einen kleineren Wert gewählt so würde die Gerade entsprechend weiter links/unten liegen. Auf jeden Fall würden die Geraden aber parallel zu der eingezeichneten Geraden liegen. Gesucht ist der größtmögliche Gewinn. Wie zuvor beschrieben, sind alle Geraden, die weiter rechts/oben liegen, Isogewinngeraden zu einem höheren Gewinnwert. Daher muß die Isogewinngerade so weit nach rechts/oben verschoben werden, bis es keinen Punkt in dem zulässigen Bereich mehr gibt, der auf der Isogewinngeraden liegt. Der Punkt des zulässigen Bereichs, der die höchste Isogewinngerade erreicht, stellt die optimale Lösung dar. In der nachfolgenden Zeichnung ist die Verschiebung dargestellt:

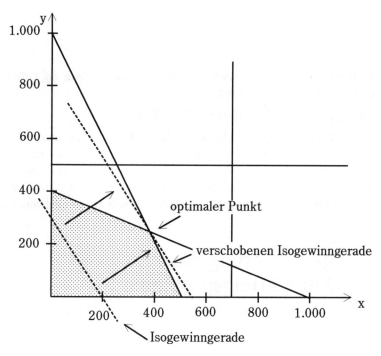

Aus der Zeichnung kann man nun schon erkennen, daß bei der optimalen Lösung x etwas kleiner als 400 ist und y etwa bei 250 liegt. Man kann natürlich die Zeichnung ausmessen, um möglichst exakte Werte zu bekommen. Allerdings liegt in einer derartigen Zeichnung immer eine gewisse Ungenauigkeit, daher ist es besser, die exakten Werte zu errechnen. Der Lösungspunkt liegt auf zwei Geraden, beide Geradengleichungen müssen also erfüllt sein. Somit muß gelten:

$$x + 2,5y = 1.000$$
$$\wedge\, x + 0,5y = 500$$

Dieses Gleichungssystem kann man nun lösen, nachfolgend wird die zweite Gleichung von der ersten subtrahiert:

$$x + 2,5y = 1.000$$
$$-(x + 0,5y = 500)$$

$$2y = 500$$
$$\Leftrightarrow y = 250$$

Aus der zweiten Gleichung folgt nun für x:

$$x + 0,5 * 250 = 500$$
$$\Leftrightarrow x = 375$$

Die optimale Lösung liegt also bei x = 375 und y = 250.

Den zugehörigen maximalen Gewinn erhält man, indem man die gefundenen Werte in die Zielfunktion einsetzt:

$$G_{max} = 300 * 375 + 200 * 250 = 162.500$$

Die zuvor beschriebene graphische Methode zur Lösung eines linearen Optimierungsproblems funktioniert natürlich nur in den Fällen, bei denen nur zwei Variable auftauchen oder das System sich durch zusätzlich gegebene Gleichungen auf zwei Variable reduzieren läßt. Ansonsten ist es nicht möglich, die beschränkenden Bedingungen graphisch, also zweidimensional, abzubilden.

1.8.3 Spezifizierung der Optimierungsprobleme

In dem vorherigen Beispiel war folgendes Sysem von Ungleichungen betrachtet worden:

$$x \quad\;\;\; \leq 700$$
$$y \;\; \leq 500$$
$$x + 2,5y \;\; \leq 1.000$$
$$x + 0,5y \;\; \leq 500$$

Außerdem sollten die beiden Bedingungen x ≥ 0 und y ≥ 0 gelten.

Bei der Behandlung von linearen Gleichungssystemen war gezeigt worden, daß man für ein Gleichungssystem auch abkürzend $A * \vec{x} = \vec{b}$ schreiben kann. A ist hierbei die Koeffizientenmatrix des Gleichungssystems. Analog kann man auch für das gegebene Ungleichungssystem abkürzend schreiben:

$A * \vec{x} \leq \vec{b} \ \wedge \ \vec{x} \geq 0$

Für das Beispiel lauten die Koeffizientenmatrix und die Vektoren:

$$A = \begin{pmatrix} 1 & 0 \\ 0 & 1 \\ 1 & 2{,}5 \\ 1 & 0{,}5 \end{pmatrix} \qquad \vec{b} = \begin{pmatrix} 700 \\ 500 \\ 1.000 \\ 500 \end{pmatrix} \qquad \vec{x} = \begin{pmatrix} x \\ y \end{pmatrix}$$

Die Zielfunktion lautete in dem Beispiel:

$$Z(\vec{x}) = 300x + 200y$$

Mittels des Vektors der Koeffizienten der Zielfunktion $\vec{c} = \begin{pmatrix} 300 \\ 200 \end{pmatrix}$

kann die Zielfunktion auch folgendermaßen geschrieben werden:

$$Z(\vec{x}) = \vec{c}^{T} * \vec{x}$$

Mittels der vorher gezeigten Zusammenhänge ergibt sich folgende Definition:

Die Bestimmung des Maximums einer linearen Zielfunktion

$$Z(\vec{x}) = \vec{c}^{T} * \vec{x} = c_1 x_1 + \ldots + c_n x_n \rightarrow max$$

unter den Nebenbedingungen

$$a_{11} x_1 + \ldots a_{1n} x_n \leq b_1$$
$$a_{21} x_1 + \ldots a_{2n} x_n \leq b_2$$
$$\text{"} \qquad\qquad\qquad \text{"}$$
$$a_{m1} x_1 + \ldots a_{mn} x_n \leq b_m$$

und

$$x_1 \geq 0, \ldots, x_n \geq 0$$

nennt man ein lineares Programm (LP) oder lineares Optimierungs-problem.

Mittels der Darstellung durch Matrizen und Vektoren kann abkürzend geschrieben werden:

$$A * \vec{x} \leq \vec{b} \wedge \vec{x} \geq 0$$

Wenn die Koeffizienten des Vektors $\vec{b}$ alle nicht negativ ($\vec{b} \geq 0$) sind, so spricht man von einem linearen Programm in Standardform.

Nachfolgend werden **nur lineare Programme in Standardform** betrachtet. Die getroffenen Einschränkungen sind nicht so restriktiv, wie sie zunächst aussehen. Denn mittels der beiden nachfolgend angeführten Transformationen können viele **Aufgaben zur linearen Optimierung** in Standardform gebracht werden:

> **1) Die Minimierung einer Funktion $Z(\vec{x})$ ist äquivalent zur Maximierung der negativen Funktion $-Z(\vec{x})$:**
>
> $$c_1 x_1 + \ldots + c_n x_n \rightarrow \min \;\Leftrightarrow\; -c_1 x_1 - \ldots - c_n x_n \rightarrow \max$$
>
> **2) Nebenbedingungen mit einem $\geq$ lassen sich durch die Multiplikation mit -1 zu Ungleichungen mit einem $\leq$ umwandeln:**
>
> $$a_{i1} x_1 + \ldots a_{in} x_n \geq b_i \;\Leftrightarrow\; -a_{i1} x_1 + \ldots -a_{in} x_n \leq -b_i$$

Sei z. B. folgendes Optimierungsproblem gegeben:

$$
\begin{aligned}
-x_1 - 2x_2 &\geq -600 \\
x_1 + 4x_2 &\leq 500 \\
x_1 \geq 0, \; x_2 &\geq 0 \\
-4x_1 - 3x_2 &\rightarrow \min
\end{aligned}
$$

Mittels der angegebenen Transformationen ergibt sich:

$$
\begin{aligned}
x_1 + 2x_2 &\leq 600 \\
x_1 + 4x_2 &\leq 500 \\
x_1 \geq 0, \; x_2 &\geq 0 \\
4x_1 + 3x_2 &\rightarrow \max
\end{aligned}
$$

Nun handelt es sich um ein lineares Programm in Standardform. Allerdings ergibt sich auf diese Weise nicht immer ein lineares Programm in Standardform, denn bei einem linearen Programm in Standardform müssen ja alle b_i positiv sein.

Für die Lösung von linearen Programmen ist der nachfolgend behandelte Simplex-Algorithmus geeignet.

1.8.4 Simplex Algorithmus

Bei dem Simplex-Algorithmus handelt es sich um einen modifizierten Gauß-Algorithmus. Das Vorgehen wird nachfolgend an dem bereits zuvor betrachteten Beispiel verdeutlicht, bei dem es sich um ein lineares Programm in Standardform handelt:

$$x \leq 700$$
$$y \leq 500$$
$$x + 2{,}5y \leq 1.000$$
$$x + 0{,}5y \leq 500$$
$$x \geq 0,\ y \geq 0$$

$$Z(\vec{x}) = 300x + 200y \rightarrow \max$$

Durch die Einführung von nicht negativen **Schlupfvariablen** werden die Nebenbedingungen zu Gleichungen gemacht, so daß sich folgende Gleichungen ergeben:

$$x \quad\ + u_1 \qquad\qquad\qquad = 700$$
$$y \quad + u_2 \qquad\qquad = 500$$
$$x\ + 2{,}5y \qquad\quad + u_3 \qquad = 1.000$$
$$x\ + 0{,}5y \qquad\qquad\quad + u_4 = 500$$

Da die Schlupfvariablen nicht negativ sind, wird durch diese 4 Gleichungen genau derselbe Sachverhalt wie zuvor durch die 4 Ungleichungen beschrieben. Man bezeichnet diese Darstellung des LP als **kanonische Form**.

Ähnlich wie beim Gauß-Algorithmus werden diese Gleichungen zunächst in einem Tableau zusammengefaßt:

1	0	1	0	0	0	700
0	1	0	1	0	0	500
1	2,5	0	0	1	0	1.000
1	0,5	0	0	0	1	500
300	200	0	0	0	0	−0

In der untersten Zeile wurden zusätzlich die Koeffizienten der Zielfunktion eingetragen, also in der x-Spalte die 200 und in der y-Spalte die 300. In die Spalten der Schlupfvariablen wird in der untersten Zeile überall eine Null eingetragen. Den Wert, der in die rechte untere Ecke (unterhalb der b_i) einzutragen ist, erhält man, indem man in der Zielfunktion alle Variablen gleich Null setzt. In diesem Fall ergibt sich:

$$300 * 0 + 200 * 0 = 0$$

Das negative von diesem Wert trägt man in die untere rechte Ecke ein. Häufig ergibt sich an dieser Stelle eine Null, dann kann man das negative Vorzeichen natürlich auch gleich weglassen.

In dem Tableau wird nun zunächst die **Pivospalte** bestimmt. Hierzu sucht man in der letzten Zeile den größten positiven Wert[1]. In diesem Fall wird die 300 ausgewählt. Die 300 steht in der ersten Spalte, somit ist die erste Spalte die Pivotspalte. In der Pivospalte wird nun die Zeile gesucht, bei der die Begrenzung durch die Bedingungen zuerst greift. Hierzu wird jeweils das letzte Element der Zeile durch den Wert in der Pivotspalte geteilt. In der ersten Zeile wird also beispielsweise 700 durch 1 geteilt. Die sich ergebenden Werte, die man auch **charakteristische Quotienten** nennt, sind nachfolgend am Ende des Tableaus notiert:

1	0	1	0	0	0	700	$\frac{700}{1}$ =700
0	1	0	1	0	0	500	
1	2,5	0	0	1	0	1.000	$\frac{1.000}{1}$ = 1.000
1	0,5	0	0	0	1	500	$\frac{500}{1}$ =500
300	200	0	0	0	0	0	

In der zweiten Zeile ergibt sich kein Wert, denn 500/0 ist nicht definiert. Im Prinzip paßt die 0 aber beliebig oft in die 500, daher kann sich an dieser Stelle nicht der kleinste Wert ergeben. Auch wenn in der Pivozeile ein negativer Wert steht, liefert die Restriktion keine Begrenzung, so daß man auch dann keinen Wert in die Spalte der charakteristischen Quotienten einträgt. Die errechneten Werte geben an, wieviel von dem Produkt auf Grund des jeweiligen Engpasses maximal produziert werden kann. Hierbei wird also unterstellt, daß die gesamte Kapazität des Engpasses nur für dieses Produkt verwendet wird. Der niedrigste Wert stellt die stärkste Restriktion dar. In diesem Fall ergibt sich in der vierten Zeile der niedrigste Wert von

---

1: Ansich muß man nicht unbedingt das größte Element zuerst wählen, es reicht aus, wenn man eine Spalte zur Pivotspalte wählt, bei der ein positiver Wert in der untersten Zeile steht. Um das Vorgehen zu schematisieren, ist es aber sinnvoll, generell den größten Wert zu wählen.

500. Die entsprechende Zeile nennt man **Pivotzeile**.

Das Element, das sowohl in der Pivotspalte als auch in der Pivotzeile liegt nennt man **Pivotelement**. In diesem Fall ist das Pivoelement 1 (wie im nachfolgenden Tableau fett hervorgehoben). Mittels des beim Gauß–Algorithmus verwendeten Verfahrens werden nun in der Pivotspalte Nullen produziert, so daß in dieser Spalte nur das Pivotelement ungleich Null ist:

1	0	1	0	0	0	700	−IV
0	1	0	1	0	0	500	
1	2,5	0	0	1	0	1.000	−IV
1	0,5	0	0	0	1	500	
300	200	0	0	0	0	0	−300IV

In der letzten Zeile ist angegeben, das Wievielfache welcher Zeile von der jeweiligen Zeile abgezogen wird. Auf diese Weise ergibt sich:

0	−0,5	1	0	0	−1	200	
0	1	0	1	0	0	500	
0	2	0	0	1	−1	500	
1	0,5	0	0	0	1	500	
0	50	0	0	0	−300	−150.000	

Nun wird das nächstgrößte Element in der untersten Zeile ausgewählt. In diesem Fall ist es die 50. Somit ist nun die zweite Spalte die Pivotspalte. Am Ende des nachfolgenden Tableaus sind die charakteristischen Quotienten für die neue Pivotspalte berechnet:

0	−0,5	1	0	0	−1	200	
0	1	0	1	0	0	500	$\frac{500}{1} = 500$
0	2	0	0	1	−1	500	$\frac{500}{2} = 250$
1	0,5	0	0	0	1	500	$\frac{500}{0,5} = 1.000$
0	50	0	0	0	−300	−150.000	

Der kleinste charakteristische Quotient ergibt sich in der dritten Zeile, die somit zur Pivotzeile wird. Das Pivotelement ist also die nachfolgend fett hervorgehobene 2. Indem man die dritte Zeile durch 2 teilt, erhält man eine 1 als Pivotelement:

0	-0,5	1	0	0	-1	200	
0	1	0	1	0	0	500	
0	**2**	0	0	1	-1	500	/2
1	0,5	0	0	0	1	500	
0	50	0	0	0	-300	-150.000	

Indem man die dritte Zeile durch 2 teilt, erhält man eine 1 als Pivotelement:

0	-0,5	1	0	0	-1	200	+0,5III
0	1	0	1	0	0	500	-III
0	1	0	0	0,5	-0,5	250	
1	0,5	0	0	0	1	500	-0,5III
0	50	0	0	0	-300	-150.000	-50III

Mittels des Pivotelementes werden nun Nullen in der Pivotspalte produziert. In dem vorherigen Tableau ist am Ende angegeben, das Wievielfache jeweils addiert oder subtrahiert wird:

0	0	1	0	0,25	-1,25	325
0	0	0	1	-0,5	0,5	250
0	1	0	0	0,5	-0,5	250
1	0	0	0	-0,25	1,25	375
0	0	0	0	-25	-275	-162.500

Nun gibt es in der untersten Zeile kein positives Element mehr. Der Simplex-Algorithmus ist nun beendet, und die Lösung läßt sich an dem Tableau ablesen. Zur besseren Übersicht wurden die zu den Spalten gehörenden Variablen x und y nachfolgend unter das Tableau geschrieben:

0	0	1	0	0,25	-1,25	325	
0	0	0	1	-0,5	0,5	250	
0	1	0	0	0,5	-0,5	250	
1	0	0	0	-0,25	1,25	375	
0	0	0	0	-25	-275	-162.500	
x	y						

Den Wert für x findet man, indem man in der zugehörigen Spalte, hier der ersten Spalte, das Pivoelement sucht. In diesem Fall ist es die 1 in der vierten Zeile. Die 375, die in der letzten Spalte der vierten Zeile steht, ist der Wert für x. Für y ergibt sich aus dem Tableau entsprechend y = 250. Auch den optimalen Wert der Zielfunktion kann man an dem Tableau ablesen. Dieser ist das Negative des Wertes, der rechts unten steht. Der optimale Wert lautet also 162.500.

Nachfolgend soll allgemein beschrieben werden, wie man ein lineares Programm in Standardform mit dem Simplexalgorithmus lößt.

1. Es sei das Standardprogramm $A * \vec{x} \leq \vec{b} \wedge \vec{x} \geq 0$ mit der Zielfunktion $Z(\vec{x}) = \vec{c}^T * \vec{x} = c_1 x_1 + \ldots + c_n x_n \to$ max gegeben. Durch das Hinzufügen der Schlupfvariablen $(u_1, \ldots, u_m)$ erhält man ein Gleichungssystem, für das sich folgendes Tableau aufstellen läßt:

a_{11}	...	a_{1n}	1	0	...	0	b_1
a_{21}	...	a_{2n}	0	1	...	0	b_2
„		„	„	„	„	„	„
a_{m1}	...	a_{mn}	0	0	...	1	b_m
c_1	...	c_n	0	0	0	0	$-Z(0)$

2. Man bestimmt das größte c_j. Die entsprechende Spalte wird zur Pivotspalte. *Wenn es kein c_j gibt, das größer als Null ist, dann hat man die optimale Lösung bereits gefunden und ist mit dem Simplex–Algorithmus fertig.*

3. Man berechnet die charakteristischen Quotienten zu den Elementen der Pivotspalte. Diese ergeben sich, indem das jeweilige b_i durch das zugehörige a_{ij} geteilt wird ($\frac{b_i}{a_{ij}}$). Diese Quotienten werden nur dort berechnet, wo a_{ij} größer als Null ist. Die Zeile, für die der kleinste charakteri-

stische Quotient berechnet wurde, wird zur Pivotzeile. *Wenn kein einzi-*
ges a_{ij} in der Pivotspalte größer als Null ist, so daß kein einziger
charakteristischer Quotient berechnet werden kann, existiert keine
Lösung. Der zulässige Bereich ist dann unbeschränkt.

4. Das Element, das in der Pivotspalte und Pivotzeile steht, ist das Pivoelement. Wenn das Pivotelement keine 1 ist, wird die Pivotzeile durch das
   Pivotelement geteilt. Nun ist das Pivoelement eine 1. Durch Addition
   oder Subtraktion entsprechender Vielfacher von der Pivozeile werden in
   der Pivotspalte alle Werte außer dem Pivotelement zu Nullen transfor-
   miert. Nun wird mit dem entstandenen Tableau wie unter Schritt 2 beschrieben fortgefahren.

Die beiden kursiv geschriebenen Bedingungen stellen die Abbruchbedin-
gungen für den Simplexalgorithmus dar. Wenn es eine Lösung gibt, so erhält man diese, indem man in der Spalte der jeweiligen Variablen des Ab-
schlußtableaus überprüft, in welcher Zeile das Pivotelement steht. Der
Wert der in der entsprechenden Zeile ganz rechts in dem Tableau steht, ist
der Wert der entsprechenden Variablen. Ganz unten rechts in dem Tableau
steht der negative Wert des maximalen Wertes der Zielfunktion.

Der angeführte 4. Schritt des Simplex–Algorithmus wird häufig auch als
Basisaustausch bezeichnet. In dem Beispiel des vorherigen Abschnitts
standen am Ende in den ersten beiden Spalten zwei Einheitsvektoren. Daher spricht man davon, daß die Spalten gegen Einheitsvektoren ausge-
tauscht wurden.

Natürlich handelt es sich bei den dargestellten Zusammenhängen nur um
eine Einführung zu dem Gebiet der linearen Optimierung. Insbesondere auf
das duale Programm wurde hier nicht eingegangen.

2 Folgen, Reihen, Grenzwerte

2.1 Folgen und Reihen

Wenn man eine bestimmte Anzahl von Zahlen in einer Reihenfolge anordnet, so nennt man dies eine **Folge** (oder auch Zahlenfolge). Die einzelnen Zahlen der Folge nennt man **Glieder**. Nachfolgend ein Beispiel für eine Folge:

$$1, 4, 7, 10, 13, 16, 19, \ldots$$

Die Folge kann, wie in dem vorherigen Beispiel, einer bestimmten Vorschrift unterliegen, wie die einzelnen Folgeglieder gebildet werden. In dem Beispiel entsteht ein Folgenglied jeweils, indem zu dem vorherigen Glied 3 addiert werden. Natürlich kann der Zusammenhang zwischen den Folgengliedern auch wesentlich komplizierter sein.

Man numeriert die Folgenglieder der Reihe nach durch und bezeichnet die einzelnen Glieder mit a_i, wobei der Index die jeweilige Nummer angibt. Für die vorherige Folge würde man also auch schreiben:

$$a_1=1,\ a_2=4,\ a_3=7,\ a_4=10,\ a_5=13,\ a_6=16,\ a_7=19, \ldots$$

Bei einer Folge wird also jeder Natürlichen Zahl eine bestimmte Zahl zugeordnet. Wird allgemein von irgendeinem Folgenglied gesprochen, so bezeichnet man dieses auch mit a_n. Statt eine Folge durch die Auflistung der Folgenglieder zu beschreiben, kann man häufig auch eine Vorschrift angeben, wie sich aus der jeweiligen Natürlichen Zahl das entsprechende Folgenglied ergibt. Bei der angegebenen Folge ist das nächste Folgenglied immer um 3 größer als das vorherige. Es läßt sich folgende Vorschrift aufstellen:

$$a_n = 1 + 3(n - 1) \quad \text{oder auch} \quad a_n = -2 + 3n$$

Die beiden Darstellungen sind gleichwertig, und natürlich kann man den Ausdruck auch noch anders schreiben. Für die Konstruktion der Vorschrift muß man darauf achten, daß die Glieder jeweils um 3 größer werden, daher muß n mit 3 multipliziert werden. Weiterhin muß dafür gesorgt werden, daß sich tatsächlich die richtigen Werte ergeben. Würde man einfach nur $a_n = 3n$ schreiben, so würde sich als erstes Folgenglied $3*1=3$ ergeben. Um das vorgegebene Folgenglied zu erhalten, muß man noch die 2 abziehen.

Schließlich hätte man die Folge auch durch die Angabe des ersten Fol-

gengliedes und der Vorschrift, wie sich das jeweils nächste Glied aus
dem vorherigen ergibt, beschreiben können. In diesem Fall würde die
Beschreibung lauten:

$$a_1 = 1, \ a_n = a_{n-1} + 3$$

Auf die beschriebene Weise ergibt sich das jeweilige Folgenglied immer
aus dem vorherigen. Eine derartige Formel nennt man auch **Rekursions-
formel**.

Die Summe der ersten n Folgeglieder bezeichnet man mit s_n, entsprechend ergibt sich für die zuvor betrachtete Folge der Zusammenhang:

n	1	2	3	4	5	6	7	...
a_n	1	4	7	10	13	16	19	...
s_n	1	5	12	22	35	51	70	...

Anhand der Darstellung läßt sich erkennen, daß die s_n selber wieder
eine Folge ergeben. Eine derartige Folge, bei der sich die einzelnen Folgenglieder als Summe über die Folgenglieder einer anderen Folge ergeben, nennt man eine **Reihe**.

Wenn eine Folge ein Ende hat, so nennt man sie eine **endliche** Folge. Andernfalls handelt es sich um eine **unendliche** Folge. Bei unendlichen Folgen ist von Interesse, ob diese **beschränkt** sind. Man nennt eine Zahlenfolge nach oben (unten) beschränkt, wenn alle Glieder kleiner oder größer als ein bestimmter Wert sind. Die Folge

$$a_n = 2 + n$$

ist z. B. nach unten beschränkt, denn kein Wert der Folge ist kleiner als
3. Nach oben ist sie aber unbeschränkt, denn wenn man n beliebig groß
wählt, werden auch die Folgenglieder unendlich groß. Die Folge

$$a_n = \frac{2}{n}$$

ist nach oben und unten beschränkt. Der größte Wert (2) ergibt sich für
n=1. Für große n nähern sich die Werte immer mehr an 0, erreichen die
Null aber nie. Formal kann man schreiben:

$$0 < a_n \leqq 1$$

Weiterhin nennt man eine Zahlenfolge **streng monoton steigend**, wenn
die Glieder ständig größer werden. Es muß also gelten:

$$a_{n+1} > a_n$$

Wenn die Werte immer kleiner werden, nennt man die Folge entsprechend **streng monoton fallend**. In diesem Fall muß also für alle Folgenglieder gelten:

$$a_{n+1} < a_n$$

Wenn man zusätzlich erlaubt, daß das nächste Glied auch genau so groß wie das vorherige ist, so spricht man einfach nur von **monoton steigenden (fallenden)** Folgen. In diesem Fall muß also gelten:

$$a_{n+1} \geq a_n \text{ (bzw. bei monoton fallend: } a_{n+1} \leq a_n\text{)}$$

Bei dem Anfangsbeispiel ergab sich das nächste Folgenglied, indem immer ein konstanter Betrag addiert wurde. In dem Beispiel war es ein Betrag von 3. Allgemein nennt man Folgen, bei denen sich das nächste Glied durch Addition oder Subtraktion eines konstanten Betrages ergibt, **arithmetische Folgen**.

Man kann für arithmetische Folgen auch eine allgemeine Formel ermitteln, wie man eine derartige Vorschrift aufstellen kann. Wenn man die Differenz zwischen den Folgengliedern mit d bezeichnet, so kann die Folge allgemein folgendermaßen geschrieben werden:

a_1	a_2	a_3	a_4	a_5	...	a_n
a_1	a_1+d	a_1+2d	a_1+3d	a_1+4d	...	$a_1+(n-1)d$

Bei jedem Term taucht ein a_1 auf, und es werden gerade $(n-1)$ d addiert. Daher ergibt sich der zuvor für a_n angegebene Ausdruck.

Allgemein gilt also für das n-te Folgenglied einer arithmetischen Folge:

$$a_n = a_1 + (n-1)d$$

Die Summe der ersten n-Folgenglieder einer arithmetischen Folge lautet:

$$s_n = \frac{1}{2} n (a_1 + a_n)$$

Bei einer **geometrischen Folge** ist der Quotient zwischen zwei Gliedern immer konstant. Diesen Quotienten kürzt man auch mit q ab. Nachfolgend drei Beispiele für geometrische Folgen:

$$1, \frac{1}{2}, \frac{1}{4}, \frac{1}{8}, \dots$$

$$256, 64, 4, 1, \frac{1}{4}, \dots$$

$$3, -6, 12, -24, 48, -96, \dots$$

Bei der ersten angegebenen Folge gilt $q = \frac{1}{2}$, bei der zweiten $q = \frac{1}{4}$ und bei der dritten $q = -3$. Bei der zweiten Folge wechselt das Vorzeichen ständig, derartige Folgen nennt man **alternierende** (lat. abwechseln) Folgen. Wenn q negativ ist, so ergeben sich generell alternierende Folgen.

> Für das n-te Glied einer geometrischen Folge ergibt sich:
> $$a_n = a_1 * q^{n-1}$$

> Für die Summe der ersten n Folgenglieder einer geometrischen Reihe ergibt sich:
> $$s_n = a_1 * \frac{q^n - 1}{q - 1}$$

Die Folge der s_n nennt man auch **geometrische Reihe**.

2.2 Grenzwerte

2.2.1 Grundlagen

Grenzwerte sind Werte, denen sich eine Folge (oder allgemeiner eine Funktion, eine Folge ist lediglich ein bestimmter Typ von Funktion) immer mehr annähert. Ein Beispiel für den Grenzwert einer Folge wäre z.B. folgender Ausdruck:

$$\lim_{n \to \infty} \frac{1}{n} \text{ mit } n \in \mathbb{N}$$

$\frac{1}{n}$ ist hierbei eine Folge mit den einzelnen Folgengliedern:

$$a_1 = 1; a_2 = \frac{1}{2}; a_3 = \frac{1}{3}; a_4 = \frac{1}{4}; \ldots\ldots\ldots$$

Der Ausdruck $\lim_{n \to \infty}$ bedeutet, daß der Wert gesucht wird, dem sich die Folge für immer größer werdende n immer mehr annähert. lim steht hierbei für limes (lat.: Grenze). Bei der obigen Folge wird durch immer größere Zahlen geteilt, so daß das Ergebnis immer kleiner wird. Die Folge geht für immer größere Werte für n immer näher an 0 heran. Daher ist Null der **Grenzwert** dieser Folge. Etwas formaler ausgedrückt:

In einer beliebig kleinen Umgebung des Grenzwertes liegen unendlich viele Folgenglieder und nur endlich viele außerhalb dieser Umgebung.

Man würde also schreiben:

$$\lim_{n \to \infty} \frac{1}{n} = 0$$

Derartige Folgen, deren Grenzwert Null ist, nennt man auch **Nullfolgen.**

Folgen, die einen Grenzwert haben, nennt man **konvergente Folgen.** Hat die Folge keinen Grenzwert, so spricht man von einer **divergenten** Folge.

Einen Punkt, um den herum immer unendlich viele Folgenglieder liegen, nennt man auch einen **Häufungspunkt.** Eine konvergente Folge hat nur einen einzigen Häufungspunkt, der gerade dem Grenzwert entspricht.

Nachfolgend sind noch zwei Beispiele für divergente Folgen angeführt:

$$\lim_{n \to \infty} n^2$$

Diese Folge überschreitet jeden Wert und geht gegen unendlich, somit existiert kein Grenzwert.

$$\lim_{n \to \infty} (-1)^n + \frac{1}{n}$$

Die ersten Glieder der Folge lauten

$$0, \ 1\frac{1}{2}, \ -\frac{2}{3}, \ 1\frac{1}{4}, \ -\frac{4}{5}, \ 1\frac{1}{6}, \ -\frac{6}{7}, \ \dots$$

Man kann erkennen, daß die Folge zwei Häufungspunkte, bei 1 und bei −1, besitzt, daher divergiert sie, und es gibt keinen Grenzwert.

Ähnlich wie bei einer Folge kann man auch bei einer Funktion untersuchen, ob die Funktionswerte sich für große x−Werte einem bestimmten Wert annähern. Die Untersuchung verläuft hierbei genauso wie bei einer entsprechenden Folge. Anhand eines Beispiels wird dies nachfolgend betrachtet:

$$f(x) = \frac{1}{x}$$

$$\lim_{x \to \infty} f(x) = \lim_{x \to \infty} \frac{1}{x} = 0$$

Bei Funktionen gibt es aber auch noch die Möglichkeit, daß der Grenzwert für x gegen einen bestimmten Wert gesucht wird. Z.B. könnte folgender Grenzwert zu bestimmen sein:

$$\lim_{x \to 0} \frac{x^2 + 2x}{e^x}$$

Hier ist zunächst zu untersuchen, ob die Funktion für x gleich Null wohldefiniert ist. Ist dies der Fall, so kann man einfach für x Null einsetzen und erhält so den Grenzwert. In diesem Fall handelt es sich um den Quotienten zweier Funktionen, es müssen also die Funktionen im Zähler und im Nenner wohldefiniert sein, und außerdem muß der Nenner ungleich Null sein, denn das Ergebnis einer Division durch Null ist nicht definiert. In dem vorliegendem Fall ist beides erfüllt, und es ergibt sich als Grenzwert durch einfaches Einsetzen:

$$\lim_{x \to 0} \frac{x^2 + 2x}{e^x} = \frac{0^2 + 2*0}{e^0} = \frac{0}{1} = 0$$

Wenn der Ausdruck wohldefiniert ist, macht die Bestimmung des Grenzwertes also keine größeren Probleme.

Für die Grenzwerte von Summen, Differenzen, Produkten und Quotienten von Funktionen gilt, daß man diese einzeln berechnen kann. Diese Aussagen, die an sich sehr naheliegend sind, bezeichnet man auch als **Grenzwertsätze.** Auch für Wurzeln, Potenzen, Eponentialfunktionen, Logarithmen und die Verknüpfung von Funktionen gelten entsprechende Beziehungen. Nachfolgend sind die Zusammenhänge aufgeführt:

Wenn die Grenzwerte $\lim_{x \to a} f(x) = b$ und $\lim_{x \to a} g(x) = c$ existieren, so gilt:

$$\lim_{x \to a} (f(x) + g(x)) = \lim_{x \to a} f(x) + \lim_{x \to a} g(x) = b + c$$

$$\lim_{x \to a} (f(x) - g(x)) = \lim_{x \to a} f(x) - \lim_{x \to a} g(x) = b - c$$

$$\lim_{x \to a} (f(x) * g(x)) = \lim_{x \to a} f(x) * \lim_{x \to a} g(x) = b * c$$

$$\lim_{x \to a} \frac{f(x)}{g(x)} = \frac{\lim_{x \to a} f(x)}{\lim_{x \to a} g(x)} = \frac{b}{c} \text{ für } c \neq 0$$

$$\lim_{x \to a} (f(x))^k = (\lim_{x \to a} f(x))^k = b^k$$

$$\lim_{x \to a} \sqrt[k]{f(x)} = \sqrt[k]{\lim_{x \to a} f(x)} = \sqrt[k]{b} \quad \text{falls } f(x) \geq 0, b \geq 0$$

$$\lim_{x \to a} e^{f(x)} = e^{(\lim_{x \to a} f(x))} = e^b$$

$$\lim_{x \to a} \ln(f(x)) = \ln(\lim_{x \to a} f(x)) = \ln(b)$$

$$\lim_{x \to a} (f \circ g)(x) = \lim_{x \to a} f(g(x)) \, f(\lim_{x \to a} g(x)) = f(c)$$

Auch für konvergente Folgen gelten die angeführten Beziehungen. Für eine Summe konvergenter Folgen gilt z.B.:

$$\lim_{n \to \infty} (a_n + b_n) = \lim_{n \to \infty} a_n + \lim_{n \to \infty} b_n$$

Nachfolgend wird ein Beispiel zur Anwendung der Grenzwertsätze angeführt. Es sei folgender Grenzwert zu bestimmen:

$$\lim_{x \to \infty} \frac{3x^2 - 7x}{4x^2 - 5x + 9}$$

Zunächst wird die höchste gemeinsame x-Potenz im Zähler und Nenner ausgeklammert:

$$= \lim_{x \to \infty} \frac{x^2}{x^2} * \frac{3 - \frac{7}{x}}{4 - \frac{5}{x} + \frac{9}{x^2}}$$

Für die Grenzwertbetrachtung kann nun der Term mit den x-Potenzen gekürzt werden:

$$= \lim_{x \to \infty} \frac{3 - \frac{7}{x}}{4 - \frac{5}{x} + \frac{9}{x^2}}$$

Nach den Grenzwertsätzen können nun die jeweiligen Grenzwerte einzeln bestimmt werden:

$$= \frac{\lim_{x \to \infty} 3 - \lim_{x \to \infty} \frac{7}{x}}{\lim_{x \to \infty} 4 - \lim_{x \to \infty} \frac{5}{x} + \lim_{x \to \infty} \frac{9}{x^2}} = \frac{3 - 0}{4 - 0 + 0} = \frac{3}{4}$$

Sei nun folgendes Beispiel betrachtet:

$$\lim_{x \to 0} \frac{x^2 + 2x}{x}$$

Hier wird der Nenner Null, wenn man für x Null einsetzt, so daß der Ausdruck an der Stelle x=0 nicht definiert ist. Ist der Zähler an dieser Stelle ungleich Null, so geht die Funktion an dieser Stellen gegen unendlich. Es existiert dann keine reelle Zahl als Grenzwert. Man nennt den Wert von ∞ auch einen **uneigentlichen Grenzwert**.

Ist der Zähler an dieser Stelle auch Null, so kann es für diese Stelle einen endlichen Grenzwert geben. Bei dem angeführten Grenzwert ist dies erfüllt, denn wenn man in den Zähler Null einsetzt, ergibt sich Null. Man kann in dem vorliegenden Fall x kürzen, so daß sich ergibt:

$$\lim_{x \to 0} x + 2 = 2$$

Da bei dem Grenzwert x immer mehr gegen Null geht, aber nie Null erreicht, war das Kürzen von x gestattet.

Die folgende Funktion ist für für x=1 und x=-1 nicht definiert, an diesen Stellen sollen nachfolgend die Grenzwerte bestimmt werden:

$$f(x) = \frac{x^2 + 2x + 1}{x^2 - 1}$$

Für die weiteren Untersuchungen ist es sinnvoll, die Funktion mittels der Binomischen Formeln umzuformen:

$$f(x) = \frac{x^2 + 2x + 1}{x^2 - 1} = \frac{(x+1)(x+1)}{(x+1)(x-1)}$$

Für den Grenzwert gegen -1 ergibt sich nun folgendes:

$$\lim_{x \to -1} \frac{(x+1)(x+1)}{(x+1)(x-1)}$$

Der Term (x + 1) kann gekürzt werden. In der Funktion hätte man diesen Ausdruck nicht einfach kürzen können, denn dieses Kürzen ist nur erlaubt, wenn der Term im Nenner nicht Null ist. Bei der Grenzwertbetrachtung wird zwar der Grenzwert gegen -1 betrachtet, aber man geht hierbei gewissermaßen nur beliebig nahe an -1 heran, ohne die -1 zu erreichen. Daher ist das Kürzen dieses Termes hier erlaubt.

$$= \lim_{x \to -1} \frac{(x+1)}{(x-1)} = \frac{(-1+1)}{(-1-1)} = \frac{0}{-2} = 0$$

Die Funktion hat also an der Stelle -1 einen Grenzwert von 0, sie ist zwar an der Stelle selber nicht definiert, nähert sich aber von beiden Seiten beliebig nahe an 0 an. Eine derartige Stelle nennt man eine **Definitionslücke** (oder auch kürzer Lücke) der Funktion. Man kann die Funktion an dieser Stelle durch das Hinzufügen eines Punktes (-1, 0) stetig ergänzen.

Für den Grenzwert gegen 1 ergibt sich:

$$\lim_{x \to 1} \frac{(x+1)(x+1)}{(x+1)(x-1)}$$

$$= \lim_{x \to 1} \frac{(x+1)}{(x-1)}$$

Bei diesem Ausdruck ist an der Stelle x = 1 der Nenner Null, aber der Zähler ungleich Null (1+1=2). Wenn man eine Zahl, die ungleich Null ist, durch Zahlen teilt, die immer näher an Null herankommen, so ergibt sich ein immer größerer Zahlenwert. Somit geht die Funktion gegen + oder -∞. Wenn ein Grenzwert gegen + oder -∞ geht, spricht man auch von einem uneigentlichen Grenzwert. Von Interesse ist nun aber noch, ob die Funktion gegen +∞ oder gegen -∞ geht. Hierbei muß unterschieden werden, ob man den Grenzwert von links (x<1) oder von rechts (x>1) betrachtet:

$$\text{Für } x < 1 \quad \lim_{x \to 1} \frac{(x+1)}{(x-1)} = -\infty$$

Der Zähler geht gegen 2, während der Nenner gegen Null geht, da in diesem Fall aber x<1 gilt, ist der Nenner stets kleiner als 0, so daß der Zähler durch immer kleinere (vom Betrag her) negative Zahlen geteilt wird. Der ganze Ausdruck geht also gegen − ∞.

Entsprechend folgt:

$$\text{Für } x > 1 \quad \lim_{x \to 1} \frac{(x+1)}{(x-1)} = \infty$$

Die Funktion geht also auf der einen Seite von 1 gegen − ∞ und auf der anderen gegen ∞. Eine derartige Stelle nennt man einen **Pol mit Vorzeichenwechsel** (oder auch Zeichenwechsel). Wenn die Funktion auf beiden Seiten gegen + oder auf beiden gegen − ∞ gehen würde, so läge ein Pol ohne Vorzeichenwechsel vor.

In der nebenstehenden Zeichnung der Funktion läßt sich die Polstelle der Funktion gut erkennen. Man zeichnet an Polstellen senkrechte Geraden durch den x-Wert des Pols, die man **Asymptote** oder auch **Polgerade** nennt. Eine Asymptote ist eine Gerade (oder im allgemeinen auch eine andere Funktion), an die sich die Funktion immer mehr annähert (anschmiegt).

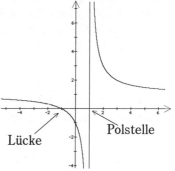

Lücke   Polstelle

2.2.2 Regel von de l´ Hospital

Diese Regel bietet eine weitere Möglichkeit, um Grenzwerte von Quotienten zu bestimmen. Sie kann angewendet werden, wenn Nenner und Zähler entweder **beide gegen Null** oder **beide gegen unendlich** gehen (und die Ableitungen von Nenner und Zähler existieren). Die Regel von de l' Hospital besagt in diesen Fällen, daß der Grenzwert gleich dem Grenzwert des Quotienten der Ableitungen (zu Ableitungen siehe Kapitel 3) von Zähler und Nenner ist. Also gilt in diesen Fällen:

$$\lim \frac{f(x)}{g(x)} = \lim \frac{f'(x)}{g'(x)}$$

Anhand der Grenzwerte der zuvor angeführten echtgebrochen rationalen Funktion läßt sich dieses Verfahren gut verdeutlichen:

$$\lim_{x \to -1} \frac{x^2 + 2x + 1}{x^2 - 1}$$

Wenn man hier für x -1 einsetzt, werden sowohl der Nenner als auch der Zähler Null, und man kann die Regel von de l' Hospital anwenden:

$$\lim_{x \to -1} \frac{x^2 + 2x + 1}{x^2 - 1} = \lim_{x \to -1} \frac{2x + 2}{2x}$$

Da nun ein Grenzwert entstanden ist, bei dem der Nenner an der Stelle -1 nicht mehr Null wird, kann man einfach einsetzen:

$$\lim_{x \to -1} \frac{2x + 2}{2x} = \frac{0}{-2} = 0$$

Für den Grenzwert gegen 1

$$\lim_{x \to 1} \frac{x^2 + 2x + 1}{x^2 - 1}$$

ergibt sich, wenn man 1 in den Nenner einsetzt, auch Null; wenn man eins in den Zähler einsetzt, ergibt sich aber 4. Da hier zwar der Nenner, aber nicht der Zähler Null wird, darf man die Regel von de l' Hospital nicht anwenden. Es existiert kein Grenzwert, denn während der Zähler immer mehr gegen 4 geht, nähert sich der Nenner immer mehr an 0 an. Je näher aber nun der Nenner an Null herankommt, desto größer wird der ganze Ausdruck (genaugenommen geht der Ausdruck immer mehr gegen + oder - ∞, man bezeichnet diese Werte als uneigentliche Grenzwerte), so daß es keinen reellen Grenzwert gibt.

Für x→± ∞ gehen sowohl der Nenner als auch der Zähler gegen unendlich, so daß auch hier die Regel von de l' Hospital angewendet werden kann.

$$\lim_{x \to \infty} \frac{x^2 + 2x + 1}{x^2 - 1} = \lim_{x \to \infty} \frac{2x + 2}{2x}$$

Bei dem Ausdruck, der sich nun ergibt, gehen auch wieder Nenner und Zähler gegen unendlich, so daß das gleiche Verfahren noch einmal angewendet werden kann:

$$\lim_{x \to \infty} \frac{2x + 2}{2x} = \lim_{x \to \infty} \frac{2}{2} = 1$$

Für den Grenzwert gegen - ∞ ergibt sich analog:

$$\lim_{x \to -\infty} \frac{x^2 + 2x + 1}{x^2 - 1} = \lim_{x \to -\infty} \frac{2x + 2}{2x} = \lim_{x \to -\infty} \frac{2}{2} = 1$$

2.2.3 Schema zur Bestimmung von Grenzwerten von Quotienten

Schematisch kann man zur Bestimmung des Grenzwertes eines Quotienten also folgendermaßen vorgehen:

Sei a eine reelle Zahl.

Es sei der Grenzwert $\lim\limits_{x \to a} \dfrac{f(x)}{g(x)}$ zu bestimmen.

Weiterhin sei angenommen, daß sowohl f(a) als auch g(a) definiert sind und beide Funktionen differenzierbar sind (wenn f und g ganz rationale Funktionen sind, sind die Bedingungen immer erfüllt).

Nun lassen sich drei Fälle unterscheiden:

1) g(a) $\neq$ 0, dann kann a einfach eingesetzt und der Grenzwert ausgerechnet werden.

2) g(a) = 0 und f(a) $\neq$ 0, in diesem Fall geht der ganze Ausdruck gegen unendlich, es existiert kein Grenzwert.

3) g(a) = 0 und f(a) = 0

3a) Es kann die Regel von de l' Hospital angewendet werden, Nenner und Zähler werden also einzeln abgeleitet, wobei sich folgender Ausdruck ergibt:

$$\lim \frac{f'(x)}{g'(x)}$$

Dieser Ausdruck wird nun wieder entsprechend den drei möglichen Fällen weiter analysiert.

3b) Alternativ zur Anwendung der Regel von l' Hospital können auch Nenner und Zähler in Produkte aufgespalten werden. Nachfolgend ist ein Beispiel hierzu angeführt:

$$\frac{x^2 + 3x + 2}{x^2 - 1} = \frac{(x+1)(x+2)}{(x+1)(x-1)}$$

Bei der Grenzwertbetrachtung kann dann gekürzt werden, z.B.:

$$\lim_{x \to -1} \frac{(x+1)(x+2)}{(x+1)(x-1)} = \lim_{x \to -1} \frac{(x+2)}{(x-1)} = \frac{(-1+2)}{(-1-1)} = \frac{1}{-2} = -\frac{1}{2}$$

Wird ein Grenzwert für x gegen unendlich betrachtet, hier ist a keine reelle Zahl, so probiert man ebenfalls aus, was sich für den Nenner und Zähler ergibt, wenn man unendlich für x einsetzt. Auch hier gibt es drei verschiedene Möglichkeiten:

1) nur der Nenner geht gegen $\pm \infty$; in diesem Fall ist der Grenzwert 0.

2) nur der Zähler geht gegen $\pm \infty$; in diesem Fall gibt es keinen Grenzwert, die Funktion geht gegen $\pm \infty$

3) Nenner und Zähler gehen gegen unendlich.

3a) Es kann die Regel von de l'Hospital angewendet werden, und danach ist der entstehende Ausdruck wieder entsprechend den drei möglichen Fällen zu behandeln.

3b) Alternativ kann die höchste gemeinsame x-Potenz ausgeklammert werden. Diese Potenz wird dann im Grenzwert gekürzt. Mittels der Grenzwertsätze und den zuvor aufgeführten Fällen kann der Grenzwert dann bestimmt werden.

2.2.4 Übungsaufgaben

Bestimmen Sie die folgenden Grenzwerte:

a)
$$\lim_{x \to -\infty} \frac{-2x^3 - x^2}{2 + x^2 + 3x^3}$$

b)
$$\lim_{x \to \infty} \frac{4x^3 - 2x^2 + 1}{1 + x^2 - x^3}$$

c)
$$\lim_{x \to -5} \frac{x^2 + 4x - 5}{x + 5}$$

d)
$$\lim_{x \to 0} \frac{\ln(1+x) - e^{2x+1}}{(x-1)^2}$$

Lösungsvorschläge:

a)
$$\lim_{x \to -\infty} \frac{-2x^3 - x^2}{2 + x^2 + 3x^3}$$

Nun wird die höchste gemeinsame Potenz im Zähler und Nenner ausgeklammert (alternativ könnte die Regel von l'Hospital angewendet werden, allerdings müßte hierbei ziemlich oft abgeleitet werden, bis nicht mehr Nenner und Zähler beide gegen unendlich gehen):

$$= \lim_{x \to -\infty} \frac{x^3}{x^3} \, * \, \frac{-2 - \frac{1}{x}}{\frac{2}{x^3} + \frac{1}{x} + 3}$$

Der vordere Term kürzt sich weg, und für x gegen unendlich werden im hinteren alle Glieder, bei denen x im Nenner steht, Null. Nach den Grenzwertsätzen können diese Grenzübergänge einzeln durchgeführt werden, so daß sich ergibt:

$$= \frac{-2 - 0}{0 + 0 + 3} = -\frac{2}{3}$$

b) Nenner und Zähler gehen für x gegen unendlich auch gegen unendlich, so daß de l'Hospital angewendet werden kann:

$$\lim_{x \to \infty} \frac{4x^3 - 2x^2 + 1}{1 + x^2 - x^3} = \lim_{x \to \infty} \frac{12x^2 - 4x}{2x - 3x^2}$$

Da weiterhin Nenner und Zähler für x gegen unendlich jeweils gegen unendlich gehen, kann weiter abgeleitet werden:

$$\lim_{x \to \infty} \frac{12x^2 - 4x}{2x - 3x^2} = \lim_{x \to \infty} \frac{24x - 4}{2 - 6x} = \lim_{x \to \infty} \frac{24}{-6} = -4$$

c) für -5 werden Nenner und Zähler beide Null, so daß die Regel von de l'Hospital angewendet werden kann:

$$\lim_{x \to -5} \frac{x^2 + 4x - 5}{x + 5} = \lim_{x \to -5} \frac{2x + 4}{1}$$

Da der Nenner bei x=-5 nun nicht mehr Null ist, kann einfach eingesetzt werden:

$$\lim_{x \to -5} \frac{x^2 + 4x - 5}{x + 5} = \lim_{x \to -5} \frac{2x + 4}{1} = \frac{-10 + 4}{1} = -6$$

d) Hier sind für x=0 sowohl der Zähler als auch der Nenner wohldefiniert, und der Nenner ist ungleich Null, daher kann einfach eingesetzt werden:

$$\lim_{x \to 0} \frac{\ln(1 + x) - e^{2x + 1}}{(x - 1)^2} = \frac{\ln(1 + 0) - e^{2 \cdot 0 + 1}}{(0 - 1)^2} = \frac{\ln 1 - e^1}{1} = -e$$

3   Differentialrechnung einer Veränderlichen

3.1   Einführung

Die Differentialrechnung ist das wohl wichtigste Gebiet der Mathematik für die Ökonomie. Denn mittels der Differentialrechnung können Funktionen auf ihre **Maxima** bzw. **Minima** untersucht werden. Sobald es also in den Wirtschaftswissenschaften gelingt, einen Zusammenhang durch eine Funktion anzunähern, tritt die Differentialrechnung in Erscheinung, um die Zielgrößen zu optimieren.

Bei diesem Gebiet dürfte es sich wirklich für jeden lohnen, sich um grundlegendes Verständnis und nicht nur Punkte bei den Klausuren zu bemühen. (Wobei diese beiden Aspekte häufig sowieso nicht unabhängig voneinander sind).

Die meisten dürften den Großteil der nachfolgenden Ausführungen bereits in der Schule gehabt haben. Wer direkt von der Schule kommt und mit Mathe nicht gerade auf Kriegsfuß stand, kann daher im nächsten Abschnitt vielleicht manches auslassen.

In dem nächsten Abschnitt (3.2) wird ein Überblick über die wichtigsten Funktionen gegeben. In Abschnitt 3.3 wird die prinzipielle Bedeutung der Steigung und die Herleitung der Ableitung über den Differentialquotienten behandelt. Die Ableitungen der wichtigsten Funktionen werden unter 3.4 behandelt. Darauf aufbauend stellt Abschnitt 3.5 die Ableitungsregeln für verknüpfte Funktionen dar. Hier werden die Produkt-, Quotienten- und Kettenregel behandelt. In Abschnitt 3.8 wird die Anwendung der Differentialrechnung zur Bestimmung von Extremwerten beschrieben.

Weitere wichtige Zusammenhänge aus dem Bereich der Differentialrechnung werden in Abschnitt 3.9 behandelt. Insbesondere wird hier auf den Begriff der Elastizität eingegangen.

3.2 Funktionen
3.2.1 Begriff der Funktion

Eine Funktion stellt eine Zuordnung zwischen verschiedenen Mengen dar. Dabei ist nicht jede Zuordnung eine Funktion, sondern nur **eindeutige** Zuordnungen sind Funktion. D.h. jedem Element der Definitionsmenge wird nur ein einziges Element der Wertemenge zugeordnet. Eine Funktion wäre z.B. folgende Zuordnung:

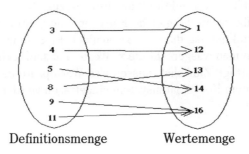

Definitionsmenge   Wertemenge

Die linke Menge ist die **Definitionsmenge.** In obigem Fall wird jedem Element der Definitionsmenge nur ein Element der **Wertemenge** zugeordnet, daher handelt es sich bei dieser Zuordnung um eine Funktion. Nachfolgend ist das Beispiel leicht geändert, der 4 werden nun zwei verschiedene Werte zugeordnet, daher handelt es sich in nachfolgendem Beispiel um keine Funktion:

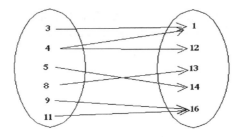

In den beiden dargestellten Fällen wurde die Zuordnung durch Pfeile dargestellt, und es handelte sich um ziemlich "kleine" Mengen. Die meisten relevanten Funktionen haben als Definitions- und Wertemengen die Menge der reellen Zahlen ($\mathbb{R}$) oder Teilmengen von $\mathbb{R}$. Da $\mathbb{R}$ unendlich viele Elemente enthält, wäre es ein hoffnungsloses Unterfangen, die Funktion durch einzelne Abbildungspfeile beschreiben zu wollen. Stattdessen wird die Funktion durch eine Abbildungsvorschrift festgelegt, die vorschreibt, welches Element der Wertemenge den jeweiligen Elementen der Definitionsmenge zugeordnet wird. Also etwa $f(x) = x^2$. $f(x)$ steht hierbei für das Element der Wertemenge, das dem jeweiligen x zugordnet wird. Häufiger schreibt man statt $f(x) = x^2$ auch $y = x^2$, wobei y einfach nur ein anderer Name für $f(x)$ ist. Schließlich gibt es noch eine dritte Möglichkeit, eine Funktionsvorschrift darzustellen: $f: x \mapsto x^2$, auch dieses beschreibt genau die gleiche Funktion. Die Schreibweise bedeutet, daß f die Funktion ist, die x auf x^2 abbildet. Eine Funktion kann man zeichnen, indem man waagerecht die x–Werte und senkrecht die jeweiligen y–Werte abträgt. Zunächst müssen also Wertepaare berechnet werden, die dann in ein Koordinatensystem eingetragen werden.

x	f(x)
-3	9
-2	4
-1	1
0	0
1	1
2	4
3	9

Die Funktion stellt gerade die Normalparabel dar. Nachfolgend werden die wichtigsten Klassen von Funktionen dargestellt.

3.2.2 Ganzrationale Funktionen

Die Normalparabel ist ein Spezialfall einer ganzrationalen Funktion. Ganzrationale Funktionen nennt man auch Polynomfunktionen (oder auch Parabeln). Sie bestehen aus einzelnen Termen mit ganzzahligen Potenzen der Variablen. Sie haben also folgende Form:

$$f(x) = a_n x^n + a_{n-1} x^{n-1} + \ldots + a_1 x^1 + a_0 x^0$$

Die höchste tatsächlich auftretende Potenz von x bestimmt den **Grad** der Funktion. Eine ganzrationale Funktion 1. Grades hat also die Form: $f(x) = a_1 x^1 + a_0 x^0$ mit $a_1 \neq 0$. Dies ist eine Geradengleichung. Eine Gerade ist also ebenfalls ein Spezialfall einer ganzrationalen Funktion. Enthält eine ganzrationale Funktion nur gerade Exponenten (z.B. $f(x) = x^2 - 2x^4$), so ist die Funktion **achsensymmetrisch** zur y-Achse. Enthält sie nur ungerade Exponenten, so ist sie **punktsymmetrisch** zum Ursprung.

Nachfolgend noch ein Beispiel für eine ganzrationale Funktion 3. Grades:

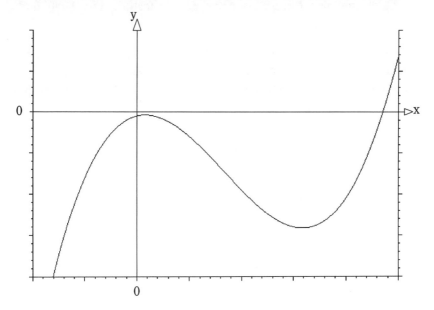

3.2.3   Nullstellen von Funktionen

Als Nullstellen einer Funktion bezeichnet man die Punkte, wo der Funktionswert Null ist. Hier gilt also $f(x) = 0$. Graphisch sind die Nullstellen der Funktion die Schnittpunkte der Funktion mit der x‑Achse. Die zuvor angeführte Funktion 3.Grades hat z.B. eine Nullstelle, denn sie schneidet nur einmal die x‑Achse. Nullstellen bestimmt man, indem man die Funktion gleich Null setzt. Seien beispielsweise die Nullstellen der Funktion $f(x) = x^2 - 4$ zu bestimmen:

$$f(x) = x^2 - 4 = 0 \Leftrightarrow x^2 = 4 \Leftrightarrow x = 2 \lor x = -2$$

Diese Funktion hat also 2 Nullstellen. Die Berechnung von Nullstellen kann natürlich auch wesentlich komplizierter sein. Verfahren zum Lösen von Gleichungen sind im Anhang dargestellt.

Bei **Ganzrationanlen Funktionen** gilt weiterhin:

> **Die Anzahl der Nullstellen entspricht höchstens dem Grad der Funktion.**

Eine Funktion 3. Grades hat also höchstens 3 Nullstellen. Die zuvor betrachtete Funktion 3. Grades hatte nur eine Nullstelle. Nachfolgend ist die Funktion im Koordinatensystem nach oben verschoben worden. Nun

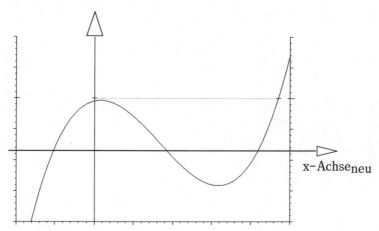

x‑Achse_neu

ergeben sich drei Nullstellen. Egal wo die x‑Achse liegen würde, mehr als drei Nullstellen würden sich nie ergeben.

Analytisch ergibt sich die Beschränkung der Anzahl der Nullstellen von Ganzrationalen Funktionen aus der Anzahl der Lösungen von Gleichungen. Eine quadratische Gleichung hat höchstens 2 Lösungen etc..

3.2.4 Echtgebrochen rationale Funktionen

Derartige Funktionen ergeben sich als Quotient zweier ganzrationaler Funktionen. Sie haben also folgende Form:

$$f(x) = \frac{a_n x^n + a_{n-1} x^{n-1} + \ldots + a_1 x^1 + a_0 x^0}{b_m x^m + b_{m-1} x^{m-1} + \ldots + b_1 x^1 + b_0 x^0} \qquad n, m \in \mathbb{N}$$

Bei den Betrachtungen zu den Grenzwerten war schon ein Beispiel für eine derartige Funktion angegeben worden. Wichtig ist, daß diese Funktionen an den Stellen, wo der Nenner Null wird, nicht definiert sind. Ist der Zähler einer echtgebrochen rationalen Funktion eine Konstante, so nennt man die Funktion auch eine Hyperbel.

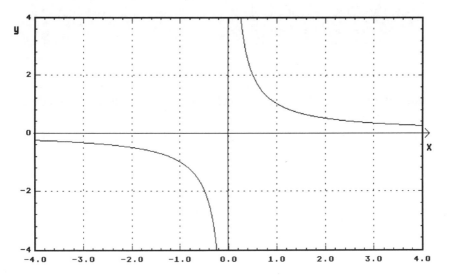

Hier ist die Hyperbel: $f(x) = \frac{1}{x}$ gezeichnet:

Bei x=0 ist die Funktion nicht definiert. Hier geht sie auf der einen Seite gegen $-\infty$ und auf der anderen gegen $+\infty$. Man nennt dies auch eine **Polstelle** mit Vorzeichenwechsel.

3.2.5 Wurzelfunktionen

Bei den bisher angeführten Funktionen kamen nur ganzzahlige Exponenten der Variablen vor. Läßt man zusätzlich auch nicht ganzzahlige Exponenten zu, so erhält man auch Wurzelfunktionen.

Ein Beispiel für eine Wurzelfunktion ist etwa $f(x) = x^{\frac{1}{2}} = +\sqrt[2]{x}$, oder auch $f(x) = x^{\frac{1}{3}} = \sqrt[3]{x}$

Zweite Wurzel aus x bedeutet, daß die Zahl gesucht wird, die mit sich selbst multipliziert x ergibt. (Häufig spricht man bei der zweiten Wurzel auch einfach von der Wurzel.) Hierbei gilt es zweierlei zu beachten:

> – die zweite Wurzel einer negativen Zahl existiert (in $\mathbb{R}$) nicht
>
> – die zweite Wurzel ist mehrdeutig, **es gibt immer eine positive und eine negative Lösung,** nur die zweite Wurzel von Null ist eindeutig, denn $+0$ ist das gleiche wie -0.

Die angeführten Eigenschaften gelten für alle geradzahligen Wurzeln. Nicht geradzahlige Wurzeln sind dagegen auch für negative Zahlen definiert und sind immer eindeutig. Die $\sqrt[3]{-8}$ ist die Zahl, die dreimal mit sich selbst multipliziert -8 ergibt. Hier gibt es eine (und nur eine) Lösung, und zwar:

$$\sqrt[3]{-8} = -2, \text{ denn es gilt: } (-2)*(-2)*(-2) = -8.$$

Nachfolgend ist eine Zeichnung der Funktion $f(x) = \sqrt[3]{x}$ dargestellt. (Alle ungradzahligen Wurzeln ergeben vom Prinzip einen ähnlichen Verlauf):

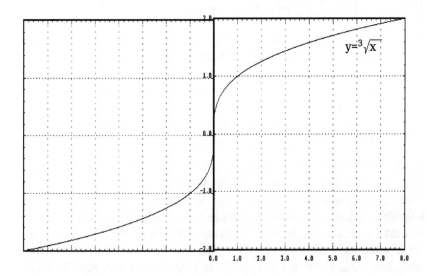

Bei der Darstellung von geradzahligen Wurzeln müssen die beiden angeführten Besonderheiten beachtet werden, Zum einen sind geradzahlige
Wurzelfunktionen für negative x-Werte nicht definiert, und zum anderen
muß man sich für die Darstellung der negativen oder der positiven Wurzel entscheiden, denn sonst würde es sich um keine Funktion mehr handeln, da jedem positiven x-Wert sonst **zwei** y-Werte zugeordnet würden. Nachfolgend ist die Funktion $f(x) = +^2\sqrt{x}$ dargestellt:

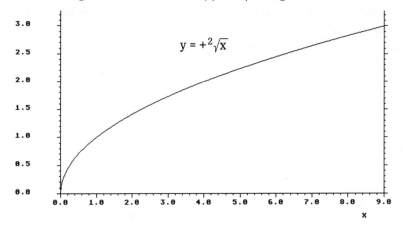

3.2.6 Umkehrfunktionen

Eine Umkehrfunktion ist so etwas Ähnliches wie das inverse Element einer Verknüpfung. Bei einer Verknüpfung ist das inverse Element so definiert, daß sich bei der Verknüpfung des Elements mit seinem inversen Element das neutrale Element ergibt. So ist etwa bei der "normalen" Multiplikation x^{-1} das inverse Element zu x, denn es gilt $x*x^{-1} = x * \frac{1}{x}$ = 1, und 1 ist gerade das neutrale Element der Multiplikation. (Bei der Matrizenmultiplikation gilt entsprechend: $A * A^{-1} = I$).

Die Umkehrfunktion zu einer Funktion ist die Funktion, die die Abbildung der Funktion rückgängig macht. Wenn man also die Funktion mit ihrer Umkehrfunktion verknüpft (die Verknüpfung zweier Funktionen bedeutet einfach, daß diese nacheinander ausgeführt werden müssen), so erhält man als Ergebnis die Funktion f(x) = x als eine Funktion, die als Ergebniswert immer den x-Wert hat, also eine Funktion, die "nichts verändert" und die man somit auch das neutrale Element der Funktionen nennen könnte.

Aufgrund des zuvor Dargelegten ist es naheliegend, daß die Umkehrfunktion mit f^{-1} bezeichnet wird. Dies ist keinesfalls mit dem Ausdruck $\frac{1}{f}$ identisch, denn hier ist ja nicht das inverse Element der Multiplikation, sondern die inverse Funktion zu f gesucht. Angenommen, es sei die Funktion f(x) = $^2\sqrt{x}$ gegeben. Wie lautet die Umkehrfunktion zu dieser Funktion? Wenn auf den Funktionswert der Funktion die Umkehrfunktion angewendet wird, so muß einfach x dabei herauskommen. Man könnte also auch fragen, was man mit $^2\sqrt{x}$ machen muß, damit wieder x herauskommt. Es wird gerade die Funktion gesucht, die das Wurzelziehen rückgängig macht. Diese Funktion ist $f^{-1}(x) = x^2$. Für die Verknüpfung von Umkehrfunktion und Funktion gilt nun: $f^{-1} \circ f = \left(^2\sqrt{x}\right)^2$ = x. (Der Kreis steht für "verknüpft")

Anschaulich dürfte das Ergebnis klar sein: Die Wurzel aus x ist die Zahl, die mit sich selbst multipliziert x ergibt, wenn man die Wurzel aus x nun quadriert, also mit sich selbst multipliziert, kommt wieder x raus. In dem angegebenen Fall läßt sich die Umkehrfunktion sehr einfach ohne Rechnung bestimmen. Wie erhält man aber z.B. die Umkehrfunktion zu f(x) = x^3 + 4 ?

Um die Umkehrfunktion zu erhalten, vertauscht man die Variablen und löst dann wieder nach y auf. Die vorliegende Funktion lautet $f(x) = y = x^3 + 4$. Nun werden x und y vertauscht, und die sich dabei ergebende Gleichung wird nach y aufgelöst:

$$x = y^3 + 4 \iff x - 4 = y^3 \iff y = \sqrt[3]{x - 4}$$

Gezeichnet ergibt sich die Umkehrfunktion als Spiegelung der Funktion an der 45° Linie. Nachfolgend ist der positive Ast der Normalparabel und die entsprechende Umkehrfunktion, also die Wurzelfunktion, dargestellt:

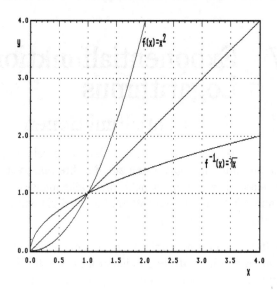

Der Definitionsbereich der Funktion entspicht immer dem Wertebereich der Umkehrfunktion. Entsprechend ist der Wertebereich der Funktion immer der Definitionsbereich der Umkehrfunktion.

Zuvor wurde bewußt nur die Umkehrfunktion zum positiven Ast der Normalparabel dargestellt, denn zu der Normalparabel als ganzes existiert keine Umkehrfunktion. Würde man die gesamte Normalparabel an der Diagonalen spiegeln, so ergäbe sich eine Abbildung, bei der den x-Werten nicht nur ein y–Wert zugeordnet würde. Dieses wäre keine eindeutige Zuordnung und damit auch keine Funktion.

Da beim Bilden der Umkehrfunktion x- und y-Achse vertauscht werden, ergibt sich immer dann eine eindeutige Umkehrabbildung, wenn bei der Ausgangsfunktion auch jedem y-Wert nur ein x-Wert zugeordnet ist. Graphisch gesprochen, darf die Funktion also jede Parallele zur x-Achse nur einmal schneiden. Eine derartige Funktion nennt man auch **injektiv**. Für die gesamte Funktion existiert also immer nur eine Umkehrfunktion, wenn die Funktion injektiv ist.

Wenn die Funktion nur auf einem bestimmten Intervall eindeutig (injektiv) ist, so existiert nur für dieses Intervall eine Umkehrfunktion.

3.2.7 Exponentialfunktion und Logarithmus

3.2.7.1 Exponentialfunktionen

Diese beiden Funktionen haben in der Ökonomie relativ große Bedeutung. Exponentialfunktionen werden zur Beschreibung von Wachstumsprozessen benötigt, während manche makroökonomischen Modelle nur in logarithmierter Form untersucht werden, weil sie dann mathematisch sehr viel einfacher zu behandeln sind.

Exponentialfunktionen sind Funktionen, bei denen die Variable im Exponenten steht. Ein sehr einfaches Beispiel ist etwa die Funktion $y = 2^x$. Diese Funktion verdoppelt jeweils ihren Wert, wenn die Variable um eins zunimmt. Das dadurch entstehende rasante Anwachsen geht über das an der alltäglichen Umgebung geschulte menschliche Vorstellungsvermögen hinaus . Zunächst eine Darstellung der Funktion $y = 2^x$, wobei sich gut sehen läßt, daß der Funktionswert sich jeweils verdoppelt, wenn x um eins zunimmt:

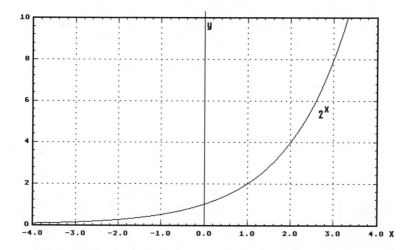

Ein schönes Beispiel für exponentielles Wachstum liefert auch folgende Überlegung: *Angenommen Maria und Josef hätten bei der Geburt ihres Sohnes Jesus einen Pfennig auf die Bank gebracht, und dieser wäre bis heute zu 5% verzinst worden. Jetzt soll das Geld auf alle Menschen gerecht verteilt werden. Wieviel erhält jeder Mensch?*

Eine Verzinsung von 5% bedeutet, daß das Geld sich jährlich um den Faktor 1,05 vermehrt. Es handelt sich also um exponentielles Wachstum, und berechnet werden muß der Ausdruck: $1,05^{1997}$. Das Ergebnis ist so astronomisch, daß es sich kaum fassen läßt: Jeder Mensch würde etwa 1000 mal die Erde dicht gepackt aus Tausendmarkscheinen erhalten!

Es gibt unter den Exponentialfunktionen eine, die sich gegenüber allen anderen Exponentialfunktionen auszeichnet, dies ist die e-Funktion. e steht hierbei für eine irrationale Zahl (die Zahl läßt sich also nicht als Bruch darstellen, und wird sie als Dezimalzahl dargestellt, so endet sie nie, und es gibt auch nie eine Periode). Die ersten Stellen von e lauten: 2.7182. Wie kommt man auf eine derartig "krumme" Zahl?

Dies liegt daran, daß dies die einzige Zahl ist, bei der der Funktionswert und die Steigung in jedem Punkt identisch sind. Die e-Funktion liefert als Funktionswert also immer ihre Steigung. Diese Eigenschaft zeichnet die e-Funktion gegenüber allen anderen Exponentialfunktionen aus und sorgt dafür, daß viele Berechnungen mit der e–Funktion sehr viel einfacher sind als mit anderen Exponentialfunktionen. (Die genaue Bedeutung der Steigung wird im nächsten Abschnitt behandelt)

In der Darstellung unterscheidet sich die e–Funktion nicht wesentlich von anderen Exponentialfunktionen:

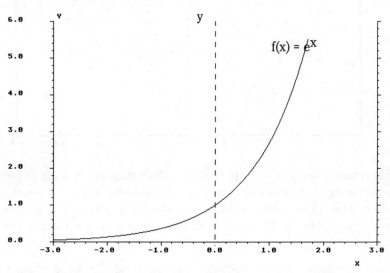

3.2.7.2 Darstellung des Taschenrechners für sehr große und sehr kleine Zahlen

Der Taschenrechner bedient sich bei der Darstellung von sehr großen und sehr kleinen Zahlen der Exponentialfunktion 10^X. So steht der

Ausdruck: $4{,}3^{-04}$ für $4{,}3 * 10^{-4} = \dfrac{4{,}3}{10^4} = 0{,}00043$

und $2{,}76^{\,11}$ steht für $2{,}76 * 10^{11} = 276.000.000.000$

3.2.7.3 Rechenregeln für Exponenten

1) $a^n * a^m = a^{n+m}$

Diese Regel läßt sich an einem Beispiel gut verdeutlichen:

$a^2 * a^3 = a*a * a*a*a = a^5$ (es soll ja gerade 5 mal a mit sich selbst malgenommen werden)

Manchmal wird auch eine extra Regel für Quotienten definiert:

$$\frac{a^n}{a^m} = a^{n-m}$$

diese ergibt sich aber sofort aus der zuerst angeführten Regel (da die Division die inverse Operation zur Multiplikation ist, lassen sich auf ähnliche Weise alle "extra" Regeln für Quotienten auf die Regeln für die Multiplikation zurückführen):

$$\frac{a^n}{a^m} = a^n * a^{-m} = a^{n+(-m)} = a^{n-m}$$

2) $(a^n)^m = a^{n*m}$

Auch diese Regel kann gut an einem Beispiel verdeutlicht werden:

$$(a^4)^3 = (a*a*a*a)^3 = \underbrace{(a*a*a*a)}_{4\ a's} * \underbrace{(a*a*a*a)}_{4\ a's} * \underbrace{(a*a*a*a)}_{4\ a's} = a^{4*3} = a^{12}$$

3 mal 4 a's

3.2.7.4 Umkehrfunktion zur Exponentialfunktion

Die Umkehrfunktion erhält man, indem man die Variablen vertauscht und dann wieder nach y auflöst. Für die Funktion $y = 10^x$ ergibt sich demnach:

$$x = 10^y$$

Wie kann dieser Ausdruck nun nach y aufgelöst werden?

Mit den bisher behandelten mathematischen Verfahren ist dies nicht möglich. Für viele Problemstellungen ist es aber notwendig, eine Umkehrfunktion zur Exponentialfunktion zu haben. Da sich der Ausdruck aber
mit schon bekannten Umformungen nicht auflösen läßt, muß eine neue
Funktion definiert werden, die dies tut. Diese neu zu definierende Funktion ist der **Logarithmus.**
Man schreibt nun statt $10^y = x$:

$$\log_{10} x = y$$

Wobei der Logarithmus eben als die Funktion definiert wird, die den
vorherigen Ausdruck nach y auflöst. Die Fragestellung bei dem Logarithmus bleibt also weiterhin: 10 hoch wieviel ist gleich x? Dies sei an drei
Beispielen verdeutlicht:

$$\log_{10} 100 = 2 \text{ (10 hoch wieviel ist gleich 100? } 10^2 \text{ ist gleich 100)}$$

$$\log_{10} 10.000 = 4$$

$$\log_{10} 0,01 = -2 \ (10^{-2} = \frac{1}{10^2} = 0,01)$$

Die nach unten gesetzte Zahl gibt an, zu welcher Exponentialfunktion
der jeweilige Logarithmus die Umkehrfunktion ist. Diese Zahl nennt man
auch die Basis des Logarithmus. Nachfolgend wird noch ein Logarithmus
zur Basis 2 berechnet:

$$\log_2 32 = 5 \text{ (denn } 2^5 \text{ ist 32)}$$

Wenn nur "log" ohne Angabe einer Basis oder auch lg geschrieben wird,
so ist dies eine abkürzende Schreibweise für $\log_{10}$. Für den Logarithmus zur Basis e gibt es auch noch eine besondere Bezeichnung:

$$\log_e(x) = \ln(x)$$

Diesen Logaritmus nennt man auch den natürlichen Logarithmus. Aus
den gleichen Gründen, aus denen die e-Funktion die wichtigste Exponentialfunktion ist, ist der natürliche Logarithmus (er ist gerade die Umkehrfunktion zur e-Funktion) der wichtigste Logarithmus. Die Taschenrechner haben den 10er Logaritmus und den natürlichen Logarithmus als
Funktion.

Nachfolgend eine Zeichnung des natürlichen Logarithmus:

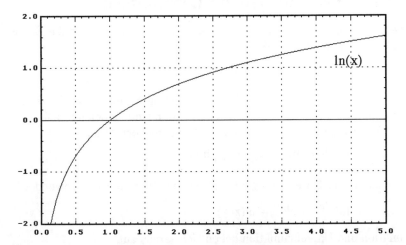

Wie alle Logarithmen ist der ln nur für positive x-Werte definiert. Die Fragestellung hinter dem natürlichen Logarithmus lautet: e hoch wieviel ist x. Da e positv ist, ist auch jede beliebige Potenz von e positiv. Somit kann x nur positiv sein.

Wie bei allen Funktionen ergibt sich die Umkehrfunktion als Spiegelung der Funktion an der 45⁰ Linie:

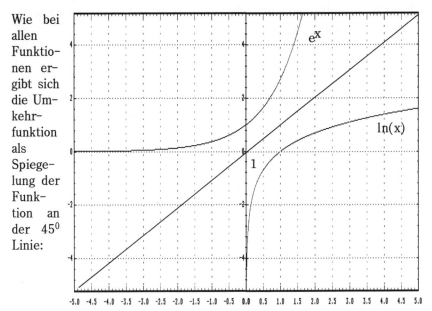

3.2.7.5 Rechenregeln für Logarithmen

Diese Regeln werden nachfolgend aus den Rechenregeln für die Exponentialfunktion hergeleitet:

1) $\ln x + \ln y = \ln(e^{\ln x + \ln y})$

Es wurde der Logarithmus und die e–Funktion eingefügt. Da diese beiden Funktion und zugehörige Umkehrfunktion sind, heben sie sich in ihrer Wirkung gerade auf, so daß die Umformumg korrekt ist.

$$\ln(e^{\ln x + \ln y}) = \ln(e^{\ln x} * e^{\ln y})$$

Hier wurde die 1. Rechenregel für Exponentialfunktionen angewendet.

$$\ln(e^{\ln x} * e^{\ln y}) = \ln(x * y)$$

Funktion und Umkehrfunktion heben sich gerade auf.

Es gilt also:

$$\ln(x * y) = \ln x + \ln y$$

Für einen Quotienten ergibt sich auf analoge Weise:

$$\ln(\frac{x}{y}) = \ln x - \ln y$$

2) $\ln(x^y) = \ln((e^{\ln x})^y)$

Hier wurden wieder e–Funktion und Logarithmus eingefügt. $e^{\ln x}$ ist gerade x.

$$\ln((e^{\ln x})^y) = \ln(e^{y * \ln x})$$

Hier wurde die zweite Regel für Exponentialfunktionen benutzt.

$$\ln(e^{y * \ln x}) = y * \ln x$$

ln und e–Funktion heben sich wieder gegenseitig auf. Es gilt also folgende Regel:

$$\ln(x^y) = y * \ln x$$

3.2.8 Trigonometrische Funktionen

Dies sind die Funktionen sinx, cosx und tanx. Diese Funktionen zeichnen sich vor allem durch ihr periodisches Verhalten aus. In der Ökonomie spielen die Trigonometrischen Funktionen daher eigentlich nur in der Konjunkturtheorie eine Rolle.

3.2.8.1 Die Sinusfunktion

Bei der nachfolgenden Abbildung der Sinusfunktion ist der periodische Verlauf sehr gut zu erkennen. Nach 2Π (360^0) wiederholt sich der Verlauf der Funktion. Wenn man also zu dem Argument der Funktion (dem x-Wert) 2Π addiert, so ergibt sich der gleiche Funktionswert (y-Wert) wie zuvor. Die Funktionswerte schwanken zwischen -1 und 1.

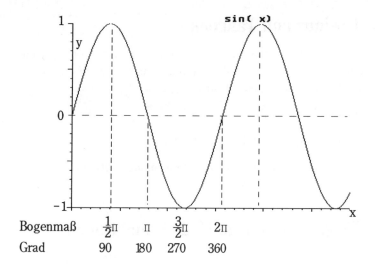

3.2.8.2 Winkelmaße - Bogenmaß(rad) und Gradmaß(deg)

Winkel können in verschiedenen Einheiten gemessen werden. Den meisten ist das Gradmaß wohl vertraut, hierbei wird "einmal ganz rum" als 360° definiert. Wenn der Taschenrechner auf deg gestellt ist, rechnet er im Gradmaß. Beim Bogenmaß wird der Winkel durch die Länge des Bogens auf dem Einheitskreis (Kreis mit dem Radius 1), die er überstreicht, festgelegt. "Einmal ganz rum" ist hierbei also gerade als der Umfang des Einheitskreises definiert. Da für den Umfang eines Kreises gerade gilt U = 2πr und hier r gleich 1 ist, ergibt sich also im Bogenmaß für einen Winkel von 360° ein Wert von 2π. Wenn etwa bei Integralaufgaben Trigonometrische Funktionen auftauchen, so muß im Bogenmaß gerechnet werden, der Taschenrechner muß also auf "rad" geschaltet sein.

3.2.8.3 Cosinus und Tangens

Der Cosinus verläuft fast genauso wie der sinus, er ist nur um $\frac{\pi}{2}$ nach links verschoben. Dies bedeutet, daß wenn man zum Argument des sinus $\frac{\pi}{2}$ addiert, sich gerade der cosinus ergibt:

$$\sin(x + \frac{\pi}{2}) = \cos(x)$$

Somit hat auch der cosinus eine Periode von 2π.

Der tangens ist als Quotient aus dem sinus und cosinus definiert:

$$\tan x = \frac{\sin x}{\cos x}$$

3.2.8.4 Trigonometrische Umkehrfunktionen

Die Umkehrfunktionen zu den Trigonometrischen Funktionen sind natürlich nur für injektive (eindeutige) Abschnitte der jeweiligen Trigonometrischen Funktion definiert. Für das betrachtete Intervall ergibt sich auch hier die Umkehrfunktion als die Spiegelung an der Winkelhalbierenden. Die Umkehrfunktionen nennt man:

arcsin, arccos und arctan

Bei dem Taschenrechner kann man diese Funktionen meist anwählen, indem man zuerst die Inverstaste und dann die jeweilige Funktionstaste wählt. Hierbei liefert der Taschenrechner den jeweiligen Winkel aus dem Intervall zwischen -90^0 und 90^0. D.h. er hat die Umkehrfunktion zu diesem Intervall gespeichert.

3.3 Steigung einer Funktion

Die Steigung einer Funktion gibt an, wie steil sie ist, also wieviel Einheiten sie nach oben geht, wenn man eine Einheit nach rechts geht. Eine Gerade hat überall die gleiche Steigung, so daß man diese einfach über ein Steigungsdreieck bestimmen kann.

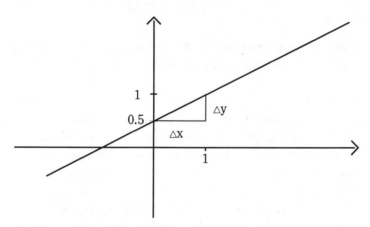

Die abgebildete Gerade geht pro Schritt nach rechts einen halben Schritt nach oben, daher ist die Steigung $\frac{1}{2}$. Formal ergibt sich die Steigung als der Quotient:

$$\frac{\triangle y}{\triangle x}$$

Bei anderen Funktionen als Geraden ist die Steigung überall unterschiedlich, und je nachdem wie groß man $\triangle x$ wählen würde, erhielte man immer einen anderen Wert für die Steigung:

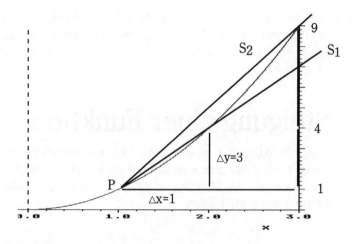

In der Abbildung ist der positive Ast der Normalparabel dargestellt. Es ist klar, daß diese Funktion keine einheitliche Steigung besitzt. Je weiter man nach rechts geht, desto steiler wird die Funktion. Wie kann nun die Steigung in einem Punkt bestimmt werden? Für den Punkt P sind zwei Steigungsdreiecke eingezeichnet. Bei dem kleinerem Steigungsdreieck ergibt sich eine Steigung von $\frac{3}{1}$ = 3. Dieses entspricht der Steigung der eingezeichneten Geraden S_1. Wenn man dagegen ein größeres Steigungsdreieck einzeichnet, so ergibt sich in diesem Fall auch eine größere Steigung. Wenn man etwa von x=1 bis x=3 geht, so ergibt sich für die Steigung: $\frac{8}{2}$ = 4, dies ist die Steigung der Geraden S_2. Je nachdem wie groß man das Steigungsdreieck wählt, erhält man also auch unterschiedliche Ergebnisse für die Steigung. Welches ist aber nun der richtige Wert für die Steigung? Wie in der Graphik gezeigt ist, gibt es zu jedem Steigungsdreieck eine Gerade, die genau die durch das Steigungsdreieck definierte Steigung besitzt. Daher läßt sich die zuvor gestellte Frage auch so formulieren: Welche Gerade hat genau die gleiche Steigung wie die Funktion in dem Punkt P?

Die eingezeichneten Geraden sind beide steiler als die Funktion in dem Punkt P. Die Gerade S_1 weicht aber weniger von dem richtigem Wert ab als die Gerade S_2. Wenn man sich nun vorstellt, immer kleinere Steigungsdreiecke einzuzeichnen, so wird die Steigung der dazugehörigen

Geraden immer kleiner, wobei sie aber immer noch größer sein wird als die Steigung der Funktion in dem Punkt P. Je kleiner die Steigungsdreiecke werden, desto näher kommt man an den Wert für die Steigung der Funktion in dem Punkt P heran. **Als Grenzwert für unendlich kleine Steigungsdreiecke erhält man also den richtigen Wert für die Steigung im Punkt P.** Die sich dabei ergebende Gerade ist genau die Tangente (Berührende) der Funktion im Punkt P. Es muß also folgender Grenzwert bestimmt werden:

$$\lim_{\triangle x \to 0} \frac{\triangle y}{\triangle x}$$

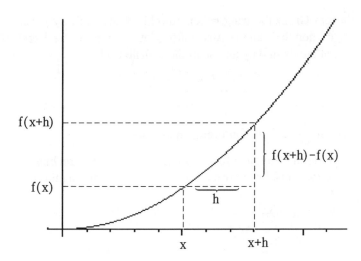

In obiger Darstellung ist die Breite des Steigungsdreiecks ($\triangle x$) mit h bezeichnet. Es wird die Steigung der Funktion an der Stelle x gesucht. Der Funktionswert bei x ist f(x) und der bei x+h entsprechend f(x+h). Die Steigung der Funktion im Punkte x erhält man nun, wenn man h unendlich klein werden läßt. Hierbei ergibt sich für die Steigung also folgender Grenzwert:

$$\lim_{h \to 0} \frac{f(x+h) - f(x)}{(h+x) - x} = \lim_{h \to 0} \frac{f(x+h) - f(x)}{h}$$

Dieser Grenzwert wird nun für die zuvor angeführte Funktion: $f(x) = x^2$ berechnet:

$$\lim_{h \to 0} \frac{(x+h)^2 - x^2}{h} = \lim_{h \to 0} \frac{x^2 + 2xh + h^2 - x^2}{h} = \lim_{h \to 0} \frac{2xh + h^2}{h}$$

Da h zwar gegen Null geht, aber nicht Null wird, kann h gekürzt werden. Somit ergibt sich:

$$\lim_{h \to 0} (2x + h) = 2x$$

Somit ergibt sich also für die Funktion $f(x) = x^2$ die Steigung 2x. Die Steigung einer Funktion nennt man auch **Ableitung** der Funktion und bezeichnet sie mit f'(x) (sprich: f Strich von x). Für die Ableitung gibt es noch eine andere Bezeichnung. Sie ergab sich als der Grenzwert:

$$\lim_{\Delta x \to 0} \frac{\Delta y}{\Delta x}$$

Bei diesem Grenzübergang gehen sowohl Δx als auch Δy gegen 0. Für derartige unendlich kleine Abschnitte gibt es eine eigene Bezeichnung, man nennt sie dx und dy und schreibt deshalb auch:

$$\lim_{\Delta x \to 0} \frac{\Delta y}{\Delta x} = \frac{dy}{dx} = f'(x)$$

dx und dy nennt man auch **Differentiale.** Daher bezeichnet man den Quotienten $\frac{dy}{dx}$ auch als **Differentialquotienten.**

Zuvor wurde die Steigung für die Funktion $f(x) = x^2$ berechnet. Nachfolgend wird das Verfahren für die Funktion $f(x) = x^3$ durchgeführt:

$$\lim_{h \to 0} \frac{f(x+h) - f(x)}{h} = \lim_{h \to 0} \frac{(x+h)^3 - x^3}{h}$$

$$= \lim_{h \to 0} \frac{x^3 + 3x^2h + 3xh^2 + h^3 - x^3}{h} = \lim_{h \to 0} (3x^2 + 3xh + h^2) = 3x^2$$

Wenn eine Funktion in einem bestimmten Intervall durchgehend eine positive Steigung hat, so spricht man auch von einer **monoton steigenden Funktion.** Eine monoton steigende Funktion kann an bestimmten Stellen eine Steigung von Null haben. Ist die Steigung überall größer als Null, so nennt man die Funktion **streng monoton steigend.**

Entsprechend sind Funktionen, die auf einem Intervall immer eine negative Steigung (oder eine von Null) haben, **monoton fallend** auf dem betrachteten Intervall. Ist die Steigung auch nirgends Null, so sind sie **streng monoton fallend.**

3.4 Ableitungen verschiedener Funktionen

3.4.1 Ableitung für Potenzen von x

Bei den beiden Beispielen läßt sich schon ein bestimmtes Schema erkennen (dies wird den meisten wohl noch bekannt sein): Die Zahl im Exponenten wird "vor" den Ausdruck geschrieben, und der Exponent wird um eins reduziert. Es läßt sich beweisen, daß sich auf diese Weise alle Potenzen von x differenzieren (ein anderer Ausdruck für ableiten) lassen. Es gilt also ganz allgemein für

$f(x) = x^b$ ist $f'(x) = b*x^{b-1}$ mit $b \in \mathbb{R} \backslash \{0\}$ (b Element $\mathbb{R}$ **ohne** Null)

Die Null muß ausgeschlossen werden, denn x^0 ist 1. Für b=0 würde die Funktion also lauten f(x) = 1. Der y-Wert dieser Funktion ist also immer eins, egal wie groß x ist. Somit handelt es sich hierbei um eine waagerechte Gerade:

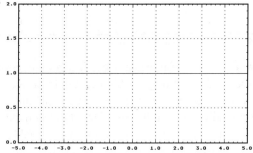

Die Steigung einer derartigen Funktion ist natürlich Null.

3.4.2 Ableitungen mit Faktoren

Angenommen, es sei $3*x^3$ abzuleiten. Was verändert die 3 bei der Ableitung gegenüber der Ableitung von x^3? In nachfolgender Zeichnung sind die beiden Funktionen abgebildet:

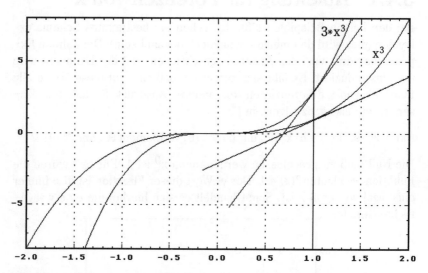

Für x=1 sind zu beiden Funktionen die Tangenten gezeichnet. Es ist deutlich sichtbar, daß die Steigung bei der Funktion $3x^3$ viel größer ist. Sie ist genau dreimal so groß wie bei der anderen Funktion. Dieser Zusammenhang gilt allgemein, d.h. wird eine Funktion mit einem Faktor multipliziert, so ist ihre Steigung genau um diesen Faktor größer als die Steigung der ursprünglichen Funktion. Dies bedeutet, **daß Faktoren beim Ableiten einfach stehen bleiben.** Es gilt also:

$$(a*f(x))' = a*f\,'(x)$$

3.4.3 Ableitungen für Sinus- und Cosinusfunktion

Auch für diese Funktionen läßt sich, wie zuvor beschrieben, ein Grenzwert bilden und so die Ableitung bestimmen. Es ergeben sich folgende Regeln:

$$f(x) = \sin(x) \qquad f'(x) = \cos(x)$$

$$g(x) = \cos(x) \qquad g'(x) = -\sin(x)$$

3.4.4 Ableitungen von Exponentialfunktionen

Wie schon angesprochen, ist die e–Funktion die einzige Funktion, deren Funktionswerte gleichzeitig die Steigung an der jeweiligen Stelle angeben (wenn man es ganz genau nimmt, gilt dies allerdings auch noch für die Funktion y=0). Daher ist die e–Funktion ihre eigene Steigung. Es gilt also:

$$f(x) = e^x \qquad f'(x) = e^x$$

Andere Exponentialfunktionen lassen sich durch die Kenntnis der Ableitung der e–Funktion ableiten. Hierzu formt man sie mittels der e–Funktion und des natürlichen Logarithmus um:

$$f(x) = a^x = e^{\ln(a^x)} = e^{x * \ln a}$$

Hierbei wurde zunächst die e–Funktion und ihre Umkehrfunktion eingefügt und danach die 2. Rechenregel für Logarithmen benutzt. Der nun entstandene Ausdruck kann mittels der Kettenregel abgeleitet werden. Die entsprechende Ableitung wird in dem Abschnitt zur Kettenregel berechnet.

3.4.5 Ableitung von Umkehrfunktionen

Die Ableitung einer Funktion kann mittels der Ableitung der Umkehrfunktion berechnet werden. Die Ableitung einer Funktion lautet:

$$f'(x) = \frac{dy}{dx}$$

Diesen Term kann man umformen:

$$\frac{dy}{dx} = \frac{1}{\frac{dx}{dy}}$$

Auf der rechten Seite wird 1 durch einen Bruch geteilt. Durch einen Bruch teilt man, indem man mit dem Kehrwert malnimmt. Auf diese Weise ergibt sich wieder der Term auf der rechten Seite der Gleichung.

$\frac{dx}{dy}$ ist nun gerade die Ableitung der Umkehrfunktion, es gilt:

$$(f^{-1}(y))' = \frac{dx}{dy}$$

Somit gilt für die Ableitung einer Funktion:

$$f'(x) = \frac{1}{(f^{-1}(y))'}$$

Die Ableitung einer Funktion ergibt sich also indem man die Ableitung der Umkehrfunktion bildet und dann das Ergebnis in den Nenner schreibt.

Für die Ableitung des **natürlichen Logarithmus** ergibt sich nun mittels der Ableitungsregel für Umkehrfunktionen:

Die Umkehrfunktion zum lnx ist die Funktion $x = e^y$ und die Ableitung von e^y ist wieder e^y. Also folgt:

$$f'(x) = \frac{d\ln(x)}{dx} = \frac{1}{(e^y)'} = \frac{1}{e^y}$$

Nun hatte sich für die Umkehrfunktion aber gerade ergeben: $x = e^y$, somit kann man den letzten Ausdruck weiter umformen:

$$\frac{1}{e^y} = \frac{1}{x}$$

Also gilt:

$g(x) = \ln(x)$

$g'(x) = \dfrac{1}{x}$

Nebenstehend ist der ln und seine Ableitung, eben $\dfrac{1}{x}$, graphisch dargestellt:

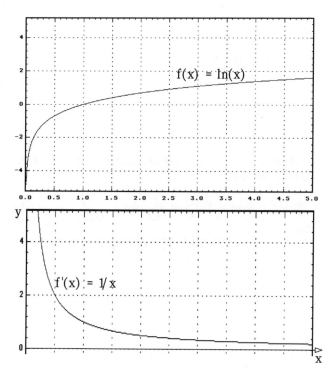

Die Zeichnung ist natürlich kein Beweis dafür, daß $\dfrac{1}{x}$ die Ableitung des ln ist, aber es läßt sich doch erkennen, daß $\dfrac{1}{x}$ den qualitativen Verlauf der Steigung des ln gut widerspiegelt. Bei sehr kleinen x-Werten steigt der ln sehr stark an, entsprechend liefert $\dfrac{1}{x}$ hier sehr große Funktionswerte. Bei sehr großen x-Werten wird der ln sehr flach und hat somit eine sehr geringe Steigung. Entsprechend liefert $\dfrac{1}{x}$ bei sehr großen x-Werten sehr niedrige Funktionswerte.

Ähnlich wie bei Exponentialfunktionen, kann man Logarithmen mit einer anderen Basis als e durch geschickte Umformungen auf den ln zurückführen:

$\log_a x = y = f(x)$, dieser Ausdruck steht für die Frage: a hoch wieviel ist gleich x, also $a^y = x$. Diesen Ausdruck kann man nun umformen:

$a^y = x \mid \ln$ (beide Seiten werden logarithmiert)

$$\Leftrightarrow \ln(a^y) = \ln x \Leftrightarrow y * \ln a = \ln x \mid /\ln a \Leftrightarrow y = \frac{1}{\ln a} \ln x$$

Also gilt $f(x) = \log_a x = \frac{1}{\ln a} \ln x$

Da die Funktion nur von x abhängt, ist a eine Konstante und somit auch $\frac{1}{\ln a}$. Dieser Ausdruck muß also beim Ableiten wie ein konstanter Faktor behandelt werden. Also ergibt sich für die Ableitung:

$$f'(x) = \frac{1}{\ln a} * \frac{1}{x}$$

Nachfolgend sei dies Ergebnis noch einmal für einen bestimmten Wert von a verdeutlicht:

$$f(x) = \log_2 x = \frac{1}{\ln 2} \ln x = \frac{1}{0,69} \ln x = 1,44 * \ln x$$

$$\Rightarrow f'(x) = 1,44 * \frac{1}{x} = \frac{1}{\ln 2} * \frac{1}{x}$$

3.5 Ableitungen von verknüpften Funktionen

3.5.1 Ableitungen von Summen und Differenzen

Die Steigung einer Funktion in einem Punkt ist durch die Steigung der Tangenten an die Funktion in dem entsprechenden Punkt definiert. Was passiert nun mit der Steigung, wenn man zwei Funktionen addiert? Nachfolgend sind die Funktionen $f(x) = x^2$ und $g(x) = \sqrt{x}$ dargestellt. Beide Funktionen haben in dem dargestellten Bereich eine positive Steigung. Wenn man die Funktionen nun addiert, so steigt die dabei entstehende Funktion stärker als die einzelnen Funktionen. In der zweiten Graphik sind die beiden Funktionen addiert.

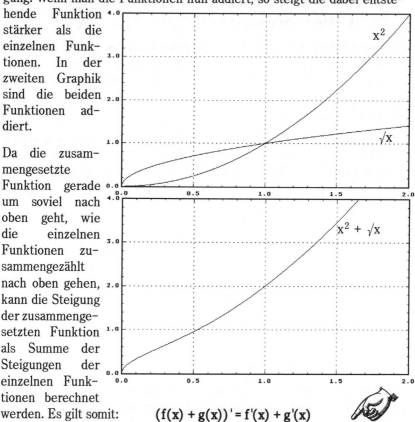

Da die zusammengesetzte Funktion gerade um soviel nach oben geht, wie die einzelnen Funktionen zusammengezählt nach oben gehen, kann die Steigung der zusammengesetzten Funktion als Summe der Steigungen der einzelnen Funktionen berechnet werden. Es gilt somit:

$$(f(x) + g(x))' = f'(x) + g'(x)$$

3.5.2 Kettenregel

Wenn verschiedene Funktionsvorschriften nacheinander ausgeführt werden, spricht man von verketteten Funktionen. Z.B. ist die Funktion $f(x) = (sin(x))^2$ eine verkettete Funktion. Zunächst wird die sinus-Funktion auf das x angewendet, und auf das Ergebnis dieser Berechnung wird dann die Funktion "hoch 2" angewendet. Die Funktion kann auch durch die verketteten Funktionen beschrieben werden: $f(x) = g(h(x))$ (g von h von x), wobei für diesen Fall gilt:

$$h(x) = sin(x) \text{ und } g(x) = x^2$$

Hier wurde die Funktionsvariable jeweils mit x bezeichnet. Intuitiv wird die Verkettung etwas klarer, wenn man die Verkettung auch schon in der Benennung der Variablen ausdrückt:

$$y = h(x) = sin(x) \text{ und } g(y) = y^2$$

Hier wird bereits durch die Benennung der Variablen klar, daß das Ergebnis der ersten Funktion (y) in die zweite Funktion als Variable eingesetzt werden soll. Aber da die Bezeichnung von Variablen für das Ergebnis egal ist, kann es durchaus sein, daß bei beiden Funktionen die Variable mit x bezeichnet wird.

Die Kettenregel besagt nun, daß sich die Ableitung einer verketteten Funktion als das Produkt der Ableitungen der äußeren Funktion und der inneren Funktion ergibt. In diesem Fall ist y^2 die äußere und $sin(x)$ die innere Funktion. Somit ergibt sich als Ableitung:

$$f'(x) = \quad 2y \quad * \quad cos(x)$$
äußere Ableitung   innere Ableitung

Die verkettete Funktion hängt nur von der Variablen x ab. In obigem Ausdruck tauchen aber als Variable x und y auf. y muß nun noch entsprechend der inneren Funktion (y=sin(x)) ersetzt werden. Somit ergibt sich insgesamt:

$$f'(x) = \quad 2*sin(x) \quad * \quad cos(x)$$
äußere Ableitung   innere Ableitung

Man kann sich auch zuerst die äußere und die innere Ableitung einzeln hinschreiben und die Terme dann erst zusammenfügen. In diesem Fall würde sich auf diese Weise für die Lösung der Aufgabe folgendes ergeben:

$$f(x) = (\sin(x))^2 = g(h(x))$$

mit $y = h(x) = \sin(x)$ und $g(y) = y^2$

die einzelnen Ableitungen lauten nun;

$$h'(x) = \cos(x) \text{ und } g'(y) = 2y \Leftrightarrow g'(x) = 2*\sin(x)$$

Somit ergibt sich für $f'(x)$:

$$f'(x) = g'(x) * h'(x) = 2*\sin(x) * \cos(x)$$

Formal geschrieben, lautet die Kettenregel folgendermaßen:

$g(h(x))' = g'(h(x)) * h'(x)$

Zur Unterscheidung von innerer und äußerer Funktion:

Die innere Funktion ist immer der "Ausdruck", der zuerst auf das x angewendet werden muß. In obigem Beispiel lautete die Funktion:

$$f(x) = (\sin(x))^2$$

Hier muß zunächst der sinus von x gebildet werden, also ist $\sin(x)$ die innere Funktion. Nachfolgend wird die Funktion leicht modifiziert:

$$f(x) = \sin(x^2)$$

Hier muß das x zunächst quadriert werden. Also ist die innere Funktion nun $h(x) = x^2$. Nachfolgend noch ein anderes Beispiel:

$$f(x) = \ln(3x)$$

Das x muß zunächst mit 3 multipliziert werden, bevor der ln auf das Ergebnis angewendet wird. Daher lautet die innere Funktion $h(x) = 3x$ und die äußere entsprechend $g(y) = \ln y$.

Wenn mehr als zwei Funktionen miteinander verkettet sind, so muß die Kettenregel mehrfach angewendet werden. Angenommen, es sei folgender Ausdruck zu differenzieren:

$$f(x) = \sin(\ln(x^2))$$

Die äußerste Funktion ist in diesem Fall der sinus. Die äußerste Funktion sei nun wieder g(y) und der restliche Ausdruck sei h(x). Also gilt:
g(y) = sin(y) und y = h(x) = ln(x²)

Nun gilt:

$$g'(y) = \cos(y) \Leftrightarrow g'(x) = \cos(\ln(x^2))$$

Nun muß noch h(x) abgeleitet werden. h(x) besteht nun aber aus der Verkettung von 2 Funktionen, so daß hier nochmals die Kettenregel angewendet werden muß:

$$h(x) = k(z(x)) \text{ mit } k(y) = \ln(y) \text{ und } y = z(x) = x^2$$

$$k'(y) = \frac{1}{y} \Leftrightarrow k'(x) = \frac{1}{x^2}$$

$$z'(x) = 2x$$

Also: $\quad h'(x) = \frac{1}{x^2} * 2x = \frac{2}{x}$

Somit ergibt sich für f':

$$f'(x) = \cos(\ln(x^2)) * h'(x) = \cos(\ln(x^2)) * \frac{2}{x}$$

Die Ableitung von beliebigen Exponentialfunktionen (Funktionen, bei denen die Variable im Exponenten steht) läßt sich nun auch mit Hilfe der Kettenregel berechnen. In Abschnitt 3.4.4 wurde folgende Umformung hergeleitet:

$$f(x) = a^x = e^{\ln(a^x)} = e^{x * \ln(a)}$$

Die Funktion hängt nur von x ab. a ist eine beliebige Konstante. ln(a) ist daher auch eine Konstante und kann somit bei der Ableitung wie ein Faktor behandelt werden. Für die Ableitung ergibt sich nun:

$$f'(x) = e^{x * \ln(a)} * \ln(a)$$
$$ \text{äußere} \quad \text{innere} \;\; \text{Ableitung}$$

3.5.3 Produktregel

Die Ableitung bei Produkten von Funktionen ist nicht ganz so einfach wie bei Summen oder Differenzen. Für die Produkte von Funktionen läßt sich die **Produktregel** herleiten, die folgendermaßen lautet:

$$(g*h)' = g'*h + g*h'$$

Man kann sich die Regel so merken, daß einmal die eine Funktion abgeleitet und mit der anderen multipliziert wird und zu diesem Term ein Term addiert wird, bei dem die andere Funktion abgeleitet und mit der ersten Funktion multipliziert wird.

Nachfolgend sei dies an einigen Beispielen verdeutlicht:

$$f(x) = \sin(x) * x^2$$

$$g(x) * h(x)$$

Der $\sin(x)$ ist hier also die erste Funktion, und diese wird mit der Funktion x^2 multipliziert. Wer sich bei der Anwendung der Produktregel nicht so sicher ist, sollte nun zunächst die einzelnen Funktionen und ihre Ableitungen bilden:

$$g(x) = \sin(x) \qquad g'(x) = \cos(x)$$

$$h(x) = x^2 \qquad h'(x) = 2x$$

Nun folgt nach der Produktregel für die Ableitung von f:

$$f'(x) = g'(x)*h(x) + g(x)*h'(x) = \cos(x)*x^2 + \sin(x)*2x$$

$$= (\cos(x)*x + \sin(x)*2)*x$$

In der letzten Zeile wurde x ausgeklammert.

In dem nachfolgenden Beispiel könnte man auch zuerst die Klammern ausmultiplizieren und dann erst ableiten. Auf diese Weise könnte die Aufgabe auch ohne die Anwendung der Produktregel gelöst werden. Hier wird sie aber über die Produktregel ausgerechnet:

$$f(x) = (2x - 3) * (x^2 - x + 5)$$

$$f'(x) = 2*(x^2 - x + 5) + (2x - 3)*(2x - 1)$$

$$= 2x^2 - 2x + 10 + 4x^2 - 2x - 6x + 3 = 6x^2 - 10x + 13$$

Die Produktregel kann auch angewendet werden, wenn mehr als zwei Funktionen miteinander multipliziert werden. Angenommen, es sei folgende Funktion abzuleiten:

$$f(x) = e^x * \sin(x) * \ln(x)$$

Man kann nun auch um das erste Produkt eine Klammer setzen:

$$f(x) = [e^x * \sin(x)] * \ln(x)$$

(Da bei der Multiplikation das Assoziativgesetz (Klammervertauschungsgesetz) gilt, hätte man auch das zweite Produkt einklammern können)

Nun kann man den ganzen Ausdruck in der Klammer als g(x) auffassen und ln(x) als h(x) und die Produktregel anwenden:

$$f'(x) = [e^x * \sin(x)]' * \ln(x) + [e^x * \sin(x)] * \frac{1}{x}$$

Die vordere Klammer muß nun noch abgeleitet werden (dies ist durch den Strich hinter der Klammer gekennzeichnet). Für die Ableitung dieser Klammer muß nun wieder die Produktregel angewendet werden:

$$f'(x) = [e^x * \sin(x) + e^x * \cos(x)] * \ln(x) + [e^x * \sin(x)] * \frac{1}{x}$$

$$= [\sin(x) + \cos(x)] * \ln(x) * e^x + e^x * \sin(x) * \frac{1}{x}$$

$$= \left[[\sin(x) + \cos(x)] * \ln(x) + \sin(x) * -\frac{1}{x} \right] * e^x$$

Das Ausklammern von gemeinsamen Termen ist vor allem dann sinnvoll, wenn untersucht werden soll, wann die erste Ableitung Null wird.

Wie schon mehrfach erwähnt, ist die Division die inverse Operation zur Multiplikation. Daher läßt sich auch jeder Quotient über die Produktregel ableiten. Hierzu muß er nur in ein Produkt umgeschrieben werden:

$$f(x) = \frac{x^2 + x}{\sin(x)} = (x^2 + x) * [\sin(x)]^{-1}$$

Nun kann mittels der Produktregel abgeleitet werden, wobei allerdings bei dem zweiten Ausdruck beachtet werden muß, daß dieser eine Verkettung der Funktionen sin(x) und "hoch -1" ist.

$$f'(x) = (2x+1) * [\sin(x)]^{-1} + (x^2 + x) * (-1) * [\sin(x)]^{-2} * \cos(x)$$

äußere Ableitung   innere Ableitung

$$= \frac{2x+1}{\sin(x)} - \frac{(x^2+x)*\cos(x)}{[\sin(x)]^2}$$

Diesen Term könnte man nun noch auf den Hauptnenner bringen. In diesem Fall bringt das aber keine große Vereinfachung. Häufig ergeben sich aber Terme, die man für die weitere Berechnung auf den Hauptnenner bringen muß. Daher macht es Sinn, für Quotienten eine extra Ableitungsregel zu definieren, bei der der ganze Ausdruck schon auf den Hauptnenner gebracht ist. Diese Regel nennt man Quotientenregel.

3.5.4 Quotientenregel

Aus dem zuvor Dargelegten ergibt sich, daß sich die Quotientenregel relativ leicht aus der Produktregel herleiten läßt. Dieses wird zunächst durchgeführt:

$$f(x) = \frac{g(x)}{h(x)} = g(x) * [h(x)]^{-1}$$

$$f'(x) = g'(x) * [h(x)]^{-1} + g(x)*(-1)*[h(x)]^{-2}*h'(x)$$

Den Ausdruck kann man nun wieder als Bruch schreiben und ihn dann auf den Hauptnenner bringen:

$$f'(x) = \frac{g'(x)}{h(x)} - \frac{g(x)*h'(x)}{[h(x)]^2} = \frac{g'(x)*h(x)}{[h(x)]^2} - \frac{g(x)*h'(x)}{[h(x)]^2}$$

$$= \frac{g'(x)*h(x) - g(x)*h'(x)}{[h(x)]^2}$$

Somit lautet die **Quotientenregel**:

$$f'(x) = \frac{g'(x)*h(x) - g(x)*h'(x)}{[h(x)]^2}$$

Nachfolgend wird eine Ableitung mit der Quotientenregel berechnet:

$$f(x) = \frac{x^3+2x}{x^2-6}$$

Also gilt:

$$g(x) = x^3 + 2x \qquad g'(x) = 3x^2 + 2$$

$$h(x) = x^2 - 6 \qquad h'(x) = 2x$$

$$f'(x) = \frac{(3x^2+2)*(x^2-6) - (x^3+2x)*2x}{(x^2-6)^2}$$

$$= \frac{3x^4 - 18x^2 + 2x^2 - 12 - 2x^4 - 4x^2}{(x^2-6)^2} = \frac{x^4 - 20x^2 - 12}{(x^2-6)^2}$$

Man hätte diese Aufgabe natürlich auch direkt über die Produktregel lösen können. Hierbei hätte man den Term $f(x) = (x^3+2x)*(x^2-6)^{-1}$ mittels der Produktregel ableiten müssen.

3.6   Ableitungsübersicht

Nachfolgend wird eine Übersicht über die wichtigsten Ableitungen gegeben. Diese wurden zuvor fast alle behandelt. Funktionen, vor denen ein ⇒ steht, können mittels der angegebenen Umformungen und der zuvor angeführten Regel abgeleitet werden.

Funktion	Ableitung
$f(x)$	$f'(x)$
a	0
$x^n \quad n \in \mathbb{R} \setminus \{0\}$	$n*x^{n-1}$
$\Rightarrow \sqrt{x} = x^{\frac{1}{2}}$	$\frac{1}{2}*x^{-\frac{1}{2}}$
$\Rightarrow \frac{1}{x} = x^{-1}$	$-\frac{1}{x^2}$
$\ln(x)$	$\frac{1}{x}$
$\Rightarrow \log_a x = \frac{1}{\ln a} \ln x$	$\frac{1}{\ln a} * \frac{1}{x}$
$\sin(x)$	$\cos(x)$
$\cos(x)$	$-\sin(x)$
$\tan(x)$	$\frac{1}{\cos^2 x}$
e^x	e^x
$\Rightarrow a^x = e^{\ln(a)*x}$	$\ln(a)*e^{\ln(a)*x}$

Wenn die Funktionen mit Konstanten multipliziert werden, so muß auch die Ableitung mit diesen Konstanten multipliziert werden. Summen und Differenzen von Funktionen können einzeln abgeleitet werden, während bei Produkten oder Quotienten die entsprechenden Regeln zu beachten sind. Ebenso ist bei verketteten Funktionen die Kettenregel zu beachten.

3.7   Ableitungsübungen

Die nachfolgenden Ableitungen sollten zunächst eigenständig gelöst werden. Häufig ist es sinnvoll, den Funktionsterm zunächst umzuformen (z.B. $\frac{1}{x} = x^{-1}$ oder $\sqrt{x} = x^{\frac{1}{2}}$). Es soll jeweils nach der Variablen, von der die Funktion abhängt, abgeleitet werden.

1        $f(x) = \frac{1}{x}$

2        $f(x) = e^x * x^2$

3        $f(x) = x^3 * (\ln(x))^2$

4        $f(x) = \frac{1}{\sqrt[4]{x^3}} + \cos(x)$

5        $f(x) = a^3 * x^2$

6        $f(x) = 4^x$

7        $f(x) = \frac{(x^3+x) * \sin(x)}{\ln(x)}$

8        $f(t) = t*x^2 + \sin(x)$

9        $f(x) = x^{-b} + e^{ax} * x^a$

Lösungen:

1        $f(x) = \frac{1}{x} = x^{-1} \Rightarrow f'(x) = -x^{-2} = -\frac{1}{x^2}$

---

2        $f(x) = e^x * x^2 \Rightarrow f'(x) = e^x * 2x + e^x * x^2 = e^x*x*(2+x)$

                    Produktregel   ausklammern

---

3        $f(x) = x^3 * (\ln(x))^2$

$$g(x) \quad h(x)$$

$$g'(x) = 3x^2 \quad h'(x) = 2*\ln(x) * \frac{1}{x}$$

äußere   innere   Ableitung

$$\Rightarrow f'(x) = \underset{g'(x)}{3x^2} * \underset{h(x)}{(\ln(x))^2} + \underset{g(x)}{x^3} * \underset{h'(x)}{2*\ln(x) * \frac{1}{x}}$$

$$= x^2*\ln(x)*(3*\ln(x)+2) \quad x^2*\ln(x) \text{ wurde ausgeklammert}$$

---

4        $f(x) = \frac{1}{\sqrt[4]{x^3}} + \cos(x) = x^{-\frac{3}{4}} + \cos(x)$

$f'(x) = -\frac{3}{4}*x^{-\frac{3}{4}-1} - \sin(x) = -\frac{3}{4}*x^{-\frac{7}{4}} - \sin(x)$

---

5        $f(x) = a^3 * x^2 \Rightarrow f'(x) = a^3*2*x$

Da die Funktion nur von x abhängt, ist a eine Konstante und wird daher beim Ableiten wie irgendeine beliebige Zahl behandelt.

---

6        $f(x) = 4^x = e^{\ln(4^x)} = e^{x*\ln(4)}$

$f'(x) = \ln(4)*e^{x*\ln(4)}$ (diese Ableitung ist am Ende von Abschnitt 3.5.2 näher erklärt)

---

7        $f(x) = \frac{(x^3+x)*\sin(x)}{\ln(x)}$ Hier wird die Quotientenregel

benutzt. Bei der Ableitung des Zählers (g(x)) muß die Produktregel berücksichtigt werden.

$$g(x) = (x^3+x)*\sin(x)$$

$$g'(x) = (3x^2+1)*\sin(x) + (x^3+x)*\cos(x)$$

$$h(x) = \ln(x) \Rightarrow h'(x) = \frac{1}{x}$$

$$\Rightarrow f'(x) = \frac{[(3x^2+1)*\sin(x)+(x^3+x)*\cos(x)]*\ln(x) - \frac{1}{x}*(x^3+x)*\sin(x)}{(\ln(x))^2}$$

$$= \frac{[(3x^2+1)*\sin(x)+(x^3+x)*\cos(x)]*\ln(x) - (x^2+1)*\sin(x)}{(\ln(x))^2}$$

8
$f(t) = t*x^2 + \sin(x) \Rightarrow f'(t) = x^2$
Diese Funktion hat nur t als Variable, daher ist hier x eine
Konstante, und es ergibt sich die angeführte Ableitung.

9
Da die Funktion nicht von a und b abhängt, sind a und b Konstanten. Beim Ableiten müssen a und b also wie "normale Zahlen" behandelt werden. Weiterhin muß bei dieser Aufgabe natürlich die Produkt- und Kettenregel beachet werden:

$f'(x) = -bx^{(-b-1)} + (ae^{ax} * x^a + e^{ax} * ax^{(a-1)})$

$= -bx^{(-b-1)} + ae^{ax}(x^a + x^{(a-1)})$

$= -bx^{(-b-1)} + ae^{ax} * x^{(a-1)} * (x + 1)$

Anmerkung: $x^{(a-1)} * x = x^{(a-1)} * x^1 = x^{(a-1+1)} = x^a$

3.8 Bestimmung von Extremwerten

3.8.1 Einführung

Die meisten werden sich wohl noch an die Kurvendiskussion in der Schule erinnern. Dort war es das Ziel, den qualitativen Verlauf einer Funktion durch die Bestimmung einiger charakteristischer Funktionswerte zu bestimmen. Hierzu wurden die Nullstellen der Funktion, die Nullstellen der ersten Ableitung (Hoch-, Tief- oder Sattelpunkte) und die Nullstellen der zweiten Ableitung (mögliche Wendepunkte) bestimmt.

In der Ökonomie geht es fast immer um die Maximierung (oder auch Minimierung) bestimmter Zielgrößen. Die entscheidende Rolle spielt also die Bestimmung von Hoch- und Tiefpunkten von Funktionen. Wenn die Funktion einen beschränkten Definitionsbereich hat, muß sie auch auf Randextrema hin untersucht werden.

Wie kann man nun herausfinden, an welchen Stellen eine Funktion Extremwerte hat?

3.8.2 Bestimmung von Hoch-, Tief- und Sattelpunkten

Ein Hochpunkt liegt genau dann vor, wenn alle Punkte neben der betrachteten Stelle niedriger als an der Stelle selbst sind. Dieses ist aber nur dann möglich, wenn die Steigung der Funktion an der betrachteten Stelle 0 ist. Auf einem Berggipfel ist die Steigung immer 0, wenn ich mich an einer Stelle befinde, wo die Steigung nicht 0 ist, so bin ich noch nicht auf dem Berg, denn dann gibt es eine Richtung, in die es noch weiter nach oben geht. Notwendige Bedingung für alle Hoch- und analog auch alle Tiefpunkte ist daher, daß die Steigung der Funktion an den entsprechenden Stellen 0 ist. Die Funktion muß dort also eine waagerechte Tangente haben:

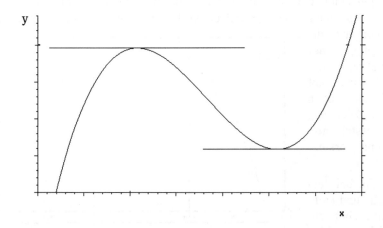

Allerdings bedeutet eine Steigung von Null noch nicht zwingend, daß an

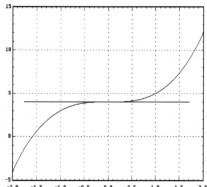

der entsprechenden Stelle ein Extremwert vorliegt. Es kann sich auch um einen Sattelpunkt handeln.

In der Zeichnung links ist ein **Sattelpunkt** dargestellt. Bei x=0 ist die Steigung der Funktion 0, aber wie sich deutlich erkennen läßt, ist der Punkt weder ein Hoch- noch ein Tiefpunkt.

Es stellt sich nun die Frage, wie man analytisch feststellen kann, ob es sich bei einer Nullstelle der ersten Ableitung um einen Sattel-, Hoch- oder Tiefpunkt handelt.

Nachfolgend ist eine Funktion mit einem Hoch- und Tiefpunkt gezeichnet. Darunter ist die Ableitung der Funktion und darunter wiederum die zweite Ableitung der Funktion (dies ist die Ableitung der Ableitung) dargestellt:

Aus der Zeichnung der Funktion läßt sich entnehmen, daß diese bei x=1 einen Hochpunkt und bei x=2 einen Tiefpunkt hat. An diesen beiden Stellen ist die Steigung der Funktion also Null. Dies läßt sich auch gut in der Zeichnung der ersten Ableitung erkennen.

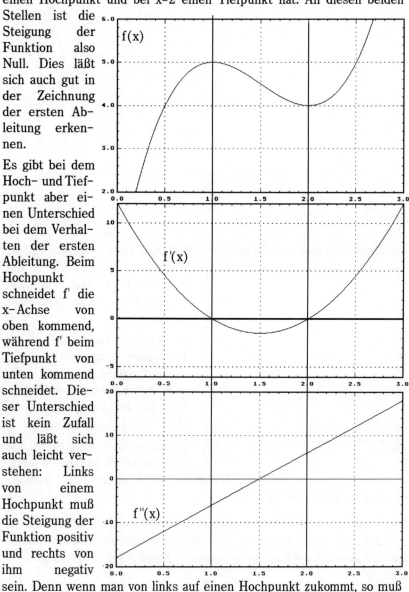

Es gibt bei dem Hoch- und Tiefpunkt aber einen Unterschied bei dem Verhalten der ersten Ableitung. Beim Hochpunkt schneidet f' die x-Achse von oben kommend, während f' beim Tiefpunkt von unten kommend schneidet. Dieser Unterschied ist kein Zufall und läßt sich auch leicht verstehen: Links von einem Hochpunkt muß die Steigung der Funktion positiv und rechts von ihm negativ sein. Denn wenn man von links auf einen Hochpunkt zukommt, so muß es zunächst nach oben gehen, sobald man den Hochpunkt erreicht hat, muß es aber nach unten gehen (negative Steigung), denn sonst würde es sich ja um keinen Hochpunkt handeln.

Aus dem Dargelegten läßt sich folgende Regel schließen:

> **Links von einem Hochpunkt ist die Steigung der Funktion positiv und rechts davon negativ. Wenn also die erste Ableitung der Funktion bei ihrer Nullstelle das Vorzeichen von + nach − wechselt, so handelt es sich um einen Hochpunkt.**

Auf analoge Weise läßt sich für Tiefpunkte herleiten:

> **Wenn die erste Ableitung der Funktion bei ihrer Nullstelle das Vorzeichen von − nach + wechselt, so handelt es sich um einen Tiefpunkt.**

Somit ist eine Regel gefunden, anhand der man überprüfen kann, ob es sich bei den Nullstellen der ersten Ableitung um Hoch− oder Tiefpunkte handelt.

Den meisten wird eine andere Regel vertrauter sein, die eine Entscheidung aufgrund des Vorzeichens der zweiten Ableitung erlaubt. Diese Regel beruht auch auf dem zuvor dargestellten Sachverhalt. Bei dem Hochpunkt schneidet die erste Ableitung die x−Achse von oben kommend. Dieses ist aber gleichbedeutend damit, daß die Steigung der ersten Ableitung in dem Schnittpunkt negativ ist. Die Steigung der ersten Ableitung ist gerade durch die zweite Ableitung der Funktion gegeben. (Diese ist ja genau die Ableitung der Ableitung) Wenn die zweite Ableitung bei der Nullstelle der ersten Ableitung negativ ist, ändert sich also das Vorzeichen der ersten Ableitung hier von + nach −, und es liegt somit ein Hochpunkt vor. Entsprechend gilt, daß wenn bei der Nullstelle der ersten Ableitung die zweite Ableitung positiv ist, es sich um einen Tiefpunkt handelt. Es gelten also folgende Regeln:

> $$f'(x_n) = 0 \land f''(x_n) < 0 \ \Rightarrow \text{Hochpunkt bei } x_n$$
> $$f'(x_n) = 0 \land f''(x_n) > 0 \ \Rightarrow \text{Tiefpunkt bei } x_n$$

Für die Fälle, bei denen die zweite Ableitung an der entsprechenden Stelle auch Null ist, wurde bisher noch keine Aussage gemacht.

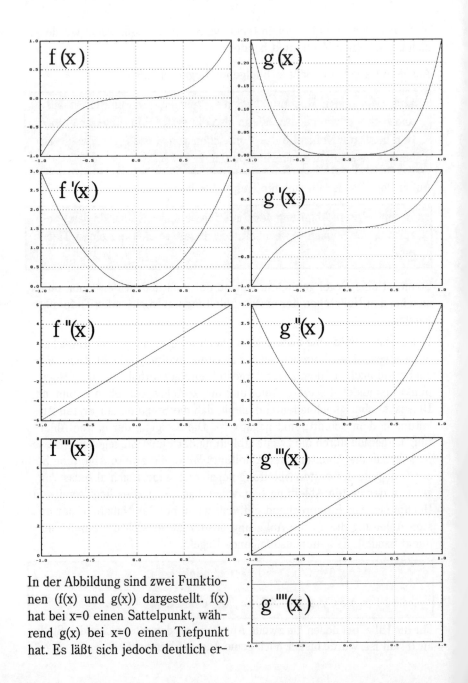

In der Abbildung sind zwei Funktionen (f(x) und g(x)) dargestellt. f(x) hat bei x=0 einen Sattelpunkt, während g(x) bei x=0 einen Tiefpunkt hat. Es läßt sich jedoch deutlich erkennen, daß bei beiden Funktionen auch die zweite Ableitung an der Stelle x=0 Null ist. f'(x) hat bei x=0 keinen Vorzeichenwechsel, während g'(x) bei x=0 einen Vorzeichenwechsel hat. Wenn die erste und zweite Ableitung beide Null sind, so kann also durch eine **Untersuchung der ersten Ableitung auf Vorzeichenwechsel** zwischen Hoch- Tief- und Sattelpunkten unterschieden werden. Allerdings kann die Unterscheidung auch durch weiteres Ableiten der Funktion durchgeführt werden. Da die zweite Ableitung bei den Funktionen bei x=0 Null ist, hat die erste Ableitung an dieser Stelle eine waagerechte Tangente, also einen Hoch-,Tief oder Sattelpunkt. Hat die erste Ableitung dort einen Hoch- oder Tiefpunkt, so liegt kein Vorzeichenwechsel der ersten Ableitung vor, und die ursprüngliche Funktion hat somit an dieser Stelle einen Sattelpunkt. Ein Hoch- oder Tiefpunkt der ersten Ableitung liegt nun aber auf jeden Fall vor, wenn die dritte Ableitung (dies ist die zweite Ableitung der ersten Ableitung) an der entsprechenden Stelle ungleich Null ist. Dieses ist bei f(x) der Fall. Daher läßt sich folgern, daß f(x) einen Sattelpunkt hat.

Bei g(x) ist auch die dritte Ableitung bei x=0 Null. Die vierte Ableitung ist allerdings ungleich Null. Mittels des soeben Dargelegten läßt sich nun folgern, daß g'(x) bei x=0 einen Sattelpunkt hat. Somit liegt bei g'(x) ein Vorzeichenwechsel vor, und daher hat g(x) einen Extremwert.

Die dargelegten Überlegungen lassen sich verallgemeinern. Dieses führt zu folgender Regel:

Sei $f'(x_n) = 0$ und $f''(x_n) = 0$

so wird die Funktion so lange abgeleitet, bis man eine Ableitung erhält, die an der Stelle x_n ungleich Null ist. Handelt es sich bei dieser Ableitung um eine ungerade Ableitung (dritte, fünfte, siebente.......... Ableitung), so hat die Funktion einen Sattelpunkt.

Handelt es sich um eine geradzahlige Ableitung, so hat die Funktion ein Extremum. Ist die betreffende Ableitung positiv, so handelt es sich um ein Minimum, ist sie negativ, so ist es ein Maximum.

3.8.3 Randextrema und Klassifizierung von Extrema

Nachfolgend wird die Bestimmung von Extremstellen einer Funktion an einem Beispiel durchgeführt. An diesem Beispiel wird die Bedeutung von Randextrema und der Unterschied zwischen globalen und lokalen Extrema verdeutlicht werden.

Angenommen, es sei bei einem Unternehmen folgender Zusammenhang zwischen dem Gewinn und der produzierten Menge bekannt:

$$G(x) = 2x^3 - 9x^2 + 12x$$

Weiterhin sei angenommen, daß es dem Unternehmen möglich sei, jede Menge zwischen 0 und 3 Einheiten von x zu produzieren. Welche Menge von x ist nun Gewinnoptimal?

Für die Ableitungen der Funktion ergibt sich:

$$G'(x) = 6x^2 - 18x + 12$$
$$G''(x) = 12x - 18$$

Für die Nullstellen der ersten Ableitung ergibt sich somit:

$$G'(x) = 6x^2 - 18x + 12 = 0 \mid /6 \Leftrightarrow x^2 - 3x + 2 = 0$$

Diese quadratische Gleichung kann nun mittels quadratischer Ergänzung oder pq-Formel gelöst werden. (Einzelheiten im Anhang)

$$\Leftrightarrow (x - 1,5)^2 - 2,25 + 2 = 0 \Leftrightarrow (x - 1,5)^2 = 0,25 \mid \sqrt{}$$

$$\Leftrightarrow x - 1,5 = 0,5 \ \lor \ x - 1,5 = -0,5$$

$$\Leftrightarrow x = 2 \ \lor \ x = 1$$

An diesen beiden Stellen wird nun die zweite Ableitung überprüft:

$$f''(1) = 12 - 18 = -6 < 0 \Rightarrow \text{Hochpunkt bei } x{=}1$$

$$f''(2) = 24 - 18 = 6 > 0 \Rightarrow \text{Tiefpunkt bei } x{=}2$$

Die Funktion hat also nur einen Hochpunkt. Ist es für das Unternehmen nun optimal, die Menge von x=1 zu produzieren?

Die Vermutung liegt nahe, daß die dem Hochpunkt entsprechende Produktionsmenge optimal ist. Nachfolgende Zeichnung macht aber klar, daß dem keinesfalls so ist.

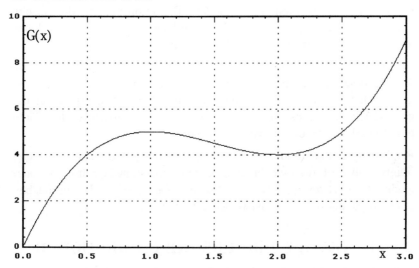

In der Zeichnung wird deutlich, daß der Gewinn bei einer Produktionsmenge von 3 Einheiten wesentlich größer als bei der dem Hochpunkt entsprechenden Produktionsmenge von einer Einheit ist.

Der absolut höchste Wert der Funktion liegt also bei x=3. Den absolut höchsten Wert einer Funktion nennt man auch **absolutes** oder **globales Maximum.** Wie das vorherige Beispiel zeigt, kann das globale Maximum einer Funktion auch ein Randwert sein. Man spricht in solchen Fällen auch von einem **Randmaximum.**

In dem betrachteten Fall wäre das Unternehmen sicher nicht an den Minima der Gewinnfunktion interessiert. In Aufgaben sollen aber in der Regel alle Extrema der betrachteten Funktionen bestimmt und klassifiziert werden. Daher werden nachfolgend die Maxima und Minima der Funktion angegeben:

x=0	G(0) = 0	globales (Rand) Minimum
x=1	G(1) = 5	lokales Maximum
x=2	G(2) = 4	lokales Minimum
x=3	G(3) = 9	globales (Rand) Maximum

Wenn das globale Extremum einer Funktion bestimmt werden soll, die nur auf einem bestimmtem Intervall definiert ist, so müssen also außer den lokalen Extrema, bei denen die Steigung Null ist, auch die Randwerte überprüft werden. Liegt in dem Definitionsbereich der absolut höchste oder niedrigste Wert am Rand, so handelt es sich um ein globales Randmaximum (bzw. globales Randminimum).

Das globale Maximum erhält man also, indem man die Funktionswerte für alle Hochpunkte und die Randwerte ausrechnet. Bei dem Wert mit dem höchsten Funktionswert liegt dann das globale Maximum. Für das globale Minimum müssen entsprechend die Funktionswerte aller Tiefpunkte und der Randwerte verglichen werden.

Randwerte sind keine lokalen Extrema, denn lokale Extrema sind so definiert, daß dort für eine beliebig kleine Umgebung der höchste oder niedrigste Wert vorliegt. Die Randwerte haben aber im Definitionsbereich überhaupt nur "Nachbarwerte" auf einer Seite.

3.8.4　Stetige und unstetige Funktionen

Eine Funktion ist auf einem Intervall stetig, wenn sie in dem ganzen Intervall wohldefiniert ist und keine "Sprungstellen" aufweist. Eine Funktion ist also sozusagen stetig, wenn man sie "ohne den Stift abzusetzen" zeichnen kann.

Mathematisch formuliert, ist eine Funktion in dem Punkt a stetig, wenn

$$\lim_{x \to a} f(x) \text{ und } f(a) \text{ existieren und}$$

$$\lim_{x \to a} f(x) = f(a) \text{ gilt.}$$

Eine Funktion ist stetig, wenn die angeführte Bedingung für alle x-Werte gilt. Entsprechend ist eine Funktion auf einem Intervall stetig, wenn die Bedingung für alle Werte des Intervalls gilt.

Wenn man eine Funktion an einer bestimmten Stelle auf Stetigkeit untersuchen soll, so muß man also $\lim_{x \to a} f(x)$ berechnen. Hierbei ist zu beachten, daß der Grenzwert für eine Näherung von links oder rechts an das a unterschiedlich sein kann. Daher muß man im allgemeinen die folgenden beiden Grenzwerte bestimmen:

$$\lim_{\substack{x \to a \\ x < a}} f(x) \quad \text{und} \quad \lim_{\substack{x \to a \\ x > a}} f(x)$$

Wenn die beiden Grenzwerte identisch sind und der Wert f(a) entspricht, ist die Funktion stetig in a.

Wenn eine Funktion stetig ist, so sind ihre globalen Extremwerte immer Randextrema oder Hoch- bzw. Tiefpunkte. Das globale Maximum ist dann also auf jeden Fall entweder ein Hochpunkt oder ein Randmaximum. Wenn die Funktion dagegen unstetig ist, so muß dies keinesfalls gelten. Nachfolgend ist eine unstetige Funktion dargestellt:

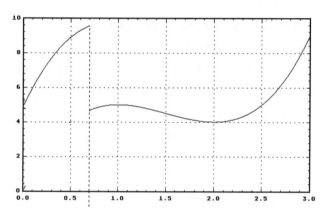

Diese Funktion hat bei x=0,7 eine Sprungstelle. Bei x=0,7 ist sie somit nicht stetig. ($\lim\limits_{x \to 0,7} f(x)$ existiert in diesem Fall nicht, denn es gibt keinen Wert, gegen den die Funktionswerte laufen, wenn x gegen 0,7 geht)

Das globale Maximum hat diese Funktion bei x=0,7. Wenn man nicht beachten würde, daß diese Funktion eine Unstetigkeitsstelle hat, und nur die Randextrema und Hochpunkte ermitteln würde, ergäbe sich ein falsches Ergebnis für das globale Maximum.

Die meisten "normalen Funktionen" sind stetig. So z.B. alle ganz rationalen Funktionen, sin(x), cos(x), e^x, ln(x) und $\sqrt{x}$. Auch viele Verknüpfungen stetiger Funktionen sind wieder stetig:

Werden stetige Funktionen addiert, subtrahiert oder miteinander multipliziert, so ergibt sich wieder eine stetige Funktion,

Für Quotienten (Brüche) von stetigen Funktionen gilt die angeführte Regel aber nicht. Diese Funktionen sind überall dort unstetig, wo der Nenner Null wird, denn dort sind sie nicht definiert. Wenn bei Extremwertaufgaben unstetige Funktionen vorkommen, so sind es meistens welche, die sich als Quotient zweier stetiger Funktionen ergeben. Nachfolgend eine Beispielaufgabe:

Bestimmen und klassifizieren Sie alle Extrema der Funktion

$$f: x \to x^{-2} * e^x$$

$$f'(x) = -2x^{-3}e^x + x^{-2}e^x \quad \text{(Produktregel)}$$

$$= (-2x^{-3} + x^{-2})e^x = 0$$

$$\Leftrightarrow (-2x^{-3} + x^{-2}) = 0 \lor e^x = 0 \quad (e^x \text{ wird aber nie Null})$$

$$\Leftrightarrow (-2x^{-3} + x^{-2}) = 0 \mid * x^3 \text{ (für } x \neq 0)$$

$$\Leftrightarrow -2 + x = 0 \Leftrightarrow x = 2$$

$$f''(x) = (6x^{-4} - 2x^{-3})e^x + (-2x^{-3} + x^{-2})e^x$$

$$= (6x^{-4} - 4x^{-3} + x^{-2})e^x$$

$$f''(2) = (0.375 - 0.5 + 0.25) * e^2 = 0.125 * e^2 > 0$$

$$\Rightarrow \text{Tiefpunkt bei x=2}$$

Für den y-Wert ergibt sich: $f(2) = 0.25 * e^2 = 1.847$

Nun ist noch zu klären, ob es sich hierbei um ein globales oder ein lokales Minimum handelt. Wenn die Funktion überall stetig wäre, müßte es auf jeden Fall ein globales Minimum sein. In diesem Fall ist die Funktion aber bei x=0 unstetig. Eine Skizze ist hier recht hilfreich:

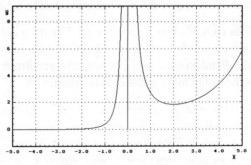

Das Minimum bei x=2 ist deutlich zu erkennen. Links geht die Funktion gegen Null. Der Funktionswert bei x=2 war aber größer als Null. Somit hat die Funktion bei x=2 ein lokales Minimum.

3.8.5 Schema für die Bestimmung und Klassifizierung von Extremstellen

1) Feststellen, ob die Funktion stetig ist.

2) Die erste Ableitung der Funktion muß berechnet und nachfolgend gleich Null gesetzt werden. Die dadurch entstandene Gleichung muß gelöst werden.

3) An den Stellen, wo die erste Ableitung Null ist, muß untersucht werden, ob es sich um Hoch-, Tief- oder Sattelpunkte handelt. Hierzu gibt es zwei verschiedene Möglichkeiten. Die erste Methode empfiehlt sich vor allem dann, wenn es sehr schwierig ist, die zweite Ableitung zu bilden:

a) Untersuchung der ersten Ableitung auf Vorzeichenwechsel. Hierzu wird ein x–Wert links und einer rechts der Nullstelle der ersten Ableitung in die erste Ableitung eingesetzt. Hierbei ist zu beachten, daß zwischen der Nullstelle und dem eingesetzten Wert keine andere Nullstelle und keine Unstetigkeitsstelle der Funktion liegt. Ist der linke Wert positiv und der rechte negativ, so handelt es sich um einen Hochpunkt, ist der linke Wert negativ und der rechte positiv, so handelt es sich um einen Tiefpunkt, und sind beide Werte positiv oder beide negativ, so liegt ein Sattelpunkt vor.

b) Es wird die zweite Ableitung gebildet. Dann werden die x–Werte, für die die erste Ableitung Null ist, in die zweite Ableitung eingesetzt. Ergibt sich hierbei ein positiver Wert, so liegt ein Tiefpunkt vor, ergibt sich ein negativer Wert, so handelt es sich um einen Hochpunkt. Ergibt sich auch für die zweite Ableitung Null, so kann nun entweder doch wie unter a) beschrieben untersucht werden, oder es wird nun so lange abgeleitet und eingesetzt, bis sich eine Ableitung ergibt, die an der entsprechenden Stelle nicht Null ist. Ist dies eine ungeradzahlige Ableitung, handelt es sich um einen Sattelpunkt, also keine Extremstelle. Ist es eine geradzahlige Ableitung, so liegt ein Extremum vor:
Bei einem positiven Wert ist es ein Tiefpunkt und bei einem negativen Wert ein Hochpunkt.

4) Wenn die Funktion nur auf einem bestimmten Intervall definiert ist, müssen die Funktionswerte für die Randstellen berechnet werden.

5) Wenn es in der Aufgabe gefordert wurde, muß zwischen globalen und lokalen Extrema unterschieden werden. Zunächst müssen für die Hoch- und Tiefpunkte die Funktionswerte berechnet werden. Ist die Funktion unstetig, so muß man sich ebenfalls Gedanken machen, was an der unstetigen Stelle passiert. Hier kann eine Skizze recht nützlich sein.

Ist die Funktion stetig, so listet man die Randwerte und Hoch- und Tiefpunkte auf und sucht den absolut größten und absolut niedrigsten Funktionswert. Diese sind das globale Maximum und das globale Minimum. Die anderen Hoch- und Tiefpunkte sind dann lokale Maxima bzw. Minima.

3.8.6   Wendepunkte

Bei Wendepunkten handelt es sich um Extremwerte der Steigung einer Funktion. An diesen Stellen hat die Funktion also für eine bestimmte Umgebung die maximale oder minimale Steigung. Somit hat die erste Ableitung an dieser Stelle einen Hoch- oder Tiefpunkt. Die Untersuchung einer Funktion auf Wendepunkte ist daher identisch mit der Untersuchung der ersten Ableitung auf Extremwerte. Alles, was zuvor über Extremwerte gesagt wurde, gilt also für die Untersuchung auf Wendepunkte auch, nur daß hierbei die Ausgangsbasis die erste Ableitung (also die Steigung) der Funktion ist. Notwendige Bedingung für einen Wendepunkt ist demnach, daß die erste Ableitung der ersten Ableitung der Funktion, also die zweite Ableitung, Null ist. Eine hinreichende Bedingung ist erfüllt, wenn zusätzlich an der betreffenden Stelle die dritte Ableitung der Funktion ungleich Null ist. Ist die dritte Ableitung ebenfalls Null, so muß entsprechend den bei der Bestimmung von Extremwerten hergeleiteten Regeln weiter untersucht werden.

Nachfolgend wird ein Beispiel für die Bestimmung von Wendepunkten
gegeben.

Betrachtet wird die Funktion $f(x) = x^4 - 24x^2 + 5x$. Diese Funktion ist nebenstehend gezeichnet. Um die Wendepunkte zu bestimmen, müssen zunächst die Ableitungen der Funktion gebildet werden:

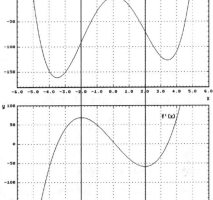

$f'(x) = 4x^3 - 48x + 5$
$f''(x) = 12x^2 - 48$
$f'''(x) = 24x$

Nun wird die zweite Ableitung gleich Null gesetzt: $12x^2 - 48 = 0 \Leftrightarrow 12x^2 = 48 \Leftrightarrow x^2 = 4 \Leftrightarrow x = 2 \lor x = -2$.

An diesen Stellen muß nun die dritte Ableitung überprüft werden:
$f'''(2) = 24*2 \neq 0$;
$f'''(-2) = 24*(-2) \neq 0$

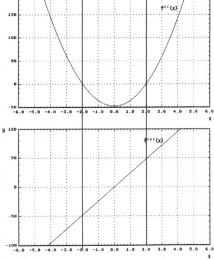

Da die dritte Ableitung an beiden Stellen ungleich Null ist, hat die erste Ableitung bei beiden Werten einen Extremwert, und es handelt sich somit bei beiden Werten um Wendepunkte. In der nebenstehenden Abbildung der Funktion wird deutlich, daß die erste Ableitung der Funktion bei 2 und −2 Extremwerte aufweist. Betrachtet man die Funktion an dieser Stelle näher, so wird klar, warum man diese Stellen Wendepunkt nennt. Denn an diesen Stellen "wendet" die Funktion ihre Krümmung. Bei −2 geht sie z.B. von einer Links- in eine Rechts-Krümmung über.

3.8.7   Übungsaufgaben

1) Gegeben ist die Funktion f: $x \to 4*\ln(x) + \frac{1}{2}x^2 - 4x$
mit $x \in [1, 6] = D_f$.

Bestimmen und klassifizieren Sie alle Extrema von f.

Die folgende Aufgabe ist etwas untypisch, die Aufgabenstellung weist nicht direkt darauf hin, daß die Extremwerte bestimmt werden sollen:

2) Bestimmen Sie die Wertemenge der Funktion f: $[-2, 2] \to \mathbb{R}$ mit

$$f(x) = \frac{2x - 1}{x^2 + 1}$$

Lösungsvorschläge:

In dem betrachteten Intervall sind alle Terme wohldefiniert und stellen stetige Funktionen dar. Da die Summe oder Differenz stetiger Funktionen auch wieder stetig ist, ist die Funktion in dem Intervall stetig.

Nun werden die Randwerte berechnet:

$$f(1) = -3,5$$
$$f(6) = 1,17$$

Nun wird die Funktion differenziert:

$$f(x) = 4*\ln(x) + \frac{1}{2}*x^2 - 4x$$

$$\Rightarrow f'(x) = 4*\frac{1}{x} + x - 4$$

Die erste Ableitung wird gleich Null gesetzt:

$$4*\frac{1}{x} + x - 4 = 0 \mid *x$$

Für $x \neq 0$ darf die Gleichung mit x multipliziert werden (x=0 liegt nicht im Definitionsbereich)

$$\Leftrightarrow 4 + x^2 - 4x = 0 \Leftrightarrow x^2 - 4x + 4 = 0$$

Die quadratische Gleichung wird nun gelöst (siehe Anhang):

$$\Leftrightarrow (x-2)^2 - 4 + 4 = 0 \Leftrightarrow (x-2)^2 = 0$$
$$\Leftrightarrow x - 2 = 0 \Leftrightarrow x = 2$$

Nun wird die zweite Ableitung gebildet (es könnte auch die erste Ableitung auf Vorzeichenwechsel untersucht werden, indem z.B. 1 und 3 für x in die erste Ableitung eingesetzt werden):

$$f''(x) = -4x^{-2} + 1$$

$$f''(2) = -\frac{4}{4} + 1 = 0$$

Da die zweite Ableitung bei der Nullstelle der ersten Ableitung ebenfalls Null ist, muß weiter abgeleitet werden.

$$f'''(x) = 8x^{-3}$$

$$f'''(2) = 8*2^{-3} = 1 \neq 0 \Rightarrow \text{Sattelpunkt bei } x=2$$

Die Funktion hat also keinen Extremwert, und sie ist in dem betrachteten Intervall überall stetig. Somit gibt es nur die beiden Randextrema. Da der rechte Randwert der größere ist, ist dieser das globale Maximum und der linke das globale Minimum.

$$f(1) = -3,5 \quad \text{globales Minimum}$$
$$f(6) = 1,17 \quad \text{globales Maximum}$$

Nachfolgend ist die Funktion für das betrachtete Intervall gezeichnet. Dies soll der Veranschaulichung dienen und ist zur Lösung der Aufgabe nicht erforderlich:

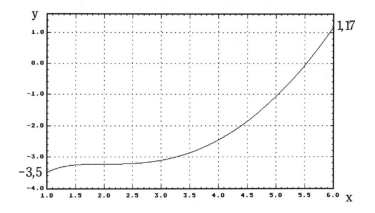

2) Die Wertemenge ist die Menge aller Funktionswerte, die die Funktion innerhalb des Definitionsbereiches annimmt. Bei der vorherigen Aufgabe ist die Wertemenge das Intervall [-3,5; 1,17], denn wie man in vorheriger Zeichnung deutlich erkennt, kann y alle Werte zwischen -3,5 und 1,17 annehmen. Wenn die Funktion innerhalb des Definitionsbereiches stetig ist, gilt: Die Wertemenge ist das geschlossene Intervall (bei einem geschlossenen Intervall sind die Grenzen mit drin) zwischen dem globalen Maximum und globalen Minimum.

Die Funktion $f(x) = \dfrac{2x-1}{x^2+1}$ ist stetig. Denn Nenner und Zähler

sind stetig, und der Nenner wird nie Null. Somit können nun die Extremwerte der Funktion bestimmt werden:

$$f'(x) = \frac{2(x^2+1) - (2x-1)*2x}{(x^2+1)^2} \quad \text{(Quotientenregel)}$$

Die erste Ableitung wird nun gleich Null gesetzt. Da der Nenner ungleich Null ist, kann dann mit diesem multipliziert werden:

$$\frac{2(x^2+1) - (2x-1)*2x}{(x^2+1)^2} = 0 \mid *(x^2+1)^2$$

$$\Leftrightarrow 2(x^2+1) - (2x-1)*2x = 0$$
$$\Leftrightarrow 2x^2 + 2 - 4x^2 + 2x = 0 \Leftrightarrow -2x^2 + 2x + 2 = 0$$

Die quadratische Gleichung wird nun gelöst (siehe Anhang):

$$-2x^2 + 2x + 2 = 0 \mid /(-2) \Leftrightarrow x^2 - x - 1 = 0$$
$$\Leftrightarrow (x-0,5)^2 - 0,25 - 1 = 0$$
$$\Leftrightarrow (x-0,5)^2 = 1,25 \Leftrightarrow x - 0,5 = \pm\sqrt{1,25}$$

$$\Leftrightarrow x = \sqrt{1,25} + 0,5 \ \vee \ x = -\sqrt{1,25} + 0,5$$

$$\Leftrightarrow x = 1,618 \ \vee \ x = -0,618$$

Man könnte nun durch Überprüfung auf Vorzeichenwechsel feststellen, ob es sich um Hoch-, Tief- oder Sattelpunkte handelt. Allerdings ist dies hier nicht nötig. Es reicht hier, die Funktionswerte für die beiden Nullstellen der ersten Ableitung mit den Randextrema zu vergleichen:

$$f(-2) = -1$$
$$f(-0,618) = -1,618$$
$$f(1,618) = 0,618$$

$f(2) = 0,6$

Das globale Maximum ist bei dem absolut größten Funktionswert von diesen 4 Werten, also bei x=1,618. Entsprechend liegt das globale Minimum bei x=-0,618. Somit ergibt sich folgende Wertemenge:

$$W = [-1,618; 0,618]$$

Nachfolgend zur Veranschaulichung eine Zeichnung der Funktion:

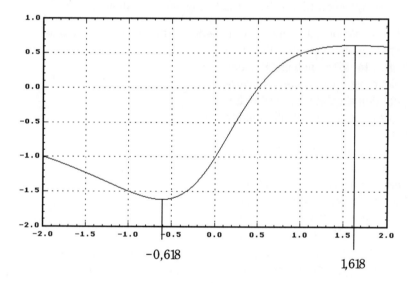

3.9   Weitere Zusammenhänge

3.9.1   Konkave und konvexe Funktionen

Insbesondere in der Mikroökonomie ist die Unterscheidung zwischen konkaven und konvexen Funktionen wichtig. Verwirrung kommt häufig auf, weil es einen Unterschied zwischen der Definition von konvexen Mengen und konvexen Funktionen gibt. Eine Menge ist konvex, wenn jede Verbindungslinie zwischen zwei Punkten der Menge durchgehend in der Menge liegt. Eine Kugel ist z.b. eine konvexe Menge.

Eine Funktion ist **konvex**, wenn jede Verbindungslinie zwischen zwei Punkten oberhalb der Funktion liegt. In der nebenstehenden Zeichnung ist eine konvexe Funktion abgebildet. Es ist deutlich zu erkennen, daß alle Punkte der Funktion unterhalb der ein-gezeichneten Verbindungslinie liegen (eine solche Verbindungs-linie nennt man auch Sekante). Gleichbedeutend mit dieser For-mulierung ist, daß konvexe Funk-tionen eine "Linkskurve" darstellen.

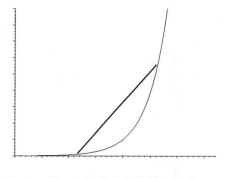

Analytisch bedeutet konvex, daß die Steigung der Funktion ständig zu-nimmt. Das heißt, die Steigung der Steigung ist positiv. Die Steigung der Steigung ist aber gerade die zweite Ableitung der Funktion. Eine Funktion ist also konvex, wenn ihre zweite Ableitung positiv ist.

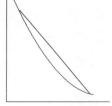

Auch bei der nebenstehenden konvexen Funktion nimmt die Steigung ständig zu, denn die Steigung wird nach rechts hin immer weniger negativ.

Entsprechend ist eine Funktion **konkav**, wenn alle Funktionswerte ober-halb der Verbindungslinie liegen. Eine typische Forderung in der Mikro-ökonomie wäre z.B., daß der Grenznutzen der Individuen abnimmt. Nachfolgend ist eine typische Nutzenfunktion abgebildet, die diese Ei-genschaft erfüllt. Die Funktionswerte liegen oberhalb der möglichen Ver-

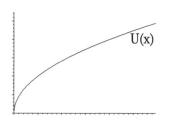

bindungslinien, und die Funktion macht somit eine "Rechtskurve".

Bezüglich des Funktionsverlaufes der Nutzenfunktion bedeutet abnehmender Grenznutzen also, daß die Nutzenfunktion konkav ist.

Entsprechend der bei konvexen Funktionen angeführten Bedingung ist die zweite Ableitung konkaver Funktionen negativ.

Zusammenfassend läßt sich festhalten:

> **Eine Funktion f(x) ist konvex bzw. konkav, wenn für den ganzen Definitionsbereich gilt:**
>
> $$f''(x) \geqq 0 \quad \text{konvex}$$
> $$f''(x) \leqq 0 \quad \text{konkav}$$

Das $\geqq$ bzw. $\leqq$ bedeutet, daß die zweite Ableitung auch Null sein kann. Die Funktion kann also auch Abschnitte haben, in denen sie eine Gerade ist. Es wird also nicht gefordert, daß alle Werte der Funktion unter der Verbindungslinie liegen, sondern es dürfen auch Punkte auf der Verbindungslinie liegen.

Bei einer **streng konvexen** Funktion müssen hingegen tatsächlich alle Werte unterhalb der Verbindungslinie liegen.

> **Eine Funktion f(x) ist streng konvex bzw. streng konkav, wenn für den ganzen Definitionsbereich gilt:**
>
> $$f''(x) > 0 \quad \text{streng konvex}$$
> $$f''(x) < 0 \quad \text{streng konkav}$$

Wenn eine Funktion die geforderten Eigenschaften nur auf einem bestimmten Intervall erfüllt, so ist sie auf diesem Intervall (streng) konvex bzw. konkav.

3.9.2   Mittelwertsatz

Es sei eine Funktion gegeben, die in dem Intervall [a, b] stetig und differenzierbar (es existiert eine Ableitung) ist.

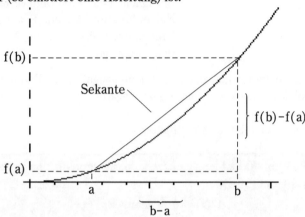

Die Steigung der eingezeichneten Sekante läßt sich über das Steigungsdreieck berechnen:

$$\frac{\Delta y}{\Delta x} = \frac{f(b) - f(a)}{b - a}$$

Bei dieser konvexen Funktion ist die Steigung bei a niedriger als die Steigung der Sekanten und bei b größer. In der Zeichnung kann man erkennen, daß es eine Stelle gibt, wo die Steigung der Sekanten der Steigung der Funktion entspricht. Nebenstehend ist die Sekante parallel verschoben, so daß sich die Tangente an die Funktion ergibt.

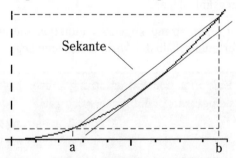

Der Mittelwertsatz behauptet nun, daß es für jede Funktion, die stetig und differenzierbar in dem betrachteten Intervall ist, mindestens eine Stelle in dem Intervall gibt, bei der die Steigung der Funktion der Steigung der Sekante entspricht. Dies gilt also unabhängig davon, ob die Funktion in dem Intervall konvex, konkav oder nichts von beiden ist.

Es soll also ein x_1 in dem Intervall (also gilt a < x_1 < b) geben, so daß fol-

gendes gilt:
$$\frac{f(b) - f(a)}{b - a} = f'(x_1)$$

Wenn man diese Gleichung mit (b − a) multipliziert, erhält man die gebräuchlichere Form der Darstellung für den Mittelwertsatz:

$$f(b) - f(a) = (b - a) * f'(x_1)$$

3.9.3 Elastizitäten

In der Ökonomie taucht häufig folgende Fragestellung auf:

Um wieviel verändert sich eine abhängige Größe, wenn eine andere Größe verändert wird? Z.B. ist für jedes Unternehmen, das eine Preisänderung plant, von Interesse, um wieviel sich die Nachfrage hierdurch ändern wird. Es sei zunächst angenommen, daß der Zusammenhang zwischen Preis und Menge durch eine Funktion, die Preis−Absatzfunktion, gegeben sei. Diese könnte beispielsweise lauten:

$$p(x) = 10 - 2x$$

Hier ist p in Abhängigkeit von x dargestellt. Diese Art der Darstellung ist in der Ökonomie gebräuchlich. Entsprechend wird bei Zeichnungen derartiger Funktionen p auf der senkrechten und x auf der waagerechten Achse dargestellt. Eigentlich ist aber eher die nachgefragte Menge x abhängig von dem Preis. Indem man die Umkehrfunktion bildet, also die Gleichung nach x auflöst, erhält man diese Art der Darstellung:

$$p = 10 - 2x \Leftrightarrow 2x = 10 - p \Leftrightarrow x = 5 - 0{,}5p$$

bzw. $x(p) = 5 - 0{,}5p$

Wie stark ändert sich nun die Menge, wenn der Preis sich ändert?

Zunächst mag es naheliegend sein, diese Änderung durch die Ableitung der Funktion nach p zu beschreiben. Für die Ableitung ergibt sich:

$$x' = \frac{dx}{dp} = -0{,}5$$

Da die Funktion eine Gerade ist, ergibt sich für die Ableitung dieser konstante Wert. Der gefundene Zusammenhang bedeutet folgendes: Wenn der Preis um eine Einheit erhöht wird, so fällt die Menge um 0,5 Einheiten. Allerdings ist dieses gar nicht die Antwort auf die ökonomisch relevante Fragestellung. Seien folgende Preis−Mengen−Kombinationen gegeben (der zweite Wert ergibt sich jeweils aus der Preis−Absatzfunktion):

p = 1 und x = 4,5   bzw.   p = 9 und x = 0,5

In beiden Fällen würde nun eine Preiserhöhung um eine Einheit die Menge um 0,5 Einheiten reduzieren. Nach der Preiserhöhung würden sich also folgende Werte ergeben:

p = 2 und x = 4   bzw.   p = 10 und x = 0

Im ersten Fall wurde der Preis verdoppelt, und die Menge ging nur vergleichsweise geringfügig zurück. Im zweiten Fall hingegen wurden die Preise nur relativ gering (ca. 11%) erhöht, aber die Menge sank um 100% auf Null. Während also im ersten Fall durch die Preiserhöhung der Umsatz von 4,5 auf 8 gesteigert werden kann, fällt im zweiten Fall durch dieselbe Preiserhöhung der Umsatz von 4,5 auf Null.

Die ökonomische Bedeutung der Preiserhöhung ist also, obwohl die Preisabsatzfunktion überall die gleiche Steigung hat, total unterschiedlich. Die ökonomisch relevanten Veränderungen sind nicht die absoluten, sondern die **relativen** Veränderungen. Wie sind die relativen Veränderungen in dem Beispiel? Im ersten Fall wurden die Preise um 100% erhöht, und die Menge sank um 11,11% (0,5/4,5*100). Für das Verhältnis dieser relativen Veränderungen ergibt sich somit:

$$\frac{\text{relative Veränderung der Menge}}{\text{relative Veränderung der Preise}} = \frac{11{,}11}{100} = 0{,}1111$$

Im zweiten Fall ergibt sich:

$$\frac{\text{relative Veränderung der Menge}}{\text{relative Veränderung der Preise}} = \frac{0{,}5/0{,}5*100}{1/9*100} = \frac{100}{11{,}11} = 9$$

Im ersten Fall ist also die relative Veränderung der Mengen weitaus kleiner als die relative Veränderung der Preise, während im zweiten Fall die Verhältnisse genau umgekehrt sind.

Man nennt das zuvor berechnete Verhältnis der relativen Veränderungen **Elastizität**. Da in dem Beispiel die relative Veränderung der Mengen bezogen auf die relative Änderung der Preise betrachtet wird, nennt man diese Elastizität auch **Preiselastizität der Nachfrage**.

Formal wurde zuvor folgender Wert berechnet:

$$\frac{\text{relative Veränderung der Menge}}{\text{relative Veränderung der Preise}} = \frac{\frac{\Delta x}{x}}{\frac{\Delta p}{p}}$$

Um die wirklichen Veränderungen in einem Punkt zu erhalten, muß das Δx unendlich klein werden. Das "Δ" muß also durch ein "d" ersetzt werden:

$$\frac{\frac{dx}{x}}{\frac{dp}{p}} = \varepsilon_{xp} \text{ (Elastizität)}$$

Wie angeführt, wird die Elastizität mit dem griechischem Buchstaben ε (Epsilon) bezeichnet, bisweilen wird auch der griechische Buchstabe η (Eta) benutzt. Der erste tiefergestellte Buchstabe gibt die abhängige Größe an, während der zweite Buchstabe die Größe angibt, bezüglich deren Veränderung die Reagibilität der anderen Größe betrachtet wird.

Der Ausdruck für die Elastizität kann auch umgeformt werden. Statt durch den unteren Bruch zu teilen, kann auch mit dem Kehrwert multipliziert werden:

$$\varepsilon_{xp} = \frac{\frac{dx}{x}}{\frac{dp}{p}} = \frac{dx}{x} * \frac{p}{dp} = \frac{dx}{dp} * \frac{p}{x}$$

Beim letzten Ausdruck wurden die Terme lediglich umsortiert. Die Preiselastizität der Nachfrage ergibt sich also, indem die Ableitung $\frac{dx}{dp}$ mit $\frac{p}{x}$ multipliziert wird. Die Ableitung muß sozusagen mit "ihrem Kehrwert ohne die d's" multipliziert werden. Durch die Multiplikation mit dem Ausdruck $\frac{p}{x}$ wird aus der Ableitung, die das Verhältnis der absoluten Veränderungen darstellt, die Elastizität, die das Verhältnis der relativen Änderungen wiedergibt.

Die zuvor definierte Elastizität $\varepsilon = \frac{dx}{dp} * \frac{p}{x}$ wird bisweilen auch als **Punktelastizität** bezeichnet, denn sie bezieht sich auf die differentiellen Veränderungen, also sozusagen auf die Veränderungen in einem Punkt.

Der Ausdruck $\varepsilon = \frac{\Delta x}{\Delta p} * \frac{p}{x}$, der die Veränderungen in zwei Intervallen in Beziehung setzt, bezeichnet man als **durchschnittliche Elastizität** oder **Bogenelastizität**.

Wenn einfach nur von der Elastizität die Rede ist, so ist in aller Regel die Punktelastizität gemeint.

Die Elastizität ist wieder eine Funktion der ursprünglichen Variablen. Einen konkreten Wert für die Elastizität erhält man, wenn man einen bestimmten Wert für die Variable einsetzt. Wenn Funktionen von mehreren Variablen abhängen, so ergibt sich die Elastizität, indem die partiellen Ableitungen nach der jeweils betrachteten Variablen gebildet werden.

Nachfolgend sei eine Aufgabe als Beispiel angeführt:

Gegeben ist die Nachfragefunktion x in Abhängigkeit vom Preis p

$$x = -2p + 60$$

Wie groß ist die Nachfrageelastizität bei einem gegebenen Preis von p=10? Zunächst muß die Elastizitätsfunktion bestimmt werden:

$$\varepsilon_{xp} = \frac{dx}{dp} * \frac{p}{x} = -2 * \frac{p}{-2p + 60}$$

-2 ist die Ableitung von x nach p. Im zweiten Term wurde für x entsprechend der Nachfragefunktion $(-2p + 80)$ eingesetzt. Die Nachfrageelastizität an der Stelle p=10 erhält man nun, indem man für p 10 einsetzt:

$$\varepsilon_{xp}(10) = -2 * \frac{10}{-2 * 10 + 60} = -0{,}5$$

Um dieses Ergebnis zu interpretieren, sei noch einmal die Definition der Elastizität angeführt:

$$\varepsilon_{xp} = \frac{\frac{dx}{x}}{\frac{dp}{p}} = \frac{dx}{dp} * \frac{p}{x}$$

$\frac{dx}{x}$ ist die relative Änderung von x und $\frac{dp}{p}$ die relative Änderung von p. Sei nun angenommen, $\frac{dp}{p}$ sei 1%. An sich ist dp und somit auch $\frac{dp}{p}$ unendlich klein. Um sich die Zusammenhänge klarzumachen, ist es aber sinnvoll, sich eine Änderung von 1%, die ja auch schon relativ klein ist, vorzustellen. Der Wert der Elastizität gibt nun an, um wieviel Prozent sich x aufgrund der einprozentigen Preisänderung verändert. In diesem Fall würde die Menge also um ein halbes Prozent sinken. Das negative

Vorzeichen der Elastizität drückt also aus, daß von dem Gut weniger nachgefragt wird, wenn der Preis steigt. Der Betrag der Elastizität drückt aus, wie stark dieser Zusammenhang ist. In diesem Fall geht die nachgefragte Menge also nur halb so stark zurück, wie die Preise steigen. Wenn die Veränderung der abhängigen Größe kleiner als die der unabhängigen ist, wie in diesem Fall, nennt man den Zusammenhang **unelastisch**. Ist die Veränderung der Abhängigen größer, so nennt man den Zusammenhang **elastisch**.

Hier sei noch einmal angemerkt, daß die (Punkt)-Elastizität natürlich nur die Elastizität in einem unendlich kleinen Bereich beschreibt und jede Berechnung aufgrund dieser Elastizität für ein endliches Intervall (also z. B. $\frac{dp}{p}$ = 1%) nur eine Näherung als Ergebnis liefert.

Wenn bei dem vorherigen Beispiel nicht die Nachfragefunktion x(p), sondern die Preis-Absatz-Funktion p(x) gegeben gewesen wäre, so hätte es zwei Möglichkeiten zur Lösung der Aufgabe gegeben. Entweder es wäre zunächst die Umkehrfunktion p(x) gebildet worden, oder es wäre x(p) nach p abgeleitet worden. Diese Ableitung ist gerade der Kehrwert von der für die Elastizität benötigten Ableitung. Es gilt (für umkehrbare Funktionen):

$$\varepsilon_{xp} = \frac{dx}{dp} * \frac{p}{x} = \frac{1}{\frac{dp}{dx}} * \frac{p}{x}$$

Durch weiteres Umformen dieser Beziehung ergibt sich ein Zusammenhang zwischen der Elastizität einer Funktion und der Elastizität der Umkehrfunktion:

$$\varepsilon_{\mathbf{xp}} = \frac{dx}{dp} * \frac{p}{x} = \frac{1}{\frac{dp}{dx}} * \frac{p}{x} = \frac{1}{\frac{dp}{dx} * \frac{x}{p}} = \frac{1}{\varepsilon_{\mathbf{px}}}$$

4   Integralrechnung

4.1   Grundlagen

Auch die Integralrechnung hat in den Wirtschaftswissenschaften große Bedeutung. Wie später noch gezeigt wird, können z.B. große Summen durch Integrale angenähert werden. Dieses ist sehr vorteilhaft, denn Summen lassen sich sehr viel schwieriger umformen und berechnen als Integrale.

Das Integral einer Funktion berechnet die Fläche zwischen der Funktion und der x-Achse innerhalb gewisser Grenzen. (Streng genommen gilt dies allerdings nur, wenn die Funktion zwischen den Integrationsgrenzen die x-Achse nicht schneidet. Ansonsten muß das Integral für die Flächenberechnung an den Nullstellen der Funktion aufgeteilt und dann die Beträge der einzelnen Integrale addiert werden.)

Wie schon bei der Differentialrechnung muß auch hier ein Grenzübergang durchgeführt werden. Die Fläche zwischen Funktion und x-Achse wird durch mehrere Rechtecke, deren Fläche sich leicht berechnen läßt, angenähert. Durch immer mehr und immer kleinere Rechtecke kann die Fläche immer besser angenähert werden. Nachfolgend wird dieses Verfahren durchgeführt:

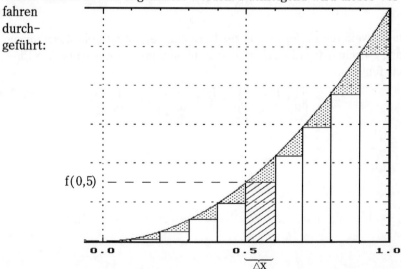

In der Abbildung ist die Fläche, die die Funktion zwischen 0 und 1 mit der x-Achse einschließt, durch mehrere Rechtecke angenähert worden. Alle Rechtecke haben die gleiche Breite ($\triangle$x), und ihre Höhe entspricht gerade dem Funktionswert auf ihrer linken Seite. Bei dem schraffierten Rechteck ist der x-Wert auf der linken Seite gerade 0,5, somit ist die Höhe dieses Rechtecks f(0,5). Für die Fläche (A) des Rechtecks ergibt sich somit:

$$A = f(0,5) * \triangle x$$

Für die gesamte Fläche aller Rechtecke folgt:

$$\sum A = \sum_{x=0}^{9} f(x) * \triangle x$$

Bei dem ersten Rechteck ist der x-Wert auf der linken Seite Null und bei dem letzten 9. $\triangle$x ist hierbei gerade 0,1, denn die Strecke von Null bis 1 wurde in 10 gleichgroße Stücke unterteilt. Es ist klar, daß in dem betrachteten Fall die Summe aller Rechtecke kleiner als die wirkliche Fläche zwischen Funktion und x-Achse ist, und zwar gerade um die Fläche der gepunkteten Dreiecke. Wenn man nun $\triangle$x immer kleiner wählt, also immer mehr und immer schmalere Rechtecke unter die Funktion zeichnet, so wird die Fläche der Rechtecke immer mehr an die Fläche zwischen Funktion und x-Achse herankommen. Dies ist in der nebenstehenden Abbildung für einen Ausschnitt verdeutlicht.

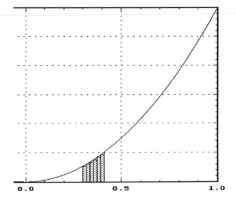

Es läßt sich zeigen, daß sich als Grenzwert für unendlich schmale Rechtecke tatsächlich die Fläche zwischen Funktion und x-Achse ergibt. Bei unendlich schmalen Rechtecken werden die $\triangle$x natürlich unendlich klein. Für derartige unendlich kleine Abschnitte wurde bereits bei der Differentialrechnung der Ausdruck dx eingeführt. Nun ergeben sich aber unendlich viele Rechtecke, die addiert werden müssen. Diese Addition kann nicht mehr durch ein Summenzeichen ausgedrückt werden (genau genommen liegt dies daran, daß $\mathbb{R}$ überabzählbar ist. Bei einer abzählbaren unendlichen Menge könnte man eine Summe von 0 bis ∞ laufen lassen). Es muß ein neues Zeichen definiert werden. Dieses ist das Integral, welches folgendermaßen aussieht: $\int$

Mittels des Integrals ergibt sich nun für den genauen Wert der betrachteten Fläche:

$$\int_0^1 f(x) * dx$$

f(x)*dx ist quasi die Fläche der jeweiligen unendlich schmalen Rechtecke. $\int_0^1$ bedeutet von der Idee her, "daß jeder Wert zwischen Null und 1 in den nachfolgenden Ausdruck für x eingesetzt werden muß und diese Ausdrücke dann alle addiert werden müssen."

Durch das Integral ist es also nun möglich, einen Ausdruck für die genaue Fläche zwischen der Funktion und der x–Achse anzugeben. Der eigentliche Wert dieses Ausdrucks liegt nun darin, daß es für viele Funktionen ein Verfahren gibt, um ihn zu berechnen.

4.2   Bestimmtes und unbestimmtes Integral

Es ergibt sich für Integrale, daß sie mittels der Stammfunktion berechnet werden. Die **Stammfunktion** ist die Funktion, die abgeleitet die ursprüngliche Funktion ergibt. Somit stellt die Integration quasi die Umkehrung der Differenzierung dar. Daher wird das Integrieren bisweilen auch als "Aufleiten" bezeichnet. Man bezeichnet die Stammfunktion mit großen Buchstaben. Zu f(x) nennt man also die Stammfunktion F(x), und es gilt F'(x)=f(x). Dieser Zusammenhang wird bisweilen auch als Hauptsatz der Differential– und Integralrechnung bezeichnet.

Zunächst muß zwischen einem bestimmten Integral und einem unbestimmten Integral unterschieden werden. Ein **unbestimmtes Integral** ist ein Integral ohne Integrationsgrenzen. Hierbei muß die Stammfunktion berechnet werden. In dem Beispiel des letzten Kapitels waren Integralgrenzen gegeben, daher handelte es sich um ein **bestimmtes Integral**. Bei der Berechnung eines bestimmten Integrals muß auch zunächst die

Stammfunktion bestimmt werden. Anschließend müssen dann aber noch die Integrationsgrenzen eingesetzt werden. Nachfolgend wird dies an Beispielen verdeutlicht.

$$\int x^2 dx$$

Da hier keine Integrationsgrenzen gegeben sind, handelt es sich um ein unbestimmtes Integral. Also muß die Stammfunktion von $f(x) = x^2$ bestimmt werden. Welche Funktion ergibt abgeleitet x^2?

Da bei derartigen Funktionen beim Ableiten der Exponent um 1 erniedrigt wird, wäre die erste Idee, es mit x^3 als Stammfunktion zu probieren. Als Ableitung von x^3 ergibt sich aber $3x^2$. Die 3 muß noch eliminiert werden. Dieses geschieht durch Multiplikation mit $\frac{1}{3}$. Mit $F(x) = \frac{1}{3}*x^3$ ist somit eine Stammfunktion von $f(x) = x^2$ gefunden. Allerdings ist dies noch nicht die einzige Stammfunktion. Denn auch $F(x) = \frac{1}{3}*x^3+4$ ist eine Stammfunktion von $f(x) = x^2$, denn die 4 fällt ja beim Ableiten weg. Dieses gilt für jede Konstante, so daß alle Stammfunktionen von x^2 durch $F(x) = \frac{1}{3}*x^3+ c$ mit $c \in \mathbb{R}$ gegeben sind. Es gilt also:

$$\int x^2 dx = \frac{1}{3}*x^3+c$$

Sei nun angenommen, daß folgendes **bestimmte** Integral zu berechnen sei:

$$\int\limits_1^2 x^2 dx$$

Auch hier muß zunächst die Stammfunktion berechnet werden. Diese wird in eckigen Klammern geschrieben, wobei die Integrationsgrenzen hinter die Klammer geschrieben werden. Es ergibt sich:

$$\int\limits_1^2 x^2 dx = \left[\frac{1}{3}*x^3 \right]_1^2$$

Hier taucht keine Konstante auf, denn durch die Vorgabe der Grenzen ist ein eindeutiger Wert für das Integral definiert.

Wenn die Grenzen in die Stammfunktion eingesetzt werden, so ergibt sich die Fläche zwischen Null und dem eingesetzten Wert. Wenn 1 in die Stammfunktion eingesetzt wird, so ergibt sich also die in der nachfolgenden Zeichnung dunkel dargestellte Fläche. Wenn 2 in die Stammfunktion eingesetzt wird, ergibt sich die ganze Fläche von 0 bis 2, also die dunkle und die helle Fläche. Es soll aber nur das Integral von 1 bis 2 berechnet werden, dieses ist nur die helle Fläche. Diese er- 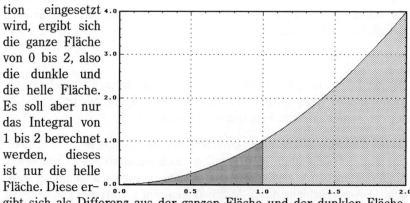 gibt sich als Differenz aus der ganzen Fläche und der dunklen Fläche. Somit ergibt sich das Integral von 1 bis 2 also, indem 2 und 1 in die Stammfunktion eingesetzt werden und der zweite Term von dem ersten abgezogen wird.

Für x muß also die obere und die untere Grenze eingesetzt werden. Der Ausdruck mit der unteren Grenze wird von dem mit der oberen Grenze abgezogen:

$$\left[\frac{1}{3} * x^3 \right]_1^2 = \frac{1}{3} * 2^3 - \frac{1}{3} * 1^3 = \frac{8}{3} - \frac{1}{3} = \frac{7}{3}$$

Aus dem zuvor Dargelegten läßt sich eine weitere Regel für Integrale folgern. Angenommen, die beiden folgenden Integrale sollen addiert werden:

$$\int_0^1 x^2 dx + \int_1^2 x^2 dx$$

Das erste Integral ist die dunkle Fläche in der vorherigen Zeichnung und das zweite die hellere Fläche. Werden diese beiden Flächen addiert, so ergibt sich natürlich die gesamte gekennzeichnete Fläche. Es gilt also:

$$\int_0^1 x^2 dx + \int_1^2 x^2 dx = \int_0^2 x^2 dx$$

Allgemein formuliert gilt also:

$$\int_a^b f(x)dx + \int_b^c f(x)dx = \int_a^c f(x)dx$$

Hier noch ein Beispiel dafür, daß sich Summen durch Integrale annähern lassen. Angenommen, es sei die **Summe** aller natürlichen Zahlen von 1 bis 1000 zu berechnen:

$$\sum_{x=1}^{1000} x$$

Diese Summe läßt sich mit einem Trick relativ einfach berechnen. Man faßt immer zwei Zahlen zusammen, so daß sich jeweils 1001 ergibt:

1.000	999	998	997	996	995	994	993	992	...501
+1	+2	+3	+4	+5	+6	+7	+8	+9	...+500
= 1.001	1.001	1.001	1.001	1.001	1.001	1.001	1.001	1.001	...1.001

Insgesamt kann man also 500 mal 1.001 zusammenbasteln. Somit ergibt sich:

$$\sum_{x=1}^{1000} x = 500 * 1.001 = 500.500$$

Wie kann nun die Summe durch ein Integral ersetzt werden? Die einzelnen Summanden lauten 1, 2, 3, ... Wenn man bei der Funktion nun um jeden Wert ein Intervall von der Breite 1 legt, so sind die dabei entstehenden Flächen eine gute Näherung für den jeweiligen mittleren x-Wert (da es sich um eine lineare Funktion handelt, ist die Näherung exakt).

Nebenstehend ist der Sachverhalt graphisch dargestellt. Die Summe aller Flächen erhält man also, indem die Funktion von 0,5 bis 1000,5 integriert wird. Dieses Integral wird nachfolgend berechnet:

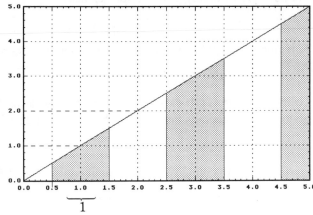

$$\int_{0,5}^{1000,5} x \ dx = [\tfrac{1}{2}x^2]_{0,5}^{1000,5} = 500.500{,}125 - 0{,}125 = 500.500$$

Das Integral liefert hier also exakt den gleichen Wert. Dies liegt allerdings daran, daß es sich um eine lineare Funktion handelt. In dem Bei-

spiel war es auch ohne Integral relativ leicht möglich, die Summe zu berechnen. Viele Summen können aber nicht auf so einfache Art berechnet
werden, so daß die Näherung durch ein Integral durchaus Sinn macht. So
z.B. bei folgender Summe:

$$\sum_{x=1}^{1000} x^3$$

4.3 Bestimmung von einfachen Integralen

4.3.1 Einfache Stammfunktionen

Im vorherigen Abschnitt waren schon die Überlegungen zur Integration
von Potenzen von x dargelegt worden. Dies wird nachfolgend noch einmal an einem Beispiel durchgeführt. Sei z.B. $f(x)=x^3$, bei derartigen
Funktionen wird beim Differenzieren der Exponent um 1 erniedrigt, daher muß der Exponent der Stammfunktion um 1 größer sein als der Exponent der Ursprungsfunktion. Für $F(x)=x^4$ ergibt sich als Ableitung
$f(x)=4*x^3$. Gesucht war aber eine Stammfunktion zu $f(x)=x^3$, daher muß
die 4 noch eliminiert werden, dies geschieht, indem der Ausdruck mit $\frac{1}{4}$
multipliziert wird, insgesamt ergibt sich also:

$$F(x) = \frac{1}{4} * x^4 + c$$

Entsprechend ergibt sich, allgemein formuliert, als Stammfunktion zu

$$f(x)=x^b \quad F(x) = \frac{1}{b+1} * x^{b+1} + c$$

Lediglich für b= -1 gilt diese Regel nicht. Aber auch für diesen Fall ist die
Stammfunktion bereits bekannt. Für b= -1 lautet die Funktion:

$$f(x) = x^{-1} = \frac{1}{x}$$

$\frac{1}{x}$ ist aber die Ableitung von $\ln(x)$. Somit ergibt sich als Ableitung

$$\text{von } F(x) = \ln|x| + c \quad f(x) = \frac{1}{x}.$$

Die senkrechten Striche um das x sind **Betragsstriche.** Betragsstriche
machen den Wert, der zwischen ihnen steht, immer positiv. Wenn x hier
positiv ist, passiert also gar nichts, ist x dagegen negativ, so ändert sich
das Vorzeichen aufgrund der Betragsstriche. Die Betragsstriche sind
notwendig, weil der ln nur für positive Argumente (x-Werte) definiert

ist. Mittels der Betragsstriche stellt er aber auch für den negativen Ast der Hyperbel ($\frac{1}{x}$) die Stammfunktion dar. Daß dieses gilt, läßt sich folgendermaßen veranschaulichen: Die Ausgangsfunktion gibt die Steigung der Stammfunktion an. Der ln|x| liefert natürlich die gleichen Funktionswerte für positive und negative x-Werte. $x^{-1} = \frac{1}{x}$ muß also für positive und negative x-Werte die gleiche Steigung haben. Da dies aber für alle punktsymmetrischen Funktionen gilt und x^{-1} punktsymmetrisch zum Ursprung ist (nur ungradzahlige Exponenten), stimmt die Behauptung. Die nebenstehende Abbildung veranschaulicht den Zusammenhang.

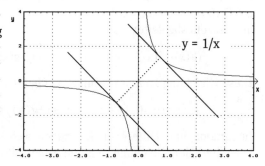

Die Stammfunktion von e^x ist natürlich e^x+c. Denn die Ableitung von e^x+c ist e^x.

Die Trigonometrischen Funktionen sind auch recht einfach zu integrieren. Es gilt für die Ableitungen:

$$f(x) = \sin(x) \quad f'(x) = \cos(x)$$
$$f(x) = \cos(x) \quad f'(x) = -\sin(x)$$

Mit diesem Wissen lassen sich die Stammfunktionen von sin und cos ermitteln:

$$f(x) = \sin(x) \quad F(x) = -\cos(x)+c$$
$$f(x) = \cos(x) \quad F(x) = \sin(x)+c$$

4.3.2 Integrale von Funktionen, die addiert oder mit Konstanten multipliziert werden

Für diese beiden Fälle ergibt sich für das Integrieren eine sehr einfache Regel, die sofort aus den Ableitungsregeln folgt. Wenn die **Summe oder die Differenz** zweier Funktionen abgeleitet wird, so können die Funktionen einzeln abgeleitet werden:

$$(F(x)+G(x))' = F'(x)+G'(x) = f(x)+g(x)$$

Diese Gleichung kann nun einfach auf beiden Seiten integriert werden.

$$\int (F(x)+G(x))'\,dx = \int (f(x)+g(x))\,dx$$

Integration und Differenziation heben sich gegenseitig auf, so daß die linke Seite der Gleichung sich umformen läßt:

$$F(x)+G(x) = \int (f(x)+g(x))\,dx$$

oder anders geschrieben:

$$\int (f(x)+g(x))\,dx = \int (f(x))\,dx + \int (g(x))\,dx$$

Viele **Brüche** können integriert werden, indem man sie in einzelne Summanden aufspaltet. An folgendem Beispiel wird dies verdeutlicht:

$$\int \frac{x^3 + 2x - 3}{x^2}dx = \int (\frac{x^3}{x^2} + \frac{2x}{x^2} - \frac{3}{x^2})\,dx = \int (x + \frac{2}{x} - \frac{3}{x^2})\,dx$$

$$= \int x\,dx + \int \frac{2}{x}dx - \int 3x^{-2}dx = \frac{1}{2}x^2 + 2*\ln(x) + 3x^{-1}$$

Wenn eine Funktion mit einem **Faktor multipliziert** wird, bleibt dieser Faktor beim Ableiten einfach stehen. Dementsprechend bleiben Faktoren auch beim Integrieren erhalten. Sei z.B. $f(x) = 9*x^3$ zu integrieren. Die Stammfunktion zu x^3 ist $\frac{1}{4}*x^4$. Die 9 muß nun als Faktor noch zu der Stammfunktion dazugefügt werden, so daß sich als Stammfunktion

$$F(x) = \frac{9}{4}*x^4 + c \text{ ergibt.}$$

Allgemein gilt für Faktoren:

$$\int a*f(x)\,dx = a*\int f(x)\,dx = a*F(x) + c$$

4.3.3 Einfache verkettete Funktionen

Unter dieser Überschrift sollen Funktionen verstanden werden, deren innere Ableitung eine Konstante ist. In diesen Fällen muß bei der Integration die "Stammfunktion" der äußeren Funktion gebildet werden und zusätzlich durch die innere Ableitung geteilt werden. Dieses Verfahren kann auch als ein Spezialfall der Substitutionsregel, die im nächsten Abschnitt behandelt wird, betrachtet werden. Man kann also bei den hier betrachteten Fällen auch die Substitutionsregel anwenden.

An einem Beispiel wird das Verfahren verdeutlicht:

$$\int (e^{3x})\, dx$$

Die äußere Funktion ist die e-Funktion. Die innere Funktion ist $3x$. Die Ableitung der inneren Funktion ist somit eine Konstante, nämlich 3. Für das Integral ergibt sich nun:

$$\int (e^{3x})\, dx = \frac{1}{3}e^{3x} + c$$

Die äußere Ableitung von e^{3x} ergibt die gewünschte Funktion. Aber beim Ableiten muß noch mit der inneren Ableitung multipliziert werden. Diese ergibt 3 und wird gerade durch die $\frac{1}{3}$ wieder aufgehoben.

Nachfolgend noch ein Beispiel:

$$\int (\sin(5x))dx = -\frac{1}{5}\cos(5x) + c$$

Die äußere Ableitung von $-\cos(5x)$ ergibt $\sin(5x)$. Die innere Ableitung von 5 wird durch $\frac{1}{5}$ wieder beseitigt.

Es läßt sich nun auch folgender Ausdruck integrieren:

$$\int (ax+b)^n dx \text{ mit } n \in \mathbb{R} \setminus \{-1\}$$

$$= \frac{1}{a} * \frac{1}{n+1} * (ax+b)^{n+1} + c$$

Mit dieser Methode können auch beliebige Exponentialfunktionen integriert werden:

$\int (a^x)\,dx$ mit $a \in \mathbb{R}^+ \setminus \{0\}$

Wie schon beim Ableiten von derartigen Funktionen, muß die Funktion zunächst auf die e-Funktion zurückgeführt werden. Es gilt:

$$a^x = e^{(\ln(a^x))} = e^{\ln(a) * x}$$

ln(a) ist nicht von x abhängig und daher eine Konstante. Somit ist die äußere Funktion nun die e-Funktion und die innere Funktion ln(a)*x. Als innere Ableitung ergibt sich somit ln(a). Für das Integral folgt:

$$\int (a^x)\,dx = \int (e^{\ln(a) * x})\,dx = \frac{1}{\ln(a)} * e^{\ln(a) * x}$$

Man hätte hier auch zunächst für ln(a) eine beliebige Zahl (z.B. 3) einsetzen und diese dann nach erfolgter Integration wieder durch ln(a) ersetzen können.

4.4 Komplexere Integrationsmethoden

Hierbei werden Verfahren betrachtet, die teilweise die Umkehrung von Ableitungsregeln darstellen. Die Substitutionsregel stellt die Umkehrung der Kettenregel dar. Die partielle Integration beruht auf der Produktregel.

4.4.1 Substitutionsregel

Mittels der Substitutionsregel können viele Integrale gelöst werden. Substitution bedeutet, daß die Variable durch eine andere Variable ersetzt wird. Das Ziel ist es hierbei, mittels dieser anderen Variablen ein Integral zu erhalten, das sich mit bekannten Integrationsmethoden lösen läßt. Am besten läßt sich das Prinzip an einem Beispiel veranschaulichen:

Es sei folgendes Integral gegeben:

$$\int (3x + 4)^2 dx$$

Wenn man den Ausdruck in der Klammer durch eine neue Variable ersetzt, so erhält man ein Integral, das sich lösen läßt. Man setzt:

$$y = 3x + 4$$

Die Variable x wird also entsprechend dieser Vorschrift durch die Variable y ersetzt. Wenn man in dem Integral entsprechend ersetzt, ergibt sich:

$$\int y^2 dx$$

Als Variable taucht nun y in dem Integral auf, aber es steht trotzdem noch ein dx in dem Integral. Damit das Integral berechnet werden kann, muß zunächst das dx noch durch einen Ausdruck mit dy ersetzt werden. Um diese Ersetzungsvorschrift zu erhalten, kann man die Funktion, entsprechend derer man ersetzt, nach der ursprünglichen Variablen ableiten:

$$f(x) = y = 3x + 4$$

$$\Rightarrow f'(x) = \frac{dy}{dx} = 3$$

(f'(x) ist gerade über $\frac{dy}{dx}$ definiert worden, siehe Einführung zum Differentialquotienten)

dx kann nun durch dy ausgedrückt werden:

$$\frac{dy}{dx} = 3 \mid *dx$$

$$\Leftrightarrow dy = 3dx \mid /3$$

$$\Leftrightarrow \frac{1}{3}dy = dx$$

Entsprechend dieser Vorschrift kann in dem Integral das dx nun durch dy ersetzt werden, somit ergibt sich:

$$\int y^2 \frac{1}{3} dy$$

Dieses Integral kann nun gelöst werden. (Wenn in dem Integral noch ein x auftauchen würde, so müßte auch dieses noch ersetzt werden. Hierzu müßte man die Ersetzungsvorschrift nach x auflösen und das Ergebnis entsprechend für x einsetzen.)

$$\int y^2 \frac{1}{3} dy = \frac{1}{3}* \int y^2 dy = \frac{1}{3}*\frac{1}{3}y^3 + c = \frac{1}{9}y^3 + c$$

Nachdem das Integral gelöst wurde, muß die Substitution wieder rückgängig gemacht werden. Hierzu setzt man für y einfach wieder den Term, der zuvor ersetzt wurde ein:

$$= \frac{1}{9}(3x + 4)^3 + c$$

Bei dem zuvor betrachteten Beispiel war es relativ offensichtlich, daß sich durch die Substitution ein Integral ergibt, das sich lösen läßt. Bei den nachfolgenden Beispielen ist dies nicht ganz so leicht zu sehen.

$$\int (x* \cos(x^2))dx$$

Am geschicktesten ersetzt man hier x^2 durch y:

$$y = x^2$$

Wenn die Variable x durch die Variable y substituiert wird, muß auch das dx durch ein dy ersetzt werden. Entsprechend dem vorherigen Beispiels ergibt sich:

$$f(x) = y = x^2 \Rightarrow f'(x) = \frac{dy}{dx} = 2x$$

(f'(x) ist gerade über $\frac{dy}{dx}$ definiert worden)

dx kann nun durch dy ausgedrückt werden:

$$\frac{dy}{dx} = 2x \Leftrightarrow dx = \frac{dy}{2x}$$

Nun kann in dem Integral x^2 durch y und dx durch $\frac{dy}{2x}$ ersetzt werden:

$$\int (x*\cos(x^2))dx = \int x*\cos(y)*\frac{dy}{2x} = \int \frac{1}{2}*\cos(y)*dy$$

Die verbliebenen x haben sich herausgekürzt. (Dies liegt daran, daß y so gewählt wurde, daß die Ableitung von y nach x bis auf einen Faktor gerade der vorderen Funktion entsprach. Wenn noch weiterhin x in dem Integral stehen würde, so müßte es durch eine Auflösung der Ersetzungsbedingung nach x ersetzt werden.)

Somit ist ein Integral entstanden, das sich integrieren läßt:

$$\int \frac{1}{2}*\cos(y)*dy = \frac{1}{2}*\sin(y) + c$$

Schließlich muß die Substitution wieder rückgängig gemacht werden:

$$\frac{1}{2}*\sin(y) + c = \frac{1}{2}*\sin(x^2) + c$$

Das vorherige Beispiel war ein Spezialfall von einer Gruppe von Integralen, die sich mit Substitution lösen lassen. Nachfolgend wird die Ableitung der Lösung des Integrals betrachtet:

$$F(x) = \frac{1}{2}*\sin(x^2) + c$$

$$\Rightarrow F'(x) = \frac{1}{2}*\cos(x^2) * 2x = \cos(x^2) * x$$

Der vordere Term ist die äußere Ableitung und der hintere Term (2x) die innere Ableitung. Bei der Lösung der Aufgabe wurde die innere Funktion von $\cos(x^2)$ ersetzt. Als Ableitung dieser inneren Funktion $y=x^2$ ergibt sich $y'=2x$. Bis auf den Faktor (die 2) entspricht die Ableitung der inneren Funktion gerade der Funktion, mit der $\cos(x^2)$ in dem Integral multipliziert wurde. In derartigen Fällen kann man immer, wie in dem Beispiel, die innere Funktion substituieren. Weiterhin braucht man in diesen Fällen die Substitutionsvorschrift nicht nach x aufzulösen, weil sich nach dem Einsetzen von y und dy die restlichen x-Terme herauskürzen. Nachfolgend sind noch drei weitere Beispiele für derartige Integrale angegeben:

$\int e^{(x^3)} * x^2 dx$ Substitution: $y = x^3$

Lösung: $\frac{1}{3} e^{(x^3)} + c$

$\int \frac{2x+2}{x^2+2x} dx = \int \frac{1}{x^2+2x}(2x+2)dx$ Substitution: $y = x^2 + 2x$

Lösung: $\ln|x^2 + 2x| + c$

$\int x * \sqrt{x^2+1} \, dx$ Substitution: $y = x^2 + 1$

Lösung: $\frac{1}{3}(x^2 + 1)^{\frac{3}{2}} + c$

Damit die Aufgaben sich auch zu Übungszwecken eignen, wurde jeweils die Lösung angegeben. Wenn man die zugrundeliegende Idee bei diesen Aufgaben (in dem Integral steht ein Produkt von Funktionen, und die eine dieser Funktionen ist bis auf einen Faktor die innere Ableitung der anderen Funktion) versteht, kann man die Lösung zu den Aufgaben auch finden, ohne daß eine Rechnung mittels Substitution durchgeführt wird.

Wenn ein bestimmtes Integral zu berechnen ist, kann genauso wie zuvor verfahren werden. D.h. es wird zunächst das unbestimmte Integral mittels Substitution berechnet. Erst nachdem die Substitution wieder rückgängig gemacht wurde, werden die alten Grenzen in die Stammfunktion, die sich als Lösung ergeben hat, eingesetzt. Es gibt in diesem Fall zwar auch die Möglichkeit, die Grenzen zu substituieren und statt dessen die ursprüngliche Substitution nicht wieder rückgängig zu machen, aber es dürfte leichter sein, sich an das vorherige Verfahren zu halten.

Dieses sieht für ein bestimmtes Integral folgendermaßen aus:

$$\int_0^{\sqrt{\Pi}}(x * \cos(x^2))dx$$

Hier wurde das Integral aus dem vorherigem Beispiel um Grenzen ergänzt. Die Berechnung wird nun zunächst wie zuvor ohne Grenzen durchgeführt. Die sich schließlich ergebende Stammfunktion (ohne das c) wird dann in Klammern gesetzt und die Grenzen hinten angefügt. Die Stammfunktion kann hier aus der vorherigen Berechnung übernommen werden:

$$\int_0^{\sqrt{\Pi}}(x * \cos(x^2)) \, dx = \left[\frac{1}{2} * \sin(x^2)\right]_0^{\sqrt{\Pi}} = \frac{1}{2} * \sin((\sqrt{\Pi})^2) - \frac{1}{2} * \sin(0^2)$$

$$= \frac{1}{2}*\sin(\Pi) - \frac{1}{2}*0 = 0$$

Nachfolgend wird ein weiteres Beispiel für die Lösung eines Integrales mittels Substitution angeführt, wobei es sich um einen etwas komplizierteren Ausdruck handelt.

Berechnen Sie mit der Substitutionsregel:

$$\int \frac{x^2 + x - 2}{\sqrt{x - 1}} \, dx$$

Mittels Substitution kann dieses Integral auf eine integrierbare Form gebracht werden. Häufig kann man aber erst durch Ausprobieren feststellen, ob und mittels welcher Substitution ein Integral lösbar ist. Hier wird folgendermaßen ersetzt:

$$y = x - 1 \quad \Rightarrow \quad \frac{dy}{dx} = 1 \Leftrightarrow dx = dy$$

Wenn man nun für (x-1) und dx einsetzt ergibt sich:

$$\int \frac{x^2 + x - 2}{\sqrt{x - 1}} \, dx = \int \frac{x^2 + x - 2}{\sqrt{y}} \, dy$$

Da immer noch x in dem Integral auftaucht, muß die Ersetzungsbedingung nach x aufgelöst werden, um alle x zu ersetzen:

$$y = x - 1 \Leftrightarrow x = y + 1$$

Nun kann in dem Integral ersetzt werden:

$$\int \frac{(y+1)^2 + (y+1) - 2}{\sqrt{y}} \, dy$$

$$= \int \frac{y^2 + 2y + 1 + y - 1}{\sqrt{y}} \, dy = \int \frac{y^2 + 3y}{\sqrt{y}} \, dy$$

Dieses Integral kann nun, wie in Abschnitt 8.3.2 für die Integration von Brüchen angeführt, in einzelne Brüche zerlegt werden. Hierbei können die einzelnen Brüche jeweils gekürzt werden, und es ergibt sich:

$$= \int (y^{\frac{3}{2}} + 3y^{\frac{1}{2}}) \, dy$$

$$= \frac{2}{5} y^{\frac{5}{2}} + 3 * \frac{2}{3} y^{\frac{3}{2}} + c$$

Schließlich muß die Substitution wieder rückgängig gemacht werden:

$$= \frac{2}{5} (x - 1)^{\frac{5}{2}} + 2(x - 1)^{\frac{3}{2}} + c$$

In den betrachteten Fällen wurde immer über x integriert, und als neue Variable wurde y eingeführt. Natürlich kommt diesen Bezeichnungen keine inhaltliche Bedeutung zu. Gebräuchlich ist z.B. auch für die Substitution z oder auch g(x) zu schreiben.

4.4.2 Partielle Integration

Diese Regel wird bisweilen auch als Produktintegration bezeichnet. Dies deutet schon darauf hin, daß sie aus der Produktregel hervorgeht. Die Produktregel lautet:

$$(f*g)' = f'*g + f*g'$$

Diese Gleichung kann nun integriert werden:

$$\int (f*g)' = \int f'*g + \int f*g'$$

Auf der linken Seite heben sich Integration und Differntiation auf. (Streng genommen entsteht allerdings eine Integrationskonstante, da zunächst differenziert und dann integriert wird. Allerdings steckt in den verbleibenden Integralen sowieso noch eine Integrationskonstante, so daß diese jetzt weggelassen werden kann.)

$$f*g = \int f'*g + \int f*g'$$

Diese Gleichung wird nun noch umgestellt:

$$\Leftrightarrow \int f'*g = f*g - \int f*g'$$

Dies ist die Regel zur partiellen Integration.

Nachfolgend wird an einem Beispiel gezeigt, wie diese Regel nutzbringend für die Integration von bestimmten Produkten benutzt wird:

Folgendes Integral sei zu lösen:

$$\int x*e^x dx$$

Hier werden zwei Funktionen miteinander multipliziert. Die eine von beiden (e^x) reproduziert sich beim Ableiten und damit auch beim Integrieren. Die andere vereinfacht sich dagegen beim Ableiten. Die, die sich beim Ableiten vereinfacht, bezeichnet man nun mit g(x), denn nach Anwendung der Regel zur partiellen Integration bleibt ein Integral übrig, in dem die Ableitung von g(x) steht. In diesem Fall wird also folgendes gewählt:

$$g(x) = x \quad \text{und} \quad f'(x) = e^x$$

Für $g'(x)$ und $f(x)$ ergibt sich somit folgendes:

$$g'(x) = 1 \quad \text{und} \quad f(x) = e^x$$

Nun muß nur noch entsprechend der Regel zur partiellen Integration eingesetzt werden:

$$\int x * e^x dx = e^x * x - \int e^x * 1 dx$$

Das Integral auf der rechten Seite läßt sich nun lösen:

$$= e^x * x - e^x + c = e^x * (x-1) + c$$

Der Trick bei der partiellen Integration ist es, ein Integral, das zunächst nicht gelöst werden kann, auf die Lösung eines anderen Integrals zurückzuführen, das man lösen kann. Das Verfahren zur partiellen Integration kann auch mehrfach hintereinander ausgeführt werden, wie folgendes Beispiel zeigt:

$$\int \sin(x) * x^2 dx$$

$$f'(x) = \sin(x) \quad g(x) = x^2$$
$$f(x) = -\cos(x) \quad g'(x) = 2x$$

$$\Rightarrow \int \sin(x) * x^2 dx = -\cos(x) * x^2 - \int (-\cos(x) * 2x) dx$$

$$= -\cos(x) * x^2 + 2 \int (\cos(x) * x) dx$$

$$f'(x) = \cos(x) \quad g(x) = x$$
$$f(x) = \sin(x) \quad g'(x) = 1$$

$$\Rightarrow \int \sin(x) * x^2 dx = -\cos(x) * x^2 + 2 \sin(x) * x - \int \sin(x) * 1 dx$$

$$= -\cos(x) * x^2 + 2\sin(x) * x + 2\cos(x) + c$$

Hier sei noch darauf hingewiesen, daß sich natürlich längst nicht alle Integrale von Produkten durch partielle Integration lösen lassen.

4.5 Tabelle wichtiger Stammfunktionen

Für einige spezielle Fälle wurde im vorherigen Abschnitt besprochen, wie diese zu integrieren sind. Es wurde bisher keine allgemeine Regel angegeben, wie Produkte von Funktionen oder verkettete Funktionen integriert werden können. Dieses hat einen Grund: Es gibt keine solche Regel. Es gibt sogar Funktionen, die sich gar nicht (geschlossen) integrieren lassen. Dies bedeutet, daß es für diese Funktionen keine Stammfunktion gibt. Ein Beispiel für eine solche Funktion ist die Normalverteilung. Unnormiert hat diese die Gestalt $f(x) = e^{-x^2}$. Das Integral über diese Funktion ist die Gaußsche Summenfunktion, die bei einer normalverteilten Größe die Wahrscheinlichkeit angibt, daß der Wert für x zwischen den Integralgrenzen liegt. Da es keine Funktion gibt, die abgeleitet e^{-x^2} ergibt, kann die Gaußsche Summenfunktion nur numerisch (d.h. durch Näherungsverfahren) berechnet werden.

Nachfolgend wird eine Übersicht über die wichtigsten Stammfunktionen gegeben. Zeilen, die mit ⇒ beginnen, lassen sich immer durch Anwendung der nächst "höheren" Regel ohne ⇒ berechnen. Rechts in der Tabelle steht jeweils die Stammfunktion der linken Funktion. Diese Formulierung ist natürlich gleichbedeutend damit, daß links jeweils die Ableitung der rechten Funktion steht.

Funktion	Stammfunktion
f(x)	F(x)
$x^{-1} = \dfrac{1}{x}$	$\ln(x)$
$\Rightarrow \dfrac{1}{x+a}$	$\ln(x+a)$
$x^n \quad n \in \mathbb{R}\setminus\{-1\}$	$\dfrac{1}{n+1} * x^{n+1}$
$\Rightarrow \sqrt{x} = x^{\frac{1}{2}}$	$\dfrac{1}{\frac{1}{2}+1} * x^{\frac{1}{2}+1} = \dfrac{2}{3} * x^{\frac{3}{2}}$
$\Rightarrow \dfrac{1}{x^3} = x^{-3}$	$\dfrac{1}{-3+1} * x^{-3+1} = -\dfrac{1}{2}x^{-2}$
$\Rightarrow \dfrac{1}{\sqrt[3]{x^5}} = x^{-\frac{5}{3}}$	$\dfrac{1}{-\frac{5}{3}+1} * x^{-\frac{5}{3}+1} = -\dfrac{3}{2} * x^{-\frac{2}{3}}$

$\Rightarrow (ax+b)^n \quad n \in \mathbb{R} \setminus \{-1\}$	$\frac{1}{a} * \frac{1}{n+1} * (ax+b)^{n+1}$
$\sin(x)$	$-\cos(x)$
$\cos(x)$	$\sin(x)$
$\ln(x)$	$x * \ln(x) - x$
$\Rightarrow \ln(a*x) = \ln(a) + \ln(x)$	$\ln(a)*x + x*\ln(x) - x$
e^x	e^x
$\Rightarrow e^{a*x}$	$\frac{1}{a} e^{a*x}$
$\Rightarrow a^x = e^{\ln(a)*x}$	$\frac{1}{\ln(a)} * e^{\ln(a)*x} = \frac{1}{\ln(a)} * a^x$
$a, \quad a \in \mathbb{R}$	ax

Es ist jeweils eine Stammfunktion angegeben worden. Alle Stammfunktionen ergeben sich, wenn jeweils noch eine beliebige Konstante addiert wird.

Wie im vorherigen Abschnitt gezeigt, bleiben Faktoren beim Integrieren erhalten. Dies bedeutet, daß, wenn eine der angeführten Funktionen mit einem beliebigem Faktor multipliziert wird, auch die Stammfunktion mit diesem Faktor multipliziert werden muß. Außerdem können Summen und Differenzen von Funktionen einzeln integriert werden:

$\int a * f(x) \, dx$	$= a * \int f(x) \, dx$
$\int (f(x) + g(x)) \, dx$	$= \int (f(x)) \, dx + \int (g(x)) \, dx$

4.6   Integralfunktionen

Wenn die eine Grenze eines bestimmten Integrals eine Variable ist, so wird durch diesen Ausdruck eine Funktion definiert. Eine solche Funktion nennt man Integralfunktion:

$$F(x) = \int_a^x g(t)\ dt \quad \text{wobei a eine Konstante ist.}$$

Wenn die Integration über t hier durchgeführt wird, so ergibt sich eine "normale" Funktion von x. Die Integration liefert nach dem Einsetzen:

$$F(x) = G(x) - G(a)$$

Wenn man diese Funktion ableitet, ergibt sich:

$$F'(x) = g(x)$$

Da der hintere Term nicht von x abhängig ist, fällt er beim Differenzieren weg.

Die Ableitung einer Integralfunktion ist also gerade die Funktion, die im Integral steht.

4.7   Übungsaufgaben

Zur Übung sollte zunächst versucht werden, die nachfolgenden Aufgaben selbst zu lösen.

Berechnen Sie die Integrale:

1 $\int_2^4 (\frac{4}{x} + x - 4)\, dx$

2 $\int_2^3 (\cos(x) - \frac{1}{x} + \frac{1}{\sqrt[3]{x^5}} - e^{-x})\, dx$

3 $\int_1^2 \frac{x^2 + x - 1}{x^2}\, dx$

4 Bestimmen Sie die obere Grenze b (b≠0) so, daß gilt:

$$\int_0^b (3x^2 - 10x + 6)\,dx = 0$$

5 Zeigen Sie, daß F: x → ln(ln(x)) Stammfunktion von

f: x → $\dfrac{1}{x*\ln(x)}$ ist.

Lösungsvorschläge:

1
$$\int_2^4 (\frac{4}{x} + x - 4)\,dx = [\,4\ln(x) + \frac{1}{2}x^2 - 4x\,]_2^4$$

$$= 4\ln(4) + \frac{1}{2}4^2 - 4*4 - (4\ln(2) + \frac{1}{2}2^2 - 4*2)$$

$$= 5.545 + 8 - 16 - 2.773 - 2 + 8 = 0.773$$

2
$$\int_2^3 (\cos(x) - \frac{1}{x} + \frac{1}{\sqrt[3]{x^5}} - e^{-x})\,dx$$

$$= \int_2^3 (\cos(x) - \frac{1}{x} + x^{-\frac{5}{3}} - e^{-x})\,dx$$

$$= [\,\sin(x) - \ln(x) - \frac{3}{2}x^{-\frac{2}{3}} + e^{-x}\,]_2^3$$

$$= \sin3 - \ln3 - \frac{3}{2}3^{-\frac{2}{3}} + e^{-3} - (\sin2 - \ln2 - \frac{3}{2}2^{-\frac{2}{3}} + e^{-2})$$

$$= 0.141 - 1.099 - 0.721 + 0.05 - 0.909 + 0.693 + 0.945 - 0.135 = \mathbf{-1.035}$$

3
$$\int_1^2 \frac{x^2 + x - 1}{x^2}\,dx = \int(\frac{x^2}{x^2} + \frac{x}{x^2} - \frac{1}{x^2})\,dx = \int(1 + \frac{1}{x} - \frac{1}{x^2})\,dx$$

$$= \int 1\,dx + \int\frac{1}{x}\,dx - \int x^{-2}\,dx = [x + \ln(x) + x^{-1}]_1^2$$

$$= 2 + \ln(2) + \frac{1}{2} - (1 + \ln(1) + 1)$$

$$= 2 + 0.693 + 0.5 - 1 - 0 - 1 = 1.193$$

4   Hier muß das Integral berechnet und das Ergebnis dann gleich Null gesetzt werden.

$$\int_0^b (3x^2 - 10x + 6)\, dx = [\; x^3 - 5x^2 + 6x \;]_0^b$$

$$= b^3 - 5b^2 + 6b - (\,0 - 0 + 0\,) = b^3 - 5b^2 + 6b$$

$$b^3 - 5b^2 + 6b = 0 \Leftrightarrow b * (b^2 - 5b + 6) = 0$$

$$\Leftrightarrow b = 0 \;\vee\; b^2 - 5b + 6 = 0$$

In der Aufgabenstellung ist angegeben, daß $b \neq 0$ sein soll, somit kommt nur die zweite Bedingung in Frage. Die quadratische Gleichung wird nachfolgend gelöst (siehe Anhang):

$$b^2 - 5b + 6 = 0 \Leftrightarrow (b-2{,}5)^2 - 6{,}25 + 6 = 0$$
$$\Leftrightarrow (b-2{,}5)^2 = 0{,}25 \Leftrightarrow b-2{,}5 = 0{,}5 \;\vee\; b-2{,}5 = -0{,}5$$
$$\Leftrightarrow \mathbf{b = 3} \;\vee\; \mathbf{b = 2}$$

---

5   Die Ableitung der Stammfunktion muß die Funktion ergeben. Am einfachsten ist es bei dieser Aufgabe, dieses nachzuweisen.

$F(x) = \ln(\ln(x))$ ist eine verkettete Funktion, so daß die Kettenregel angewendet werden muß:

$$F(x) = g(h(x)) \Rightarrow g(y) = \ln(y) \quad h(x) = \ln(x)$$

äußere Ableitung: $g'(y) = \dfrac{1}{y} \Rightarrow g'(x) = \dfrac{1}{\ln(x)}$

innere Ableitung: $h'(x) = \dfrac{1}{x}$

$$\Rightarrow F'(x) = h'(x) * g'(x) = \frac{1}{x * \ln(x)} = f(x)$$

5 Differentialrechnung mehrerer Veränderlicher

5.1 Grundlagen

Bisher wurden nur Funktionen betrachtet, die aus einer eindimensionalen Menge (Definitionsbereich) in eine eindimensionale Menge (Wertebereich) abgebildet haben. Allgemein können Funktionen aber aus einer beliebig dimensionalen Menge in eine andere beliebig dimensionale Menge abbilden. Dieses ist keinesfalls ein skurriles mathematisches Konstrukt, sondern eine für die Praxis sehr wichtige Erweiterung des Funktionsbegriffes. Z.B. ist fast jede Produktionsfunktion oder Nutzenfunktion eine Abbildung aus einer mehrdimensionalen Menge in eine eindimensionale Menge. Die zweidimensionalen Zeichnungen derartiger Funktionen (wenn die Funktionen zwei Variable haben), die in der Ökonomie häufig benutzt werden, sind lediglich Darstellungen der Höhenlinien dieser Funktionen. Diese Höhenlinien nennt man bei Produktionsfunktionen Isoquanten (Kurven gleichen Outputs) und bei Nutzenfunktionen Indifferenzkurven (Kurven gleichen Nutzens, denen gegenüber der Haushalt indifferent ist). Anschaulich sind derartige Höhenlinien mit den Höhenlinien auf einer Landkarte zu vergleichen. Auch die Landkarte ist eine zweidimensionale Abbildung eines dreidimensionalen Gebildes.

Nachfolgend ist die Zeichnung einer Funktion mit zwei Variablen (in diesem Fall einer Cobb–Douglas Funktion mit der Funktionsgleichung $y = x_1^{0.5} * x_2^{0.5}$) angeführt:

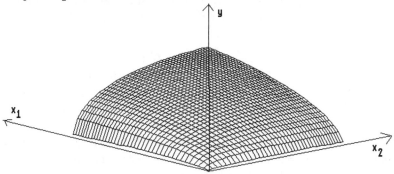

Die Höhenlinien dieser Funktion haben folgenden Verlauf:

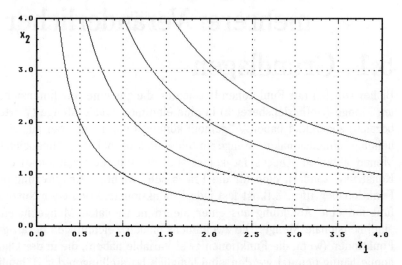

Je weiter die Höhenlinien rechts oben liegen, für desto höhere Funktionswerte stehen sie. Es sei nun angenommen, daß es sich bei der dargestellten Funktion um eine Nutzenfunktion eines Individuums handelt. Die Güter x_1 und x_2 werden von dem Individuum konsumiert und stiften ihm entsprechend der dargestellten Funktion Nutzen. Das Individuum strebt daher danach, den höchstmöglichen Funktionswert, der für es ja Nutzen darstellt, zu erreichen. Es will also quasi die Höhenlinie mit dem höchsten Funktionswert erreichen. Nun unterliegt aber jedes Individuum einer Budgetrestriktion, d.h. es hat nur eine begrenzte Menge an Geld zur Verfügung, um die Güter x_1 und x_2 zu kaufen. Welche Aufteilung des zur Verfügung stehenden Kapitals auf die beiden Güter stiftet nun den größten Nutzen?

Dieses Problem kann man sich durch eine Zeichnung veranschaulichen. Es sei angenommen, daß die beiden Güter den gleichen Preis haben und das Budget des Haushalts für insgesamt 4 Gütereinheiten ausreicht. Wenn der Haushalt 4 Einheiten von Gut 1 konsumiert, so kann er nur 0 Einheiten von Gut 2 konsumieren. Konsumiert er 4 Einheiten von Gut 2, so kann er von Gut 1 nur 0 Einheiten konsumieren. In der Zeichnung ergeben sich hierdurch die Punkte (4; 0) und (0; 4). Wenn man nun weiterhin annimmt, daß die beiden Güter beliebig teilbar sind, so kann der Haushalt sein Geld auch beliebig anders auf die beiden Güter aufteilen.

(Z.B. (3; 1) oder (2,74; 1,26) .....). Die Menge aller dieser möglichen Aufteilungen (bei denen jeweils das vorhandene Geld vollständig für die Güter ausgegeben wird) ist die Budgetgerade. Diese ist nachfolgend eingezeichnet:

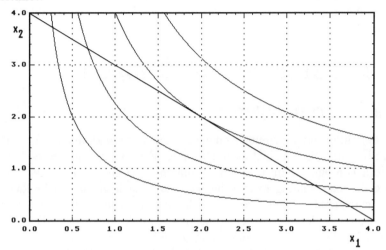

Der Haushalt kann alle Güteraufteilungen, die auf der Budgetgeraden liegen, realisieren. Welche von diesen Aufteilungen ist nun die vorteilhafteste für ihn? Natürlich ist es diejenige Aufteilung, bei der er den höchsten Nutzen erreicht. Die Nutzenniveaus werden nun aber durch die Höhenlinien der Funktion (Indifferenzkurven) wiedergegeben. Optimal ist also die Aufteilung, bei der der Haushalt die am weitesten rechts oben liegende Indifferenzkurve erreicht. Diese Aufteilung bedeutet hier, daß der Haushalt von beiden Gütern jeweils 2 Einheiten konsumiert. (Da die Güter in dem Beispiel den gleichen Preis haben und in gleicher Weise in die Nutzenfunktion eingehen, ergibt sich natürlich eine symmetrische Lösung. Wenn die beiden Güter verschiedene Preise hätten, würde die optimale Aufteilung zu unterschiedlichen Mengen der beiden Güter führen.)

Aus der Graphik folgt natürlich auch noch eine wichtige andere Bedingung. In dem Punkt des Nutzenmaximums tangieren sich die Indifferenzkurven und die Budgetgerade. Dies bedeutet, daß sie in diesem Punkt die gleiche Steigung haben.

Da sowohl auf der Produktions- als auch auf der Haushaltsseite ständig Entscheidungen nach dem obigen Muster auftreten, gibt es viele Fälle, in denen ein Interesse an einer Berechnung der gezeigten optimalen Aufteilung besteht. Die gezeigte graphische Veranschaulichung stellt natürlich noch keine exakte Berechnung dar. Mittels des **Lagrangeansatzes** können derartige Aufgaben berechnet werden. Bevor dieser nachfolgend eingeführt wird, wird zunächst noch der Begriff der partiellen Ableitung eingeführt.

5.2 Partielle Ableitungen

5.2.1 Grundlagen

Bei der Differentialrechnung ist die Ableitung der Funktion ein wesentliches Instrument. Wie sieht es nun bei einer Funktion von mehreren Veränderlichen aus? Wenn man z.b. an einem Hang steht, so ist die Steigung, die man sieht, ganz entscheidend davon abhängig, in welche Richtung man gerade schaut. Dies läßt sich auch in folgender Abbildung sehr gut erkennen. Bei dem fett eingezeichneten Punkt ergibt sich z.b., wenn man nach "hinten" schaut, eine sehr große Steigung, während die Steigung Null ist, wenn man nach rechts schaut, denn es handelt sich hier um einen Grad.

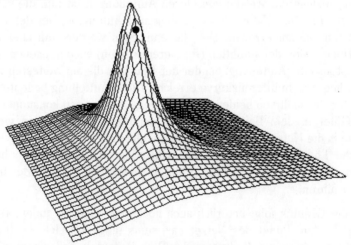

Wie soll man also nun die Steigung definieren?

Was man auf jeden Fall bestimmen kann, ist die Steigung in eine bestimmte Richtung. Bei der letzten Abbildung kann man sich z.B. vorstellen, die Steigung an einem bestimmten Punkt in Richtung der y Achse oder der x Achse zu bestimmen. Wenn man sich entlang der x Achse bewegt, so verändert sich der Wert von y nicht, y bleibt also konstant. Daher kann man die Steigung der Funktion in Richtung der x Achse bestimmen, indem man die Funktion nach x ableitet und dabei y wie eine Konstante behandelt.

Nachfolgend ist die Funktion $f(x, y) = \cos(x) + \cos(y^2)$ gezeichnet:

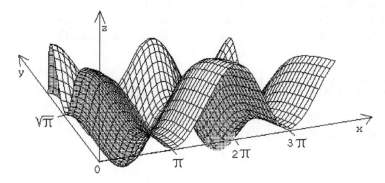

Bei den dunkleren Bereichen blickt man jeweils von unten auf die Funktion. Die Funktion ist über der x und y Achse abgeschnitten, so daß die äußere Kante, die man rechts sieht, gerade die Funktionswerte über der x Achse zeigt. Betrachtet man nur den Verlauf der Funktion entlang der x-Achse, so sieht man, daß die Steigung der Funktion in x Richtung an der Stelle x=π Null sein muß, denn an dieser Stelle hat die Funktion einen Tiefpunkt in x-Richtung. Diese Feststellung kann man nun mittels der partiellen Ableitung überprüfen. Für die partielle Ableitung der Funktion schreibt man nicht,

wie gewohnt $\dfrac{df(x, y)}{dx}$, sondern man schreibt $\dfrac{\partial f(x, y)}{\partial x}$, (man spricht dies

Zeichen auch als d). Mit dem Zeichen wird zum Ausdruck gebracht, daß die Funktion nur nach x differenziert wird, während alle anderen Variablen konstant gehalten werden. Führt man dies für die gegebene Funktion durch, so ergibt sich:

$$\frac{\partial f(x, y)}{\partial x} = \frac{\partial(\cos(x) + \cos(y^2))}{\partial x} = -\sin x$$

Da der zweite Term nur von y und nicht von x abhängt, wird er beim partiellen Ableiten nach x wie eine Konstante behandelt und fällt daher weg. Die vorher aufgestellte Behauptung, daß die partielle Ableitung nach x an der Stelle x=Π Null sein soll, ist erfüllt, denn es gilt $-\sin\Pi = 0$.

Beim Berechnen von partiellen Ableitungen muß man sich immer vergegenwärtigen, daß nur nach einer bestimmten Variablen abgeleitet wird und daher alle anderen Variablen wie Konstanten behandelt werden müssen. Ansonsten unterscheidet sich das partielle Ableiten von dem "normalen" Ableiten nicht. Natürlich müssen auch bei partiellen Ableitungen von verknüpften Funktionen die entsprechenden Ableitungsregeln beachtet werden. Also z.B. bei verketteten Funktionen die Kettenregel.

5.2.2 Der Gradient einer Funktion

Den Vektor der partiellen Ableitungen einer Funktion nennt man Gradienten der Funktion. Es gilt also:

$$\text{grad } f(x_1, ..., x_n) = (\frac{\partial f}{\partial x_1}, ..., \frac{\partial f}{\partial x_n})$$

An nachfolgendem Beispiel sei der Zusammenhang verdeutlicht:

Berechnen Sie den Gradienten der Funktion f(x, y, z) = z∗ln(y) + sin(x)

Für den Gradienten dieser Funktion ergibt sich:

$$\text{grad } f = (\frac{\partial f}{\partial x}, \frac{\partial f}{\partial y}, \frac{\partial f}{\partial z}) = (\cos(x), \frac{z}{y}, \ln(y))$$

Man schreibt statt grad f auch $\triangledown$f, gesprochen Nabla f. Nabla ist ein vektorwertiger Differentialoperator:

$$\triangledown = (\frac{\partial}{\partial x_1}, ..., \frac{\partial}{\partial x_n})$$

Wird dieser Differentialoperator auf die Funktion angewendet, so ergibt sich der Gradient. Mit Hilfe von $\triangledown$ können weitere Differentialoperatoren definiert werden, die aber in der Ökonomie keine große Bedeutung haben.

5.2.3 Übungen zu partiellen Ableitungen

Nachfolgend nun noch ein paar Aufgaben. Es sollen jeweils die partiellen Ableitungen nach allen Variablen gebildet werden. Hierbei empfiehlt es sich auch wieder, die Ableitungen zunächst eigenständig zu berechnen:

1. $f(x, y) = x^2 + y$

2       $f(x, y) = \sin(x) * \ln(y)$

3       $f(x, y) = 10x$

4       $f(v, w) = x*w + v^y$

5       $f(x, y) = x^n * y^m$

6       $f(x, y) = e^{x*y}$

7       $f(x, y, z) = e^{(x^2+y^2+z^2)}$

8       $f(x, y) = x^{-b} * e^{cy} + y^a$

9       $f(x, y) = \dfrac{x^2 + e^{\sin(y)}}{x * y}$

Lösungen:

1. $\dfrac{\partial f(x, y)}{\partial x} = 2x$ $\dfrac{\partial f(x, y)}{\partial y} = 1$

---

2       $\dfrac{\partial f(x, y)}{\partial x} = \cos(x) * \ln(y)$ $\dfrac{\partial f(x, y)}{\partial y} = \sin(x) * \dfrac{1}{y}$

(Da bei der ersten Ableitung nur nach x partiell abgeleitet wird, ist ln(y) einfach wie ein Faktor beim Ableiten zu behandeln. Entsprechendes gilt bei der Ableitung nach y für sin(x).)

---

3       $\dfrac{\partial f(x, y)}{\partial x} = 10$ $\dfrac{\partial f(x, y)}{\partial y} = 0$

4     $\dfrac{\partial f\ (v,\,w)}{\partial v} = y*v^{y-1}$ $\dfrac{\partial f\ (v,\,w)}{\partial w} = x$

Da diese Funktion von v und w abhängt, müssen die partiellen Ableitungen nach v und w gebildet werden. Da die Funktion nicht von x und y abhängt, müssen diese beiden wie Konstanten behandelt werden.

5     $\dfrac{\partial f\ (x,\,y)}{\partial x} = n * x^{n-1} * y^{m}$ $\dfrac{\partial f\ (x,\,y)}{\partial y} = x^{n} * m * y^{m-1}$

6     $\dfrac{\partial f\ (x,\,y)}{\partial x} = y * e^{x*y}$ $\dfrac{\partial f\ (x,\,y)}{\partial y} = x * e^{x*y}$

7   Hier ist die Kettenregel zu beachten. Die Funktion ergibt sich als die Verkettung der beiden Funktionen:

$$g(w) = e^{w} \quad \text{und} \quad w = h(x,\,y,\,z) = x^2 + y^2 + z^2$$

$$\Rightarrow\ g'(w) = e^{w} \Rightarrow g'(x,\,y,\,z) = e^{\left(x^2+y^2+z^2\right)}$$

$$\frac{\partial h(x)}{\partial x} = 2x$$

Somit ergibt sich insgesamt für die partielle Ableitung nach x:

$$\frac{\partial f(x,\,y,\,z)}{\partial x} = e^{\left(x^2+y^2+z^2\right)} * 2x$$

$$\text{äußere} \qquad \text{innere} \qquad \text{Ableitung}$$

Analog ergeben sich die Ableitungen nach y und z:

$$\frac{\partial f(x,\,y,\,z)}{\partial y} = e^{\left(x^2+y^2+z^2\right)} * 2y$$

$$\frac{\partial f(x,\,y,\,z)}{\partial z} = e^{\left(x^2+y^2+z^2\right)} * 2z$$

8   Die Funktion ist von x und y abhängig. Somit sind a, b und c Konstanten und müssen beim Ableiten entsprechend behandelt werden:

$$\frac{\partial f\,(x,\ y)}{\partial x} = -bx^{-b-1} * e^{cy} \qquad \frac{\partial f\,(x,\ y)}{\partial y} = x^{-b} * ce^{cy} + ay^{a-1}$$

---

9   Da es sich hier um einen Quotienten handelt, ist die Quotientenregel anzuwenden. (Oder man schreibt den Ausdruck in ein Produkt um und leitet dann nach der Produktregel ab.)

$$g(x,\ y) = x^2 + e^{\sin(y)} \qquad h(x,\ y) = x * y$$

Für die partiellen Ableitungen nach x ergibt sich nun:

$$\frac{\partial g(x,\ y)}{\partial x} = 2x \qquad \frac{\partial h\,(x,\ y)}{\partial x} = y$$

Somit ergibt sich für die partielle Ableitung von f nach x entsprechend der Quotientenregel:

$$\frac{\partial f\,(x,\ y)}{\partial y} = \frac{2x * x * y - (x^2 + e^{\sin(y)}) * y}{(x * y)^2}$$

$$= \frac{(2x^2 - x^2 - e^{\sin(y)}) * y}{(x * y)^2} = \frac{x^2 - e^{\sin(y)}}{x^2 * y}$$

Für die partiellen Ableitungen nach y ergibt sich (bei der Ableitung von g(x, y) muß die Kettenregel beachtet werden):

$$\underbrace{\frac{\partial g(x,\ y)}{\partial y} = e^{\sin(y)}}_{\text{äußere}} * \underbrace{\cos(y)}_{\text{innere Ableitung}} \qquad \frac{\partial h\,(x,\ y)}{\partial y} = x$$

Mittels der Quotientenregel ergibt sich nun:

$$\frac{\partial f\,(x,\ y)}{\partial y} = \frac{e^{\sin(y)} * \cos(y) * x * y - (x^2 + e^{\sin(y)}) * x}{(x * y)^2}$$

$$= \frac{e^{\sin(y)} * (\cos(y) * y - 1) - x^2}{x * y^2}$$

5.3 Extremwerte von Funktionen mit mehreren Variablen

Wenn in der Ökonomie Extremwerte von Funktionen mit mehreren Variablen bestimmt werden sollen, so liegen meistens Nebenbedingungen vor, und die Lösung der Aufgaben kann dann mittels des Lagrange-Ansatzes erfolgen. Nachfolgend wird besprochen, wie Extremwerte zu bestimmen sind, wenn keine Nebenbedingungen vorliegen.

Nachfolgend sei eine Funktion mit zwei Variablen betrachtet. Zunächst wird nochmal die bereits zu Beginn des Kapitels betrachtete Funktion dargestellt:

$$f(x, y) = \cos(x) + \cos(y^2)$$

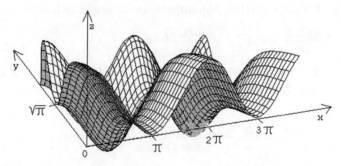

Als Verallgemeinerung der notwendigen Bedingung für Extremwerte läßt sich hier feststellen, daß sowohl die erste Ableitung in x-Richtung als auch die in y-Richtung Null sein müssen. Denn wenn diese nicht beide Null wären, so würde es immer noch eine Richtung geben, wo es nach oben (bzw. unten) geht, und somit würde es sich um keinen Hochpunkt (bzw. Tiefpunkt) handeln. Es müssen also alle partiellen Ableitungen der Funktion Null sein. Die notwendige Bedingung für ein Extremum ist somit gleichbedeutend damit, daß der Gradient der Funktion Null ist.

An nachfolgendem Beispiel wird das Verfahren zur Bestimmung der Extremwerte demonstriert:

Bestimmen und klassifizieren Sie die Extrema der Funktion

$$f: (x; y) \rightarrow \frac{1}{3}x^3 - x^2 + y^3 - 12y.$$

Diese Funktion hängt von zwei Variablen ab. Extremwerte kann sie nur haben, wenn ihre partiellen Ableitungen in Richtung der beiden Variablen gleichzeitig Null sind:

$$\frac{\partial f}{\partial x} = x^2 - 2x = 0 \Leftrightarrow x(x - 2) = 0 \Leftrightarrow x = 0 \lor x = 2$$

$$\frac{\partial f}{\partial y} = 3y^2 - 12 = 0 \Leftrightarrow y^2 = 4 \Leftrightarrow y = 2 \lor y = -2$$

An den folgenden 4 Punkten hat die Funktion also eine waagerechte Tangentialebene:

$$(0; 2) \ (0; -2) \ (2; 2) \ (2; -2)$$

Allerdings muß es sich bei diesen Punkten nicht um Extremwerte handeln, denn genauso wie bei eindimensionalen Funktionen kann es auch hier Sattelpunkte geben. Zur Überprüfung, ob es sich um einen Extremwert handelt, kann man auch hier wieder die "zweite Ableitung" verwenden, nur daß es hier mehrere zweite Ableitungen gibt.

Zum einen kann die Funktion zweimal nach x oder zweimal nach y abgeleitet werden. Die Funktion kann aber auch zunächst nach x und dann nach y oder zunächst nach y und dann nach x abgeleitet werden. Insgesamt ergeben sich die folgenden 4 Möglichkeiten:

$$\frac{\partial^2 f}{\partial x^2} \qquad \frac{\partial^2 f}{\partial y^2} \qquad \frac{\partial^2 f}{\partial x\, \partial y} \qquad \frac{\partial^2 f}{\partial y\, \partial x}$$

Bei fast allen Funktionen (wenn diese zweimal stetig differenzierbar sind) gilt, daß die gemischten Ableitungen identisch sind:

$$\frac{\partial^2 f}{\partial x\, \partial y} = \frac{\partial^2 f}{\partial y\, \partial x}$$

Sind diese gemischten Ableitungen Null, so ist die Klassifizierung relativ einfach. Wenn die Funktion nun in x- und in y-Richtung einen Hochpunkt hat, also die zweite Ableitung nach x und nach y negativ ist, so hat die gesamte Funktion einen Hochpunkt. Hat die Funktion in eine Richtung einen Hochpunkt und in die andere einen Tiefpunkt, so handelt es sich um einen Sattelpunkt (an einer solchen Stelle sieht die Funktion wie ein Pferdesattel aus). Ist die zweite Ableitung in eine Richtung Null, so muß entsprechend den Regeln für Sattelpunkte bei einer Funktion einer Variablen weiter untersucht werden. Wenn sich in eine Richtung ein Sattelpunkt ergibt, so hat natürlich auch die ganze Funktion einen Sattelpunkt.

In dem betrachteten Beispiel sind die gemischten Ableitungen Null:

$$\frac{\partial f}{\partial x} = x^2 - 2x \quad \text{diese Funktion muß nun noch nach y abgeleitet werden:}$$

$$\Rightarrow \quad \frac{\partial^2 f}{\partial x\, \partial y} = 0$$

Für die zweite Ableitung nach x und nach y ergibt sich:

$$\frac{\partial^2 f}{\partial x^2} = 2x - 2 \qquad \frac{\partial^2 f}{\partial y^2} = 6y$$

An den 4 Stellen, wo die ersten Ableitungen Null sind, muß nun in die zweiten Ableitungen eingesetzt werden:

$$(0;\, 2) \;\Rightarrow\; \frac{\partial^2 f}{\partial x^2} = 2*0 - 2 = -\,2 < 0 \;\wedge\; \frac{\partial^2 f}{\partial y^2} = 6*2 = 12 > 0$$

In x–Richtung liegt also ein Hochpunkt vor, während es sich in y–Richtung um einen Tiefpunkt handelt. Demnach hat die gesamte Funktion einen Sattelpunkt.

$$(0;\, -2) \;\Rightarrow\; \frac{\partial^2 f}{\partial x^2} = -\,2 < 0 \;\wedge\; \frac{\partial^2 f}{\partial y^2} = -12 < 0 \;\Rightarrow\; \text{Hochpunkt}$$

$$(2;\, 2) \;\Rightarrow\; \frac{\partial^2 f}{\partial x^2} = 2 > 0 \;\wedge\; \frac{\partial^2 f}{\partial y^2} = 12 > 0 \;\Rightarrow\; \text{Tiefpunkt}$$

$$(2;\, -2) \;\Rightarrow\; \frac{\partial^2 f}{\partial x^2} = 2 > 0 \;\wedge\; \frac{\partial^2 f}{\partial y^2} = -12 < 0 \;\Rightarrow\; \text{Sattelpunkt}$$

Hier sei noch einmal betont, daß das zuvor präsentierte Verfahren nur gestattet ist, wenn die gemischten Ableitungen Null sind. Andernfalls muß ein komplizierteres Verfahren angewendet werden. Es muß die Matrix der zweiten partiellen Ableitungen gebildet werden. Diese Matrix nennt man auch **Hessesche–Matrix** (oder auch kürzer Hesse–Matrix). Für eine Funktion mit zwei Variablen sieht sie folgendermaßen aus:

$$H = \begin{pmatrix} \dfrac{\partial^2 f}{\partial x^2} & \dfrac{\partial^2 f}{\partial x\, \partial y} \\[2ex] \dfrac{\partial^2 f}{\partial y\, \partial x} & \dfrac{\partial^2 f}{\partial y^2} \end{pmatrix}$$

Da die gemischten Ableitungen identisch sind, ist diese Matrix symmetrisch.

Angenommen, es sei folgende Funktion auf Extrema zu untersuchen:

$$f(x,\, y) = x * y - 0{,}1x^2 - y^2 - 0{,}6x$$

Für die Ableitungen ergibt sich:

$$\frac{\partial f}{\partial x} = y - 0,2x - 0,6 = 0$$

$$\frac{\partial f}{\partial y} = x - 2y = 0 \Rightarrow x = 2y$$

Indem für x eingesetzt wird ergibt sich nun aus der ersten Gleichung:

$$y - 0,2(2y) - 0,6 = 0 \Leftrightarrow 0,6y - 0,6 = 0 \Leftrightarrow y = 1$$

Aus der zweiten Gleichung folgt nun $x = 2*1 = 2$

Mögliche Extrema liegen also bei (2, 1).

Für die zweiten Ableitungen ergibt sich:

$$\frac{\partial^2 f}{\partial x \, \partial y} = \frac{\partial^2 f}{\partial y \, \partial x} = 1 \qquad \frac{\partial^2 f}{\partial x^2} = -0,2 \qquad \frac{\partial^2 f}{\partial y^2} = -2$$

Da die gemischten Ableitungen nicht verschwinden, muß die Hessesche Matrix gebildet werden. Diese lautet:

$$H = \begin{pmatrix} -0,2 & 1 \\ 1 & -2 \end{pmatrix}$$

Nun gilt folgendes:

Ist die Hessesche Matrix

- positiv definit, so handelt es sich um ein isoliertes Minimum
- negativ definit, so handelt es sich um ein isoliertes Maximum
- indefinit, so handelt es sich um kein lokales Extremum

Nach dem **Hurwitz Kriterium** ist eine Matrix genau dann positiv definit, wenn ihre Determinante und alle durch sukzessives Streichen der letzten Zeile und Spalte entstehenden Determinanten positiv sind. Diese Determinanten nennt man auch **Hauptminoren**. Für eine (3, 3) Matrix ergeben sich folgende Hauptminoren:

$$\det \begin{pmatrix} a_{11} & a_{12} & a_{13} \\ a_{21} & a_{22} & a_{23} \\ a_{31} & a_{32} & a_{33} \end{pmatrix}, \quad \det \begin{pmatrix} a_{11} & a_{12} \\ a_{21} & a_{22} \end{pmatrix} \text{ und } \det (a_{11})$$

Für die letzte Determinante gilt gerade: $\det (a_{11}) = a_{11}$

Eine Matrix ist also genau dann positiv definit, wenn alle Hauptminoren positiv sind.

Negativ definit ist eine Matrix H, wenn die Matrix –H positiv definit ist. (Gleichbedeutend mit dieser Formulierung ist, daß eine Matrix negativ definit ist, wenn die Hauptminoren ein alternierendes (ständig wechselndes) Vorzeichen haben. Daß dies gleichbedeutend damit ist, daß –H positiv definit ist, läßt sich mit den Rechenregeln für Determinanten zeigen.)

Im vorliegenden Fall (Funktion von zwei Variablen) gibt es zwei Hauptminoren. Die vorliegende Matrix ist also genau dann positiv definit, wenn die Determinante und das links oben in der Matrix stehende Element positiv sind. Da das links oben stehende Element nicht positiv ist, kann die Matrix nicht positiv definit sein. Nun wird untersucht, ob die negative Matrix positiv definit ist, denn dann wäre die Matrix negativ definit:

$$-H = \begin{pmatrix} 0{,}2 & -1 \\ -1 & 2 \end{pmatrix} \qquad \det(-H) = 0{,}2*2 - (-1)*(-1) = -0{,}6$$

Die Determinante ist also negativ, und somit ist auch –H nicht positiv definit. Die Matrix ist daher weder positiv noch negativ definit, und es handelt sich um einen Sattelpunkt, also keinen Extremwert.

Wenn die zweiten Ableitungen noch von den Variablen abhängig gewesen wären, so hätten natürlich in die Hessesche Matrix die entsprechenden Werte für den möglichen Extremwert eingesetzt werden müssen.

5.4 Lagrangetechnik

5.4.1 Grundlagen

Mittels der Lagrangetechnik können die möglichen Extremstellen von Funktionen unter bestimmten Nebenbedingungen berechnet werden. Es kann also z.B. das zu Anfang angeführte Nutzenmaximierungsproblem gelöst werden. Viele zentrale Aussagen der Mikroökonomik und damit auch der BWL lassen sich mit Hilfe der Lagrangetechnik herleiten. Das Vorgehen bei der Lagrangetechnik wird nun zunächst anhand des schon bekannten Beispiels exemplarisch vorgeführt.

Die Nutzenfunktion lautete in dem Beispiel $U(x_1, x_2) = x_1^{0.5} * x_2^{0.5}$. Die unterstellte Budgetrestriktion lautete $x_1 + x_2 = 4$. Nachfolgend ist noch einmal die Zeichnung der Indifferenzlinien der Nutzenfunktion und der Budgetgeraden darge- stellt. Die Indifferenzli- nien geben den geome- trischen Ort gleicher Nutzen an. Die Budget- restriktion ergibt die Geradengleichung für die Budgetgerade, um- gestellt ergibt sie: $x_2 = 4 - x_1$

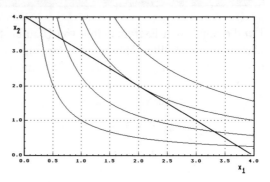

Die Lagrangetechnik sieht nun folgendermaßen aus:

Zunächst wird die Nebenbedingung so umgeformt, daß auf der einen Seite eine 0 steht:

$$x_1 + x_2 = 4 \Leftrightarrow x_1 + x_2 - 4 = 0$$

Als nächstes wird die Lagrangefunktion aufgestellt. Diese Funktion be- steht aus der ursprünglichen Funktion und der umgeformten Nebenbe- dingung:

$$L(x_1, x_2, \lambda) = U(x_1, x_2) + \lambda * (x_1 + x_2 - 4)$$

Es wird also zu der zu maximierenden Funktion die nach Null umge- formte Nebenbedingung hinzuaddiert. Hierbei wird die Nebenbedingung noch mit einem Parameter λ multipliziert. Die Lagrangefunktion ist außer von den ursprünglichen Variablen auch von dem Lagrangeparameter λ abhängig. Die Lagrangefunktion hat die gleichen Funktionswerte wie die zu maximierende Funktion, denn zu der Funktion wird ja einfach nur 0 hinzugezählt ($x_1 + x_2 - 4 = 0$). Wenn man für die Funktion U die Funktionsvorschrift einsetzt, ergibt sich:

$$L(x_1, x_2, \lambda) = x_1^{0.5} * x_2^{0.5} + \lambda*(x_1 + x_2 - 4)$$

Nun gilt folgender Zusammenhang:

> **Die Funktion U hat unter der Nebenbedingung genau dort mögliche Extremstellen, wo die partiellen Ableitungen der Lagrangefunktion nach allen ihren Variablen Null sind.**

Um die möglichen Extremstellen von U zu bestimmen, müssen also zunächst alle partiellen Ableitungen der Lagrangefunktion gebildet werden. Hierbei ist zu beachten, daß λ auch eine Variable der Lagrangefunktion ist.

$$\frac{\partial L}{\partial x_1} = 0,5*x_1^{-0.5} * x_2^{0.5} + \lambda$$

$$\frac{\partial L}{\partial x_2} = x_1^{0.5} * 0,5*x_2^{-0.5} + \lambda$$

$$\frac{\partial L}{\partial \lambda_1} = x_1 + x_2 - 4$$

Diese Ableitungen müssen nun alle Null sein:

$$\frac{\partial L}{\partial x_1} = 0,5 * x_1^{-0.5} * x_2^{0.5} + \lambda = 0$$

$$\frac{\partial L}{\partial x_2} = x_1^{0.5} * 0,5 * x_2^{-0.5} + \lambda = 0$$

$$\frac{\partial L}{\partial \lambda_1} = x_1 + x_2 - 4 = 0$$

Die letzte Gleichung entspricht nun gerade wieder der ursprünglichen Nebenbedingung.

Das entstandene Gleichungssystem muß nun gelöst werden. Da λ nicht berechnet werden muß, ist es sinnvoll, zunächst λ aus den Gleichungen zu entfernen. Hierzu wird nun zunächst die erste Gleichung nach λ aufgelöst:

$$0,5*x_1^{-0.5} * x_2^{0.5} + \lambda = 0 \Leftrightarrow 0,5*x_1^{-0.5} * x_2^{0.5} = -\lambda$$

$$\Leftrightarrow -0,5{*}x_1{}^{-0.5} * x_2{}^{0.5} = \lambda$$

Dies Ergebnis kann nun für λ in die zweite Gleichung eingesetzt werden:

$$\Rightarrow x_1{}^{0.5} * 0,5{*}x_2{}^{-0.5} - 0,5{*}x_1{}^{-0.5} * x_2{}^{0.5} = 0$$

Nun ist es sinnvoll, die negativen Potenzen der Variablen zu beseitigen. Für x_1 und x_2 ungleich Null kann man mit passenden Potenzen dieser beiden Variablen multiplizieren. Zusätzlich wird mit 2 multipliziert, um den Faktor 0,5 zu eliminieren:

$$\Leftrightarrow x_1{}^{0.5} * 0,5{*}x_2{}^{-0.5} = 0,5{*}x_1{}^{-0.5} * x_2{}^{0.5} \mid {*}2 \ {*}x_1{}^{0.5} \ {*}x_2{}^{0.5}$$

$$\Leftrightarrow x_1 = x_2$$

Nun kann in die 3. Gleichung für x_1 eingesetzt werden:

$$x_1 + x_2 - 4 = 0 \Rightarrow x_2 + x_2 = 4 \Leftrightarrow 2x_2 = 4 \Leftrightarrow \mathbf{x_2 = 2}$$

Aus der ersten Gleichung folgt nun:

$$\mathbf{x_1 = 2}$$

Die einzige mögliche Extremstelle der Funktion U unter der gegebenen Nebenbedingung ist also bei $x_1 = 2 \wedge x_2 = 2$ gegeben.

(Bei der Berechnung wurde für x_1 und x_2 der Wert von 0 ausgeschlossen. D.h. es muß noch untersucht werden, ob für diese Fälle ein Extremum vorliegt. Wenn eine der beiden Variablen Null ist, so liefert U als Funktionswert ebenfalls Null. Wenn man sich noch einmal die Zeichnung von $U(x_1, x_2)$ ansieht, so kann man erkennen, daß die Funktion bei x_1 oder x_2 gleich Null entlang der durch die Nebenbedingung beschriebenen Geraden nicht eine Steigung von Null hat:

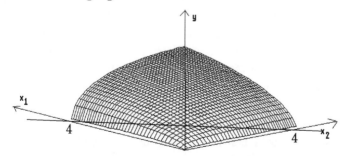

In dem dargestellten Beispiel waren die partiellen Ableitungen relativ einfach zu bilden. Die Lösung des Gleichungssystems war recht aufwendig. Dies lag nicht an besonders komplizierten Rechenverfahren, sondern an der Vielzahl der notwendigen Umformungen. Häufig ergeben sich leichter zu lösende Gleichungssysteme. (Häufiger sind es lineare Gleichungssysteme, die z.B. mit dem Gaußalgorithmus gelöst werden können.) Die partiellen Ableitungen können aber durchaus auch etwas schwieriger sein. Dies wird noch an Beispielen demonstriert.

Nachfolgend wird noch einmal schematisch das Vorgehen zur Lösung von Lagrangeaufgaben dargestellt:

1) Die Lagrangefunktion muß aufgestellt werden

2) Die Lagrangefunktion muß nach allen ihren Variablen partiell abgeleitet werden.

3) Alle partiellen Ableitungen werden gleich Null gesetzt

4) Das entstandene Gleichungssystem ist zu lösen. Hierbei ist es meistens am geschicktesten, zunächst die Lagrangeparameter aus den Gleichungen zu "entfernen".

Für den Lagrangeparameter läßt sich eine anschauliche Interpretation finden. Die Nebenbedingung in dem vorherigen Beispiel lautete $x_1 + x_2 = 4$. Hierbei handelte es sich um die Budgetgerade für ein Budget von 4. Allgemein lautet die Budgetrestriktion also $x_1 + x_2 = B$, oder nach Null aufgelöst $x_1 + x_2 - B = 0$. Wird die Lagrangefunktion nun nach B abgeleitet, so ergibt sich:

$$\frac{\partial L}{\partial B} = -\lambda$$

Wenn die Nebenbedingung erfüllt ist, so sind die Lagrangefunktion und die zu untersuchende Funktion identisch. Der Lagrageparameter gibt also gerade die Veränderung der Funktion bei einer Verschiebung der Bilanzgeraden (bzw. im allgemeinen Fall Verschiebung der Nebenbedingung) an.

Manch einer mag sich bei der zuvor betrachteten Aufgabe fragen, wozu der ganze Aufwand getrieben wurde, denn die Aufgabe hätte folgendermaßen viel einfacher gelöst werden können:

$$U(x_1, x_2) = x_1^{0.5} * x_2^{0.5} \quad \text{mit} \quad x_1 + x_2 = 4$$

Nun wird die Nebenbdingung nach x_1 aufgelöst und das Ergebnis in die Funktionsgleichung eingesetzt:

$$x_1 = 4 - x_2 \Rightarrow U = (4 - x_2)^{0,5} * x_2^{0,5}$$

Diese Funktion hängt nun nur noch von einer Variablen ab, und somit hätten die möglichen Extremwerte durch die Berechnung der Nullstellend der ersten Ableitung bestimmt werden können. Es gibt aber zwei wichtige Fälle, bei denen dieses Verfahren nicht möglich ist:

1) Häufiger tauchen Nebenbedingungen auf, die sich nicht nach einer Variablen auflösen lassen.

2) Wenn allgemeine Zusammenhänge der Mikroökonomie (und damit auch der BWL) hergeleitet werden sollen, so werden als Vorgaben keine speziellen Nutzen- oder Produktionsfunktionen angegeben. Daher ist es dann auch nicht möglich, Variable zu ersetzen. Mit dem Lagrangeansatz lassen sich derartige Zusammenhänge aber herleiten. In der dritten Beispielaufgabe wird ein derartiger Zusammenhang hergeleitet.

5.4.2 Hinreichende Bedingung

Es wurden bisher nur die notwendigen Bedingungen für ein Extremum betrachtet. Bei vielen ökonomische Problemen wird dies ausreichen, da sich aus der Art des Problems bereits ergibt, ob es sich um ein Maximum, Minimum oder einen Sattelpunkt handelt. Ein allgemeingültiges Verfahren ist zu untersuchen, ob die **geränderte Hessesche Matrix** positiv, negativ oder indefinit ist. Diese Matrix enthält außer den zweiten partiellen Ableitungen der Lagrangefunktion auch noch die partiellen Ableitungen der Nebenbedingungen. Für eine Funktion mit zwei Variablen und einer Nebenbedingung sieht die geränderte Hessesche Matrix folgendermaßen aus:

$$H = \begin{pmatrix} 0 & \dfrac{\partial g}{\partial x} & \dfrac{\partial g}{\partial y} \\[2mm] \dfrac{\partial g}{\partial x} & \dfrac{\partial^2 L}{\partial x^2} & \dfrac{\partial^2 L}{\partial x\,\partial y} \\[2mm] \dfrac{\partial g}{\partial y} & \dfrac{\partial^2 L}{\partial y\,\partial x} & \dfrac{\partial^2 L}{\partial y^2} \end{pmatrix}$$

Wenn die Nebenbdingungen linear sind, so verschwinden bei den zweiten partiellen Ableitungen alle Terme, die aus der Nebenbedingung stammen. Daher kann in diesen Fällen in der geränderten Hessesche Matrix auch statt der Lagrangefunktion die Funktion f geschrieben werden.

Ein Maximum existiert nun, wenn die n Hauptminoren der geränderten Hesseschen Matrix alternierende Vorzeichen besitzen. n steht hierbei für die Anzahl der Variablen.

5.4.3   Beispielaufgaben

Nachfolgend werden 3 Beispielaufgaben zum Lagrange–Verfahren angeführt. Zunächst wird das Verfahren für eine Funktion mit mehreren Nebenbedingungen durchgeführt. Danach wird eine Funktion betrachtet, bei der die Ableitungen etwas komplizierter sind. Abschließend wird eine wichtige Aussage der Mikroökonomie mit Hilfe des Lagrangeansatzes hergeleitet.

5.4.3.1   Funktionen mit mehreren Nebenbedingungen

Nachfolgend wird eine Aufgabe behandelt, bei der die möglichen Extrema einer Funktion unter zwei Nebenbedingungen zu bestimmen sind. Hier müssen nun beide Nebenbedingungen so umgeformt werden, daß auf der einen Seite eine Null steht. In der Lagrangefunktion werden dann beide Nebenbedingungen mit jeweils einem eigenen Lagrangeparameter addiert. Bei dieser Aufgabe ergibt sich ein lineares Gleichungssystem. Dieses wird im folgenden gelöst, indem zunächst die Lagrangeparameter ersetzt und die Lösungen der verbleibenden Gleichungen dann über den Gaußalgorithmus ermittelt werden.

Ermitteln Sie mit Hilfe des Lagrange–Ansatzes die stationären Stellen der Funktion

$$f: \mathbb{R}^3 \to \mathbb{R} \text{ mit } f(x, y, z) = x^2 + 2y^2 + 3z^2$$

unter den Nebenbedingungen $x - y = 1$ und $y - z = -2$.

Die Lagrangefunktion lautet:

$$L = x^2 + 2y^2 + 3z^2 + \lambda(x - y - 1) + \mu(y - z + 2.)$$

$$\frac{\partial L}{\partial x} = 2x + \lambda = 0 \Leftrightarrow \lambda = -2x$$

$$\frac{\partial L}{\partial y} = 4y - \lambda + \mu = 0$$

$\frac{\partial L}{\partial z} = 6z - \mu = 0 \Leftrightarrow \mu = 6z$

$\frac{\partial L}{\partial \lambda} = x - y - 1 = 0$

$\frac{\partial L}{\partial \mu} = y - z + 2 = 0$

Nun können λ und μ in der zweiten Gleichung ersetzt werden, und es sind dann noch folgende 3 Gleichungen zu lösen:

$x - y - 1 = 0 \Leftrightarrow x - y = 1$

$y - z + 2 = 0 \Leftrightarrow y - z = -2$

$4y + 2x + 6z = 0 \Leftrightarrow 2x + 4y + 6z = 0$

Die erweiterte Koeffizientenmatrix lautet:

$$\begin{pmatrix} 1 & -1 & 0 & 1 \\ 0 & 1 & -1 & -2 \\ 2 & 4 & 6 & 0 \end{pmatrix} \quad -2*\mathrm{I}$$

$$\begin{pmatrix} 1 & -1 & 0 & 1 \\ 0 & 1 & -1 & -2 \\ 0 & 6 & 6 & -2 \end{pmatrix} \quad -6*\mathrm{II}$$

$$\begin{pmatrix} 1 & -1 & 0 & 1 \\ 0 & 1 & -1 & -2 \\ 0 & 0 & 12 & 10 \end{pmatrix} \quad /12$$

$$\begin{pmatrix} 1 & -1 & 0 & 1 \\ 0 & 1 & -1 & -2 \\ 0 & 0 & 1 & 5/6 \end{pmatrix} \quad +\mathrm{III}$$

$$\begin{pmatrix} 1 & -1 & 0 & 1 \\ 0 & 1 & 0 & -7/6 \\ 0 & 0 & 1 & 2/3 \end{pmatrix} \quad +\mathrm{II}$$

$$\begin{pmatrix} 1 & 0 & 0 & -1/6 \\ 0 & 1 & 0 & -7/6 \\ 0 & 0 & 1 & 5/6 \end{pmatrix}$$

Somit hat die Funktion unter den gegebenen Nebenbedingungen nur bei $(-\frac{1}{6}, -\frac{7}{6}, \frac{5}{6})$ eine stationäre Stelle.

5.4.3.2 Verknüpfte Funktionen

Auch bei verknüpften Funktionen läuft das Lagrangeverfahren im Prinzip nicht anders ab als sonst. Es ist aber darauf zu achten, die entsprechenden Ableitungsregeln zu beachten. Handelt es sich um eine Verkettung von Funktionen der Variablen, so ist die Kettenregel anzuwenden, etc. . In der nachfolgenden Aufgabe handelt es sich um einen Quotienten zweier Funktionen, so daß die Quotientenregel anzuwenden ist.

Gegeben ist die Funktion $f: \mathbb{R}^2 \to \mathbb{R}$ mit

$$f(x, y) = \frac{x+y}{x^2+y^2}$$

Bestimmen Sie mit der Methode von Lagrange alle möglichen Extremwerte von f unter der Nebenbedingung
$g(x, y) = x - y - 1 = 0$.

Die Lagrangefunktion lautet:

$$L(x, y, \lambda) = \frac{x+y}{x^2+y^2} + \lambda(x - y - 1)$$

Bei der Bildung der partiellen Ableitungen ist nun bei der Differenzierung des ersten Ausdrucks die Quotientenregel zu beachten. Dieser Term ist der Quotient der Funktionen:

$$g(x, y) = x + y \quad \text{und} \quad h(x, y) = x^2 + y^2$$

Für diese beiden Funktionen ergeben sich folgende partielle Ableitungen nach x und y:

$$\frac{\partial g(x, y)}{\partial x} = 1 \qquad \frac{\partial h(x, y)}{\partial x} = 2x$$

$$\frac{\partial g(x, y)}{\partial y} = 1 \qquad \frac{\partial h(x, y)}{\partial y} = 2y$$

Nun können die partiellen Ableitungen der Lagrangefunktion gebildet werden:

$$\frac{\partial L}{\partial x} = \frac{\frac{\partial g(x, y)}{\partial x} * h(x, y) - g(x, y) * \frac{\partial h(x, y)}{\partial x}}{h(x, y)^2} + \lambda$$

$$= \frac{1 * (x^2 + y^2) - (x+y) * 2x}{(x^2 + y^2)^2} + \lambda = \frac{x^2 + y^2 - 2x^2 - 2xy}{(x^2 + y^2)^2} + \lambda$$

$$= \frac{y^2 - x^2 - 2xy}{(x^2 + y^2)^2} + \lambda$$

$$\frac{\partial L}{\partial y} = \frac{1 * (x^2 + y^2) - (x+y) * 2y}{(x^2 + y^2)^2} - \lambda = \frac{x^2 + y^2 - 2y^2 - 2xy}{(x^2 + y^2)^2} - \lambda$$

$$= \frac{x^2 - y^2 - 2xy}{(x^2 + y^2)^2} - \lambda$$

$$\frac{\partial L}{\partial \lambda} = x - y - 1$$

Nun werden die partiellen Ableitungen gleich Null gesetzt:

I $\qquad \dfrac{y^2 - x^2 - 2xy}{(x^2 + y^2)^2} + \lambda = 0$

II $\qquad \dfrac{x^2 - y^2 - 2xy}{(x^2 + y^2)^2} - \lambda = 0$

III $\qquad x - y - 1 = 0$

Die erste wird nun mit der zweiten Gleichung addiert. (Es hätte auch eine Gleichung nach λ aufgelöst und das Ergebnis in die andere Gleichung eingesetzt werden können):

I + II $\qquad \dfrac{x^2 - y^2 - 2xy}{(x^2 + y^2)^2} + \dfrac{y^2 - x^2 - 2xy}{(x^2 + y^2)^2} = 0$

Da der Nenner immer ungleich Null ist, kann die Gleichung mit dem Nenner multipliziert werden:

$$\Leftrightarrow x^2 - y^2 - 2xy + (y^2 - x^2 - 2xy) = 0 \Leftrightarrow -4xy = 0$$

$$\Leftrightarrow xy = 0 \Leftrightarrow x = 0 \vee y = 0 \text{ (Ein Produkt ist immer dann Null, wenn}$$
$$\text{einer der Faktoren Null ist)}$$

Die beiden möglichen Ergebnisse müssen nun in die dritte Gleichung eingesetzt werden.

III $x - y - 1 = 0$

$\Rightarrow$ für x = 0: $0 - y - 1 = 0 \Leftrightarrow y = -1$

$\Rightarrow$ für y = 0: $x - 0 - 1 = 0 \Leftrightarrow x = 1$

Somit hat die Funktion unter der gegebenen Nebenbedingung mögliche Extremstellen für x=0 $\wedge$ y=−1 oder x=1 $\wedge$ y=0.
Oder auch anders geschrieben:
Die möglichen Extremstellen liegen bei $(0, -1)$ und $(1, 0)$

5.4.3.3 Minimalkostenkombination

Mittels des Lagrangeansatzes lassen sich sehr viele Aussagen der Mikroökonomie herleiten. Nachfolgend wird die notwendige Bedingung für die Minimalkostenkombination bei einer Produktionsfunktion des Typs A (nach Gutenberg) ermittelt. Diese Aufgabe dürfte sich in zahlreichen BWL-Klausuren (Teilgebiet Produktion) finden.

Nachfolgend wird die Bedingung für den Fall zweier Produktionsfaktoren (r_1 und r_2) hergeleitet. Die Kosten sind in diesem Fall die mit den Preisen (p) gewichteten Faktormengen(r):

$$C(r_1, r_2) = p_1 * r_1 + p_2 * r_2$$

Das Minimum dieser Funktion wird gesucht. Diese Aufgabe wäre allerdings ohne Nebenbedingung unsinnig, denn die minimalen Kosten wären natürlich gegeben, wenn von beiden Faktoren gar nichts eingesetzt würde. Aber es gibt eine Nebenbedingung, denn es werden die minimalen Kosten gesucht, zu denen ein bestimmter Output ($\overline{Q}$) produziert werden kann. Die Produktionsfunktion ($f(r_1, r_2)$) gibt nun gerade den Zusammenhang zwischen Faktoreinsatz und Output an. Es muß also gelten:

$$f(r_1, r_2) = \overline{Q}$$

Dieses ist die gegebene Nebenbedingung. Für die Lagrangefunktion ergibt sich somit:

$$L(r_1, r_2, \lambda) = p_1 * r_1 + p_2 * r_2 + \lambda(f(r_1, r_2) - \overline{Q})$$

Für die Ableitungen der Lagrangefunktion ergibt sich:

$$\frac{\partial L}{\partial r_1} = p_1 + \lambda \frac{\partial f(r_1, r_2)}{\partial r_1} = 0$$

$$\frac{\partial L}{\partial r_2} = p_2 + \lambda \frac{\partial f(r_1, r_2)}{\partial r_2} = 0$$

Die Ableitung nach λ wird hier nicht berechnet, denn sie wird nachfolgend nicht benötigt. Aus den beiden Gleichungen wird nun das λ entfernt. Es kann eine der Gleichungen nach λ aufgelöst werden:

$$p_1 + \lambda \frac{\partial f(r_1, r_2)}{\partial r_1} = 0 \quad \Leftrightarrow \quad \lambda \frac{\partial f(r_1, r_2)}{\partial r_1} = - p_1$$

$$\Leftrightarrow \lambda = - p_1 * \frac{1}{\dfrac{\partial f(r_1, r_2)}{\partial r_1}}$$

Dieser Ausdruck wird nun in die andere Gleichung eingesetzt:

$$p_2 + \left(- p_1 * \frac{1}{\dfrac{\partial f(r_1, r_2)}{\partial r_1}}\right) * \frac{\partial f(r_1, r_2)}{\partial r_2} = 0$$

$$\Leftrightarrow p_2 = p_1 * \frac{\dfrac{\partial f(r_1, r_2)}{\partial r_2}}{\dfrac{\partial f(r_1, r_2)}{\partial r_1}} \quad \Leftrightarrow \quad \frac{p_2}{p_1} = \frac{\dfrac{\partial f(r_1, r_2)}{\partial r_2}}{\dfrac{\partial f(r_1, r_2)}{\partial r_1}}$$

Wenn eine bestimmte Menge zu minimalen Kosten produziert wird, so muß also das Verhältnis der Faktorpreise gerade dem Verhältnis der Grenzproduktivitäten der Faktoren entsprechen.

In ähnlicher Weise lassen sich zahlreiche andere Ergebnisse der Mikroökonomie herleiten.

5.5 Totales Differential

Wenn man bei einer Funktion einer Variablen die Ableitung an einer Stelle kennt, so gibt die Steigung der Funktion in diesem Punkt auch die Steigung der Tangenten (tangere=berühren) an. In der Umgebung der betrachteten Stelle kann man die Funktion dann in erster Ordnung durch die Tangente annähern. Das dx steht an sich für einen unendlich kleinen Abschnitt. In der folgenden Zeichnung wurde es zur Verdeutlichung besonders groß gezeichnet. Wenn man um dx nach rechts geht und gleichzeitig auf der Tangente bleiben will, so muß man dx mal die Steigung der Tangente nach oben gehen. Die Steigung der Tangente ist gerade die Steigung der Funktion an der Stelle, an der sie die Tangente berührt.

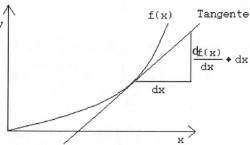

Für ein unendlich klein gedachtes dx sind Funktion und Tangente identisch, so daß der gegebene Ausdruck gerade die Veränderung der Funktion für unendlich kleine Veränderungen von x beschreibt.

Auch eine Funktion mehrerer Variabler kann man auf ähnliche Weise durch einen linearen Ausdruck nähern. Bei einer Funktion zweier Variabler erhält man eine Ebene als Näherung:

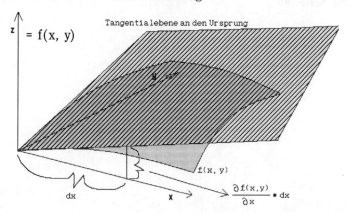

Für die Veränderung der Funktion in x-Richtung ist die Darstellung der vorherigen Abbildung hier noch einmal angeführt worden. Hierbei muß nur die Ableitung durch die partielle Ableitung ersetzt werden. Genauso wie es in der Zeichnung in x Richtung gemacht wurde, kann man nun auch in y-Richtung einen analogen Ausdruck erhalten. Eine Beschreibung der Änderung der Tangentialebene und damit auch der Funktion für sehr kleine dx und dy erhält man, wenn man beide Ausdrücke zusammenzählt:

$$df(x,y) = \frac{\partial f(x, y)}{\partial x} * dx + \frac{\partial f(x, y)}{\partial y} * dy$$

Diesen Ausdruck nennt man das **totale Differential** der Funktion f(x,y).

Wenn die Funktion mehr als zwei Variable hat, so ist der Ausdruck entsprechend zu erweitern. Allgemein gilt:

$$df(x_1, ..., x_n) = \sum_{i=1}^{n} \left(\frac{\partial f(x_1, ..., x_n)}{\partial x_i} * dx_i \right)$$

Am Anfang des 5. Kapitels war gezeigt worden, daß sich Budgetgerade und Indifferenzkurve im Optimum tangieren. Nebenstehend ist die entsprechende Zeichnung noch einmal abgebildet. In der Zeichnung sind die Indifferenzkurven der Nutzenfunktion $U(x_1, x_2)$ und die Budgetgerade abgebildet. Auf einer Indifferenz-

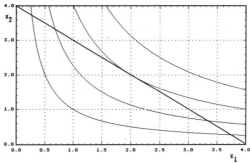

kurve ist das Induividuum gerade indifferent. Dieses bedeutet, daß entlang der Indifferenzkurve der Nutzen überall gleich groß ist. Bildet man das totale Differential von U, so ergibt sich:

$$dU(x_1,x_2) = \frac{\partial U(x_1,x_2)}{\partial x_1} * dx_1 + \frac{\partial U(x_1,x_2)}{\partial x_2} * dx_2$$

Da der Nutzen entlang der Indifferenzkurve konstant ist, ist dU gleich Null, denn dU gibt ja gerade die Veränderung des Nutzens an. Also gilt:

$$dU(x_1,x_2) = \frac{\partial U(x_1,x_2)}{\partial x_1} * dx_1 + \frac{\partial U(x_1,x_2)}{\partial x_2} * dx_2 = 0$$

Diese Gleichung kann umgeformt werden:

$$\Leftrightarrow \frac{\partial U(x_1,x_2)}{\partial x_1} * dx_1 = - \frac{\partial U(x_1,x_2)}{\partial x_2} * dx_2$$

$$\Leftrightarrow \frac{\dfrac{\partial U(x_1,x_2)}{\partial x_1}}{\dfrac{\partial U(x_1,x_2)}{\partial x_2}} = - \frac{dx_2}{dx_1}$$

Für die Budgetgerade gilt:

$$B = p_1 * x_1 + p_2 * x_2$$

Das Budget kann auf die beiden Güter zu den jeweiligen Preisen aufgeteilt werden. Diese Gleichung ergibt nach x_2 aufgelöst:

$$p_2 * x_2 = B - p_1 * x_1 \quad \Leftrightarrow \quad x_2 = \frac{B}{p_2} - \frac{p_1 * x_1}{p_2}$$

Wird diese Gleichung nach x_1 abgeleitet, ergibt sich:

$$\frac{dx_2}{dx_1} = - \frac{p_1}{p_2} \quad \Leftrightarrow \quad - \frac{dx_2}{dx_1} = \frac{p_1}{p_2}$$

Wenn man nun für $- \dfrac{dx_2}{dx_1}$ in der aus dem totalen Differential gewonnenen Gleichung ersetzt, so ergibt sich:

$$\Leftrightarrow \frac{\dfrac{\partial U(x_1,x_2)}{\partial x_1}}{\dfrac{\partial U(x_1,x_2)}{\partial x_2}} = \frac{p_1}{p_2}$$

Dies ist eine zentrale Aussage der Mikroökonomie. Im Nutzenmaximum entspricht das Verhältnis der Grenznutzen dem Verhältnis der Preise der Güter.

Nachfolgend noch eine weitere Aufgabe zum totalen Differential:

Bestimmen Sie das totale Differential von:

$f: \mathbb{R}^2 \to \mathbb{R}$ mit $f(x,y) = e^{x*y} - (xy)^2$

an der Stelle $(1, 1)$ für $dx = 0,1$, $dy = 0,2$.

Vergleichen Sie den Wert mit $\Delta f = f(1.1, 1.2) - f((1, 1))$.

Hier soll also überprüft werden, wie gut die Veränderung der Funktion durch das totale Differential angenähert wird.. Um das totale Differential berechnen zu können, müssen zunächst die partiellen Ableitungen der Funktion nach x und y gebildet werden:

$$\frac{\partial f\,(x,\,y)}{\partial x} = y * e^{x*y} - 2x * y^2 \qquad \frac{\partial f\,(x,\,y)}{\partial y} = x * e^{x*y} - 2y * x^2$$

Das totale Differential ergibt sich damit zu:

$$df(x,y) = (y * e^{x*y} - 2x * y^2) * dx + (x * e^{x*y} - 2y * x^2) * dy$$

Das totale Differential soll an der Stelle (1, 1) für dx = 0,1 und dy = 0,2 berechnet werden. Daher muß für x und y 1 eingesetzt werden, für dx 0,1 und für dy 0,2. Wird dies durchgeführt, ergibt sich:

$$df(1,1) = (1 * e^{1*1} - 2*1 * 1^2) * 0,1 + (1 * e^{1*1} - 2*1 * 1^2) * 0,2$$

$$= (e - 2) * 0,1 + (e - 2) * 0,2 = 0,215$$

Nun soll der tatsächliche Unterschied der Funktionswerte bestimmt werden, hierzu müssen die Werte einfach in die Funktion eingesetzt werden:

$$\Delta f = f(1,1;\,1,2) - f((1;\,1)) = e^{1,1\,*\,1,2} - 1,1^2 * 1,2^2 - (e^{1*1} - 1^2 * 1^2)$$

$$= 0,283$$

Der Wert des totalen Differentials liegt deutlich unter dem tatsächlichen Unterschied der Funktionswerte. Dies bedeutet, daß in diesem Fall das totale Differential keine gute Näherung für die Funktion ist (dx und dy sind zu groß).

5.6 Abbildungen in den R^n

Zuvor waren Funktionen betrachtet worden, die aus einer mehrdimensionalen Menge in eine eindimensionale Menge abbildeten. Die Funktionen hatten mehrere x-Werte, aber nur einen y-Wert. Als weitere Verallgemeinerung werden nachfolgend Funktionen betrachtet, die aus einer mehrdimensionalen Menge in eine mehrdimensionale Menge abbilden. (Als Grenzfall kann es natürlich auch nur eine Variable oder nur einen Funktionswert geben.) Nachfolgend wird es vor allem darum gehen, wie bei derartigen Funktionen Ableitungen gebildet werden können.

5.6.1 Ableitungsmatrizen

Die partiellen Ableitungen von mehrdimensionalen Funktionen kann man als Ableitungsmatrizen darstellen. Dabei schreibt man in die Zeilen nacheinander die einzelnen partiellen Ableitungen. Wenn die Funktion, so wie die bisher betrachteten Funktionen, in den $\mathbb{R}^1$ abbildet, so hat die Ableitungsmatrix nur eine Zeile. Bildet die Funktion in einen Raum mit mehreren Dimensionen ab, so hat die Ableitungsmatrix mehrere Zeilen, in denen jeweils die partiellen Ableitungen der einzelnen Komponenten stehen. Die Ableitungsmatrizen werden auch Funktional-Matrizen, Jacobi-Matrizen oder das Differential der Funktion genannt.

Sei z.B. die Funktion v gegeben, die vom $\mathbb{R}^3$ in den $\mathbb{R}^3$ abbildet, wobei sie von den Variablen x_1, x_2 und x_3 abhängt. Die Matrix der partiellen Ableitungen sieht dann folgendermaßen aus:

$$v = \begin{pmatrix} \dfrac{\partial v_1}{\partial x_1} & \dfrac{\partial v_1}{\partial x_2} & \dfrac{\partial v_1}{\partial x_3} \\ \dfrac{\partial v_2}{\partial x_1} & \dfrac{\partial v_2}{\partial x_2} & \dfrac{\partial v_2}{\partial x} \\ \dfrac{\partial v_3}{\partial x_1} & \dfrac{\partial v_3}{\partial x_2} & \dfrac{\partial v_3}{\partial x_3} \end{pmatrix}$$

5.6.2 Mehrdimensionale Kettenregel

Es gibt auch eine Kettenregel für mehrdimensionale Funktionen. Diese liefert die Möglichkeit, die Matrix der partiellen Ableitungen einer verketteten Funktion über die Matrizen der partiellen Ableitungen der einzelnen Funktionen zu bestimmen. Die mehrdimensionale Kettenregel besagt nun, daß sich die Matrix der partiellen Ableitungen einer verketteten Funktion als **Matrizenprodukt der Matrizen der partiellen Ableitungen der einzelnen Funktionen ergibt.** Wenn eine Ableitung einer mehrdimensionalen verketteten Funktion mittels der mehrdimensionalen Kettenregel berechnet werden soll, müssen also zunächst die Ableitungsmatrizen der einzelnen Funktionen bestimmt und dann miteinander multipliziert werden. In den folgenden Aufgaben wird deutlich, wie man dies rechnen muß.

5.6.3 Aufgaben zur mehrdimensionalen Kettenregel

Gegeben sind die Funktionen:

$$f: \mathbb{R}^3 \to \mathbb{R} \quad \text{mit } y(\vec{x}) = y(x_1, x_2, x_3) = \frac{1}{2} * e^{x_1^2 + x_2^2 + x_3^2}$$

$$\text{und } g: \mathbb{R}_+^2 \quad \mathbb{R}^3 \text{ mit}$$

$$\vec{x}(\vec{t}) = \begin{pmatrix} x_1(t_1, t_2) \\ x_2(t_1, t_2) \\ x_3(t_1, t_2) \end{pmatrix} = \begin{pmatrix} 1 \\ t_1 + t_2^2 \\ \ln(t_1 * t_2) \end{pmatrix}$$

Bestimmen Sie die Funktionalmatrizen $D_f(\vec{x}) = \left(\dfrac{\partial y}{\partial x_j} \right)$ und

$$D_g(\vec{t}) = \left(\frac{\partial x_j}{\partial t_k} \right) \quad (j = 1, 2, 3; \ k = 1, 2) \text{ sowie unter Verwendung}$$

der mehrdimensionalen Kettenregel $D_{f \circ g}(t_1, t_2)$ und $D_{f \circ g}(1, 1)$.

Die mathematische Formulierung sieht verwirrend aus, aber man sollte sich hiervon nicht irritieren lassen. Die "Funktionalmatrizen" sind die Ableitungsmatrizen. Das große D steht für Differenzieren. $D_f(\vec{x})$ steht somit für die Ableitungsmatrix der Funktion f. $D_{f \circ g}(t_1, t_2)$ steht demnach für die Ableitungsmatrix der verketteten Funktion und $D_{f \circ g}(1, 1)$

bedeutet, daß der Wert dieser Ableitungsmatrix an der Stelle (1, 1) berechnet werden soll.

Die Funktion $f(\vec{x}) = y(x_1, x_2, x_3) = \frac{1}{2} * e^{x_1^2 + x_2^2 + x_3^2}$ bildet aus dem $\mathbb{R}^3$ nach $\mathbb{R}$ ab. Die Ableitungsmatrix hat also eine Zeile und drei Spalten:

$$D_f(\vec{x}) = \left(\frac{\partial y}{\partial x_j} \right) = \left(\frac{\partial y}{\partial x_1}, \frac{\partial y}{\partial x_2}, \frac{\partial y}{\partial x_3} \right)$$

Bei der Ableitung ist zu beachten, daß es sich um eine verkettete Funktion handelt. Somit muß die Kettenregel beachtet werden:

Die Funktion ergibt sich als die Verkettung der beiden Funktionen:

$$g(y) = \frac{1}{2} * e^y \quad \text{und} \quad y = h(x_1, x_2, x_3) = x_1^2 + x_2^2 + x_3^2$$

$$\Rightarrow g'(y) = \frac{1}{2} * e^y \Rightarrow g'(x_1, x_2, x_3) = \frac{1}{2} e^{x_1^2 + x_2^2 + x_3^2}$$

$$\frac{\partial h(\vec{x})}{\partial x_1} = 2x_1$$

Somit ergibt sich insgesamt für die partielle Ableitung nach x_1:

$$\underbrace{\frac{\partial f(x_1, x_2, x_3)}{\partial x_1} = \frac{1}{2} e^{x_1^2 + x_2^2 + x_3^2}}_{\text{äußere}} * \underbrace{2x_1}_{\text{innere Ableitung}} = x_1 * e^{x_1^2 + x_2^2 + x_3^2}$$

Analog ergeben sich die Ableitungen nach x_2 und x_3, so daß sich für die Ableitungsmatrix folgendes ergibt:

$$D_f(\vec{x}) = (x_1 * e^{x_1^2 + x_2^2 + x_3^2}, x_2 * e^{x_1^2 + x_2^2 + x_3^2}, x_3 * e^{x_1^2 + x_2^2 + x_3^2})$$

$$= e^{x_1^2 + x_2^2 + x_3^2} * (x_1, x_2, x_3)$$

$\vec{x}(\vec{t})$ ist eine Funktion, die aus dem $\mathbb{R}^2$ in den $\mathbb{R}^3$ abbildet, somit ergibt sich eine Ableitungsmatrix mit 3 Zeilen und 2 Spalten:

$$D_g(\vec{t}) = \begin{pmatrix} \frac{\partial x_1}{\partial t_1} & \frac{\partial x_1}{\partial t_2} \\ \frac{\partial x_2}{\partial t_1} & \frac{\partial x_2}{\partial t_2} \\ \frac{\partial x_3}{\partial t_1} & \frac{\partial x_3}{\partial t_2} \end{pmatrix} = \begin{pmatrix} 0 & 0 \\ 1 & 2t_2 \\ \frac{1}{t_1} & \frac{1}{t_2} \end{pmatrix}$$

Die beiden Ableitungen in der letzten Zeile ergeben sich folgendermaßen:

$$\frac{\partial \ln(t_1 * t_2)}{\partial t_1} = t_2 * \frac{1}{t_1 * t_2} = \frac{1}{t_1}$$

innere   äußere

Nun muß entsprechend der mehrdimensionalen Kettenregel das Matrizenprodukt der Ableitungsmatrizen gebildet werden:

$$D_f(\vec{x}) * D_g(\vec{t}) = \begin{array}{c|c} & \begin{pmatrix} 0 & 0 \\ 1 & 2t_2 \\ \frac{1}{t_1} & \frac{1}{t_2} \end{pmatrix} \\ \hline e^{x_1^2 + x_2^2 + x_3^2} * (x_1, x_2, x_3) & e^{x_1^2 + x_2^2 + x_3^2}(x_2 + \frac{x_3}{t_1}; \; 2x_2 t_2 + \frac{x_3}{t_2}) \end{array}$$

Nun müssen x_1, x_2 und x_3 noch entsprechend der Funktionsvorschrift für g eingesetzt werden.

$$D_{f \circ g}(t_1, t_2) = e^{1 + (t_1 + t_2^2)^2 + (\ln(t_1 * t_2))^2}$$

$$* \left(t_1 + t_2^2 + \frac{\ln(t_1 * t_2)}{t_1}; \; 2(t_1 + t_2^2) * t_2 + \frac{\ln(t_1 * t_2)}{t_2} \right)$$

Um $D_{f \circ g}(1, 1)$ zu berechnen, muß für t_1 und t_2 1 eingesetzt werden:

$$D_{f \circ g}(1, 1) = e^{1 + (1 + 1^2)^2 + (\ln(1 * 1))^2}$$

$$* \left(1 + 1^2 + \frac{\ln(1 * 1)}{1}; \; 2(1 + 1^2) * 1 + \frac{\ln(1 * 1)}{1} \right)$$

$$= e^5 * (2; 4)$$

6 Differential- und Differenzengleichungen

6.1 Differentialgleichungen

6.1.1 Ökonomischer Bezug

Bei der Differentialrechnung ging es im wesentlichen um Ableitungen von Funktionen. Entsprechend sind Differentialgleichungen Gleichungen, in denen Ableitungen von Funktionen auftauchen. In der Regel sind es Ableitungen nach der Zeit. Daher kann mit Differentialgleichungen das Verhalten von dynamischen Systemen beschrieben werden.

In der Realität ist fast alles dynamisch. Allerdings beschäftigt man sich in der Ökonomie mit Modellen. Die Kunst eines Modells ist es, möglichst viele Vereinfachungen der Realität vorzunehmen, aber trotzdem noch in der Realität brauchbare Ergebnisse zu liefern. Die im Grundstudium benutzten Modelle vereinfachen z.B., indem sie die dynamischen Prozesse außen-vor lassen. Die Gleichgewichtsanalyse eines Marktes ist z.B. eine rein statische Analyse. Es wird das Gleichgewicht zu einem bestimmten Zeitpunkt untersucht. Die einfachen keynsianischen Modelle, wie das IS/LM Modell von Hicks, sind komperativ statisch. Hier werden zwei Gleichgewichte zu verschiedenen Zeitpunkten verglichen. Will man zusätzlich den Prozeß der zeitlichen Entwicklung untersuchen, so benötigt man Differentialgleichungen.

Als Beispiel für eine dynamische Theorie wird nachfolgend die neoklassische Wachstumstheorie kurz skizziert. Im IS/LM-Modell verändern zusätzliche Investitionen die Produktion zu künftigen Zeitpunkten nicht. Dieser Effekt wird in dem Modell vernachlässigt. In der neoklassischen Wachstumstheorie wird dieser Effekt berücksichtigt. Die grobe Idee ist hierbei folgende: Das Volkseinkommen wird mit den Produktionsfaktoren Arbeit und Kapital produziert:

$$Y = f(K, L)$$

Es kann entweder konsumiert oder gespart werden. Es gibt eine Sparquote s, somit beträgt die Ersparnis $s*f(K, L)$. Diese Ersparnis entspricht aber nun gerade den Investitionen.

$$I = s * f(K, L)$$

Der Kapitalstock verändert sich in der Zeit gerade um die Investitionen. Die zeitliche Änderung des Kapitalstocks ist die Ableitung des Kapitalstocks nach der Zeit:

$$I = \frac{dK}{dt} = K' = s * f(K, L)$$

Bei der Gleichung, die nun entstanden ist, handelt es sich um eine Differentialgleichung. In der Gleichung wird die erste Ableitung von K ($\frac{dK}{dt}$ oder auch kürzer K' geschrieben) mit einer Funktion von K in Beziehung gesetzt.

6.1.2 Einteilungen von Differentialgleichungen

Differentialgleichungen können sehr kompliziert werden, und es gibt Massen von Büchern, die sich nur mit der Lösung von Differntialgleichungen befassen. Daher ist es klar, daß hier nur sehr grundlegende Verfahren behandelt werden.

Nachfolgend wird die Variable, bezüglich der die Veränderung betrachtet wird, also meistens die Zeit, mit x bezeichnet. y ist eine Funktion von x: y = y(x). Die erste Ableitung von y nach x $\frac{dy}{dx}$ wird auch abkürzend mit y'(x) bezeichnet.

> **Die Ordnung einer Differentialgleichung gibt die höchste Ableitung von y(x) an, die in der Differentialgleichung auftaucht.**

z.B. hat die Differentialgleichung
$$y' + a * x = 0 \text{ die Ordnung 1}$$
$$y''' - y^2 = 0 \text{ die Ordnung 3}$$

In diesem Rahmen werden nur Differentialgleichungen 1. Ordnung behandelt.

Eine Differentialgleichung heißt linear, wenn in ihr die Funktion y und ihre Ableitungen nur in einfacher Potenz auftreten.

Diese Definition ist analog zu linearen Gleichungen, bei denen die Variablen nur in einfacher Potenz auftreten dürfen.

Folgende Differentialgleichung ist linear:
$$y'' + y' - 7y = x^2$$
Das x selber kann also in beliebiger Weise in die Gleichung eingehen.

Folgende Differentialgleichung ist nicht linear:
$$y'' + y'^3 - 7y = 0$$
Hier geht y' in dritter Potenz ein.

Eine Differentialgleichung heißt homogen, wenn nur Terme mit y und seinen Ableitungen, also keine Terme nur mit x, oder Konstanten auftauchen.

6.1.3   Trennung der Variablen

Wenn es möglich ist, die Differentialgleichung so umzuformen, daß auf der einen Seite nur eine Funktion von y und auf der anderen nur eine Funktion von x steht, so kann die Gleichung integriert werden.

Gleichungen, die folgendermaßen geschrieben werden können, lassen sich integrieren:

$$y' = \frac{f(x)}{g(y)}$$

Die Ableitung der Funktion ist hier in Beziehung gesetzt zu einer Funktion, die nur von x, und einer, die direkt nur von y abhängig ist. y' kann auch anders geschrieben werden:

$$y' = \frac{dy}{dx} = \frac{f(x)}{g(y)}$$

Diese Gleichung kann nun umgeformt werden:

$$\frac{dy}{dx} = \frac{f(x)}{g(y)} \mid *dx \ *g(y)$$

$$\Leftrightarrow g(y)*dy = f(x)*dx$$

Diese Gleichung kann nun integriert werden:

$$\Leftrightarrow \int g(y)*dy = \int f(x)*dx$$

$$\Leftrightarrow G(y) + c_1 = F(x) + c_2$$

$$\Leftrightarrow G(y) = F(x) + c$$

Die beiden Konstanten wurden in der letzten Gleichung zu einer neuen Konstanten zusammengefaßt. Die Gleichung, die nun entstanden ist, enthält y und x als Variable. Gelingt es, diese Gleichung nach y aufzulösen, so hat man die gesuchte Funktion y(x) gefunden, die die Differentialgleichung löst.

Nachfolgend wird das Vorgehen an einem Beispiel veranschaulicht:

$$y' = 5y - 4$$

Nun müssen die Variablen getrennt werden:

$$\frac{dy}{dx} = 5y - 4 \mid *dx$$

$$\Leftrightarrow dy = (5y - 4)*dx \mid / (5y - 4)$$

$$\Leftrightarrow \frac{1}{5y - 4} dy = 1*dx$$

Die Gleichung wird nun integriert:

$$\Leftrightarrow \int \frac{1}{5y - 4} dy = \int 1*dx$$

$$\Leftrightarrow \frac{1}{5} \ln|5y-4| = x + c$$

Die $\frac{1}{5}$ eliminieren die innere Ableitung des ln.

Die Gleichung, die entstanden ist, muß nun nach y aufgelöst werden.

$$\frac{1}{5} \ln|5y-4| = x + c \mid *5$$

$$\Leftrightarrow \ln|5y-4| = 5x + 5c \mid e^{\wedge} \quad \text{(e hoch die Seiten der Gleichung)}$$

$$\Leftrightarrow 5y-4 = e^{(5x + 5c)} \mid +4$$

$$\Leftrightarrow 5y = e^{(5x + 5c)} + 4 \mid / 5$$

$$\Leftrightarrow y = \frac{1}{5} * (e^{5x} * e^{5c}) + 0,8$$

$$\Leftrightarrow y = e^{5x} * \frac{1}{5} e^{5c} + 0,8$$

Dieses ist die allgemeine Lösung der Differentialgleichung. Wenn ein bestimmter Wert für c gewählt wird, so ergibt sich eine spezielle Lösung der Differentialgleichung. Wenn bestimmte Anfangsbedingungen festgelegt werden (nachfolgend y(0) = 1), so wird durch diese eine spezielle Lösung beschrieben. c muß dann so bestimmt werden, daß die Anfangsbedingung erfüllt ist:

$$y(0) = e^{5*0} * \frac{1}{5} e^{5c} + 0,8 = 1$$

$$\Leftrightarrow \frac{1}{5} e^{5c} + 0,8 = 1 \mid *5$$

$$\Leftrightarrow e^{5c} + 4 = 5 \mid -4 \quad \Leftrightarrow \quad e^{5c} = 1 \mid \ln$$

$$5c = \ln 1 \Leftrightarrow c = 0$$

Die spezielle Lösung zu der gegebenen Anfangsbedingung lautet also:

$$y = e^{5x} * \frac{1}{5} e^{5*0} + 0,8 = \frac{1}{5} e^{5x} + 0,8$$

Nachfolgend wird noch ein Beispiel angeführt:

$$y' - y^2 * x^3 = 0 \mid + y^2 * x^3$$

$$\Leftrightarrow \frac{dy}{dx} = y^2 * x^3 \mid *dx / y^2$$

$$\Leftrightarrow \frac{1}{y^2} dy = x^3 * dx$$

$$\Leftrightarrow \int y^{-2} dy = \int x^3 dx$$

$$\Leftrightarrow -y^{-1} = \frac{1}{4} * x^4 + c$$

$$\Leftrightarrow -\frac{1}{y} = \frac{1}{4} * x^4 + c \mid *y \ *4$$

$$\Leftrightarrow -4 = y * (x^4 + 4c) \mid / (x^4 + 4c)$$

$$\Leftrightarrow y = \frac{-4}{x^4 + 4c}$$

Sei nun noch angenommen, es solle folgende Anfangsbedingung gelten:

$$y(0) = 1$$

Durch Einsetzen der Werte in die allgemeine Lösung läßt sich das c für die spezielle Lösung ermitteln:

$$\Leftrightarrow 1 = \frac{-4}{0^4 + 4c} \quad | *c$$

$$\Leftrightarrow c = -1$$

Somit lautet die spezielle Lösung für die angeführte Anfangsbedingung:

$$\Leftrightarrow y = \frac{-4}{x^4 - 4}$$

6.1.4 Lineare Differentialgleichung 1. Ordnung

Die allgemeine Form einer linearen Differentialgleichung 1. Ordnung ist folgende:

$$y' + p(x)*y = r(x)$$

p(x) und r(x) sind beide Funktionen von x. Natürlich ist y auch eine Funktion von x, wegen der Übersicht wird hier aber abkürzend y' und y (statt y'(x) und y(x)) geschrieben.

Alle linearen Differentialgleichungen 1. Ordnung lassen sich in die angegebene Form bringen, wenn y' mit einer Funktion von x multipliziert wird; so muß (ähnlich wie bei der Lösung von quadratischen Gleichungen) zunächst durch diese Funktion geteilt werden:

$$s(x)*y' + t(x)*y = u(x) \quad | / s(x) \quad (\text{für } s(x) \neq 0)$$

$$\Leftrightarrow y' + \frac{t(x)}{s(x)}*y = \frac{u(x)}{s(x)} \Leftrightarrow y' + p(x)*y = r(x)$$

Im letzten Schritt wurden p(x) und r(x) einfach entsprechend definiert.

6.1.4.1 Homogene lineare Differentialgleichung

Nachfolgend wird die Lösung der homogenen linearen Differentialgleichung 1. Ordnung betrachtet. Bei dieser Gleichung verschwindet der Term r(x). Sie lautet also:

$$y' + p(x)*y = 0$$

Diese Gleichung kann mittels Trennung der Variablen gelöst werden:

$$y' + p(x) * y = 0 \Leftrightarrow \frac{dy}{dx} + p(x) * y = 0 \Leftrightarrow \frac{dy}{dx} = -p(x) * y$$

$$\frac{1}{y} dy = -p(x) dx$$

Diese Gleichung wird nun integriert:

$$\Leftrightarrow \int \frac{1}{y} dy = \int -p(x) dx$$

$$\Leftrightarrow \ln|y| = -P(x) + c \qquad \text{(P(x) ist die Stammfunktion zu p(x))}$$

$$\Leftrightarrow y = \pm e^{(-P(x) + c)}$$

Wenn eine Anfangsbedingung $y(x_0) = y_0$ gegeben ist, so kann die Konstante bestimmt werden:

$$y_0 = e^{(-P(x_0) + c)} \Leftrightarrow \ln|y_0| = -P(x_0) + c$$

$$\Leftrightarrow c = \ln|y_0| + P(x_0)$$

Dieser Ausdruck kann nun für c in die allgemeine Lösung eingesetzt werden:

$$y = e^{(-P(x) + \ln|y_0| + P(x_0))}$$

Nach den Regeln für Exponentialfunktionen läßt sich nun folgendermaßen umformen:

$$y = e^{(-P(x) + P(x_0))} * e^{\ln|y_0|}$$

$$\Leftrightarrow y = y_0 * e^{(-P(x) + P(x_0))}$$

Diese Lösung wurde für alle Funktionen p(x) hergeleitet. Somit kann eine Lösung für eine lineare homogene Differentialgleichung gefunden werden, indem in den obigen Ausdruck eingesetzt wird.

Die spezielle Lösung kann auch anders dargestellt werden. Der nun noch im Exponenten verbliebene Term stellt gerade folgendes

bestimmte Integral dar: $(-P(x) + P(x_0)) = -\int_{x_0}^{x} p(x) dx$

Somit kann die spezielle Lösung auch folgendermaßen geschrieben werden:

$$y = y_0 * e^{-\int_{x_0}^{x} p(x) dx}$$

6.1.4.2 Inhomogene lineare Differentialgleichung

Bei der inhomogenen linearen Differentialgleichung ist es nicht möglich, die Variablen zu trennen. Daher werden andere Lösungsverfahren benötigt. Das hier verwendete Verfahren nennt sich "Variation der Konstanten".

Die allgemeine Lösung der homogenen Gleichung lautete:

$$y = e^{(-P(x)+c)} \Leftrightarrow \pm e^c * e^{-P(x)}$$

$\pm e^c$ ergibt nun wieder eine Konstante. Setzt man für diese Konstante K ein, so ergibt sich:

$$y = K * e^{-P(x)}$$

Als Lösung für die inhomogene Gleichung wird nun dieser Ansatz übernommen. Hierbei wird aber für K eine Funktion von x (K(x)) eingesetzt. Die Konstante wird also gewissermaßen variiert. Anschließend wird K(x) so bestimmt, daß die inhomogene Differentialgleichung erfüllt wird. Zunächst wird also folgender Ausdruck für y angesetzt:

$$y = K(x) * e^{-P(x)}$$

Für die Ableitung ergibt sich nach der Produktregel:

$$y' = K'(x) * e^{-P(x)} - p(x) * K(x) * e^{-P(x)}$$

Nun kann in die inhomogene Gleichung eingesetzt werden:

$$y' + p(x) * y = r(x)$$

$$\Rightarrow K'(x) * e^{-P(x)} - p(x) * K(x) * e^{-P(x)} + p(x) * K(x) * e^{-P(x)} = r(x)$$

$$\Leftrightarrow K'(x) * e^{-P(x)} = r(x) \mid * e^{P(x)}$$

$$\Leftrightarrow K'(x) = * e^{P(x)} * r(x)$$

Nun ist eine Differentialgleichung für K(x) entstanden. Diese kann durch Trennung der Variablen gelöst werden:

$$\Leftrightarrow \frac{dK}{dx} = e^{P(x)} * r(x) \Leftrightarrow dK = e^{P(x)} * r(x) dx$$

$$\Leftrightarrow \int dK = \int e^{P(x)} * r(x) dx$$

$$\Leftrightarrow K(x) = c + \int e^{P(x)} * r(x) dx$$

Die Integrationskonstante c entsteht hierbei durch die Integration der linken Seite. Wird dieses Ergebnis in den Ansatz für y eingesetzt, ergibt sich:

$$y = (c + \int e^{P(x)} * r(x)\,dx) * e^{-P(x)}$$

Wenn nun eine bestimmte Anfangsbedingung $y(x_0) = y_0$ angegeben ist, so ergibt sich, wie zuvor bei der homogenen Gleichung gezeigt, eine spezielle Lösung. Die spezielle Lösung lautet:

$$y = e^{(-P(x) + P(x_0))} * \left(y_0 + \int_{x_0}^{x} r(x) * e^{(P(x) - P(x_0))}\,dx \right)$$

Wird der Ausdruck vor der Klammer nur mit y_0 multipliziert, so erhält man gerade die Lösung der homogenen Differentialgleichung.

> Allgemein gilt, daß sich die Lösung einer inhomogenen Differentialgleichung durch Addition der Lösung der homogenen Gleichung mit einer speziellen Lösung der inhomogenen Differentialgleichung ergibt.

6.1.5   Aufgaben zu linearen Differentialgleichungen

1) Lösen Sie die Differntialgleichung $y(t)' - \frac{1}{t}y(t) = 0$ unter der Anfangsbedingung $y(1) = 2$.

Die Variable ist in diesem Fall t. Es handelt sich um eine lineare homogene Differentialgleichung 1. Ordnung. Die Gleichung könnte mittels Trennung der Variablen gelöst werden, es kann aber auch einfach in die zuvor ermittelte Lösungsformel eingesetzt werden. p(t) ist in diesem Fall $-\frac{1}{t}$, für t_0 muß 1 und für y_0 2 eingesetzt werden. Für P(t) ergibt sich:

$$P(t) = \int -\frac{1}{t}\,dt = -\ln t \quad \text{und somit} \quad P(t_0) = -\ln 1 = 0$$

Somit lautet die spezielle Lösung dieser Differentialgleichung:

$$y = 2e^{-(-\ln t)} = 2e^{\ln t} = 2t$$

2) Lösen Sie die Differentialgleichung $y(x)' + 2x * y(x) = x * e^{-x^2}$ unter der Anfangsbedingung $y(0) = 1$.

Bei dieser inhomogenen Differentialgleichung gilt:

$$p(x) = 2x; \quad r(x) = x*e^{-x^2}; \quad x_0 = 0 \quad \text{und} \quad y_0 = 1$$

Zunächst sei noch einmal die Lösungsformel angeführt:

$$y = e^{(-P(x)+P(x_0))} * \left(y_0 + \int_{x_0}^{x} r(x) * e^{(P(x)-P(x_0))} dx \right)$$

Zunächst muß nun P(x), also die Stammfunktion von p(x) bestimmt werden.

$$\int p(x) \, dx = \int 2x \, dx = x^2$$

Somit ergibt sich: $P(x) = x^2$ und $P(x_0) = 0^2 = 0$

Nun wird in die Formel eingesetzt:

$$y = e^{-x^2} \left(1 + \int_{x_0}^{x} x*e^{-x^2} * e^{x^2} dx \right)$$

Das verbliebene Integral ist nun zu lösen:

$$\int_{0}^{x} x*e^{-x^2} * e^{x^2} dx = \int_{0}^{x} x \, dx = \left[\frac{x^2}{2} \right]_{0}^{x} = \frac{x^2}{2} - 0 = \frac{x^2}{2}$$

Somit ergibt sich als Lösung der Differentialgleichung:

$$y = e^{-x^2} \left(1 + \frac{x^2}{2} \right)$$

6.2 Differenzengleichungen

Bei der Betrachtung von Differentialgleichungen wurde stillschweigend unterstellt, daß die betrachteten Größen kontinuierlich verteilt sind. In den Naturwissenschaften macht diese Annahme keine weiteren Probleme. Wenn z.b. eine Differentialgleichung die auf einen Körper wirkenden Kräfte beschreibt, so ergibt sich als Lösung der Differentialgleichung eine Funktion, die, abhängig vom Anfangsort und der Anfangsgeschwindigkeit, den Ort des Körpers zu jedem beliebigen Zeitpunkt angibt. In der Ökonomie gibt es nun aber viele Größen, die nicht wie der Ort eines Körpers kontinuierlich definiert sind. Z.B. werden das Bruttosozialprodukt, die Arbeitslosenraten und selbst Devisenkurse nur zu bestimmten Zeitpunkten ermittelt. In diesen Fällen ist somit auch keine Ableitung definiert, denn diese beschreibt ja die Änderung während eines unendlich kleinen Zeitraumes. Es kann lediglich die Differenz zwischen einem und dem nächsten Wert definiert werden. Die dabei entstehenden Gleichungen nennt man Differenzengleichungen.

Für Differenzengleichungen gelten ähnliche Einteilungen wie für Differentialgleichungen. Allerdings sind Differenzengleichungen wesentlich schwieriger zu lösen. Daher wird hier nur die lineare Differenzengleichung 1. Ordnung mit konstanten Koeffizienten behandelt.

Es sei die Folge y_t mit $t \in \mathbb{N}$ gegeben. Der analoge Ausdruck zu der Ableitung einer Funktion ist hier die Differenz zweier Folgenglieder. Es gilt:

$$\triangle y_t = y_{t+1} - y_t$$

Die zu behandelnde Differenzengleichung lautet somit:

$$y_{t+1} + p * \triangle y_t = r$$

Die Ähnlichkeit zu der entsprechenden Differentialgleichung läßt sich deutlich erkennen. "Konstante Koeffizienten" bedeutet, daß das p und r nicht von t abhängen. Indem man für $\triangle y_t$ die zuvor gegebene Definition einsetzt, kann die Gleichung umgeformt werden:

$$\Rightarrow y_{t+1} + p*(y_{t+1} - y_t) = r \Leftrightarrow (1+p)y_{t+1} - p*y_t = r \mid / (1+p)$$

$$\Leftrightarrow y_{t+1} - p/(1+p)*y_t = r/(1+p)$$

Obwohl nun keine Differenz mehr in der Gleichung auftaucht, handelt es sich trotzdem um eine Differenzengleichung. Die Koeffizienten können nun noch umdefiniert werden:

$$p_{neu} = p_{alt}/(1+p_{alt}) \qquad\qquad r_{neu} = r_{alt}/(1+p_{alt})$$

Nach dieser Neudefinition ergibt sich die Form:

$$\Leftrightarrow y_{t+1} - p*y_t = r \Leftrightarrow y_{t+1} = p*y_t + r$$

Jede lineare Differenzengleichung 1. Ordnung mit konstanten Koeffizienten läßt sich auf diese Form bringen.

Ist die Gleichung zusätzlich noch homogen, so ist $r = 0$, und die Gleichung lautet:

$$\Leftrightarrow y_{t+1} = p*y_t \Leftrightarrow y_{t+1} = p*y_t$$

In Abhängigkeit des Anfangswertes y_0 ergeben sich die weiteren Werte aus der Gleichung. Den nächsten Wert erhält man jeweils, indem man den vorherigen mit (p) multipliziert:

$$y_1 = p*y_0 \qquad\qquad y_2 = p^2*y_0 \qquad\qquad y_3 = p^3*y_0$$

Als Lösung dieser Differenzengleichung ergibt sich also:

$$y_t = p^t*y_0$$

Für die inhomogene Gleichung läßt sich folgendermaßen eine Lösung herleiten:

Sei y_0 gegeben, so lassen sich die anderen Werte nacheinander ausrechnen:

$$y_1 = p*y_0+r$$
$$y_2 = p*y_1+r = p*(p*y_0+r)+r = p^2*y_0+p*r+r$$
$$y_3 = p*y_2+r = p*(p^2*y_0+p*r+r)+r = p^3*y_0+p^2*r+p*r+r$$

Nach dem gleichen Prinzip könnten weitere Terme gebildet werden. Wie bei der homogenen Gleichung tritt hier zunächst ein Term p^t*y_0 auf. Die restlichen Terme können als Summe geschrieben werden:

$$y_t = p^t*y_0 + r*\sum_{i=1}^{t} p^{i-1}$$

Die Summe ist gerade eine geometrische Reihe. Für $p=1$ ergibt die Summe gerade t, und für $p \neq 1$ ergibt sich folgender Ausdruck:

$$\sum_{i=1}^{t} p^{i-1} = \frac{1-p^t}{1-p}$$

Somit ergibt sich folgende Lösung für die inhomogene Differenzenglei-chung:

$$y_t = p^t * y_0 + r * \frac{1-p^t}{1-p} \qquad \text{für } p \neq 1$$

$$y_t = y_0 + r*t \qquad \text{für } p = 1$$

Aufgaben mit Differenzengleichungen des angeführten Typs können nun durch einfaches Einsetzen in die Lösungsformel gelöst werden. Dies wird an folgendem Beispiel verdeutlicht:

Lösen Sie die Differenzengleichung $y_{t+1} + y_t = 1$ unter der Neben-bedingung $y_0 = 0$.

Zunächst wird die Gleichung in die zuvor untersuchte Form überführt:

$$y_{t+1} + y_t = 1 \Leftrightarrow y_{t+1} = {}^-y_t + 1$$

Nun läßt sich ablesen, daß p=-1 und r=1 gilt. Entsprechend der Lö-sungsformel für die inhomogene Gleichung ergibt sich somit:

$$y_t = (-1)^t * 0 + 1 * \frac{1-(-1)^t}{1-(-1)} = \frac{1-(-1)^t}{2} = \frac{1}{2} - \frac{1}{2} * (-1)^t$$

7 Finanzmathematik

7.1 Grundlagen

Kapital ist ein Produktionsfaktor. D.h. durch den Einsatz von zusätzlichem Kapital kann in der Regel die Produktion erhöht werden. Beispielsweise können neue Maschinen angeschafft werden, so daß bei gleichbleibendem Arbeitseinsatz mehr produziert werden kann. Wie bei dem Faktor Arbeit wird somit auch der Faktor Kapital einen Preis haben. Dieser Preis für Kapital bildet sich, indem auf dem Kapitalmarkt Angebot und Nachfrage aufeinanderstoßen. Entsprechend den gängigen Marktprozessen bildet sich auf diesem Markt ein **Preis für das Kapital**, den man **Zins** nennt.

Immer dann, wenn bei ökonomischen Problemen Zahlungen zu verschiedenen Zeitpunkten auftreten, spielt der Zins eine Rolle, denn in diesen Fällen ist es nicht einfach erlaubt, die Zahlungen zu addieren, zu subtrahieren oder zu vergleichen. Die verschiedenen Zahlungen müssen vergleichbar gemacht werden, indem die Zahlungen mittels des Zinssatzes auf einen einheitlichen Zeitpunkt umgerechnet werden. Die hierzu notwendigen Methoden werden nachfolgend besprochen.

7.2 Auf- und Abzinsen

Es sei ein Zinssatz von jährlich 10% (10% = $\frac{10}{100}$ = 0,1) gegeben. Aus 1000 DM werden dann nach einem Jahr:

$$1 * 1000 \text{ DM} + 0,1 * 1000 \text{ DM} = 1100 \text{ DM}.$$

Einerseits bleibt das ursprüngliche Geld erhalten, und andererseits kommen die Zinsen hinzu. Man kann nun auch die 1 und die 0,1 zusammenzählen und erhält so den Faktor, um den sich das Geld pro Jahr vermehrt. Diesen Faktor bezeichnet man mit q. Sei i der Zinssatz, so gilt q = (1 + i). Wenn das Geld über mehrere Jahre verzinst werden soll, so muß jedes Jahr mit dem Faktor q multipliziert werden. Nach 4 Jahren werden also aus den 1000 DM bei 10% Zinsen:

$$1000 * 1,1 * 1,1 * 1,1 * 1,1 = 1000 * 1,1^4 = 1464 \text{ DM}$$

In diesem Betrag sind die **Zinseszinsen** enthalten. Die 1000 DM erbringen zunächst 100 DM Zinsen, würde man diese Zinsen mit 4 multiplizieren und zu den 1000 DM addieren, so erhielte man 1400 DM. In diesem Fall hätte man die Zinseszinsen übersehen, denn im zweiten Jahr müssen nicht nur die 1000 DM, sondern auch die Zinsen fürs erste Jahr verzinst werden usw. .

Allgemein ergibt sich also für einen Betrag nach n Jahren:

$$\text{Endbetrag} = \text{Anfangsbetrag} * q^n$$

Den Faktor q^n nennt man auch **Aufzinsungsfaktor**. Zu Zeiten, als noch keine Taschenrechner verfügbar waren, wurden die Werte des Aufzinsungsfaktors für bestimmte Zinswerte tabelliert. In der BWL werden diese Tabellen teilweise auch heute noch benutzt.

Interessant ist natürlich nicht nur die Fragestellung, wieviel aus einem Betrag in der Zukunft wird, sondern auch, wieviel ein Betrag, der in der Zukunft gezahlt wird, heute wert ist. Angenommen in 4 Jahren sollen 1464 DM ausgezahlt werden. Wieviel ist dies Geld, bei einem unterstellten Zinssatz von 10%, heute wert? Um diese Frage zu beantworten, muß der Vorgang des Aufzinsens rückgängig gemacht werden. Es muß für jedes Jahr durch q geteilt werden. Für diesen Fall ergibt sich also:

$$1464 \text{ DM} * \frac{1}{1{,}1^4} = 1000 \text{ DM}$$

Natürlich mußten sich gerade 1000 DM ergeben, denn die 1464 DM waren ja der Wert von 1000 DM in 4 Jahren.

Den Wert des Geldes zum heutigen Zeitpunkt nennt man **Barwert**, während man den Wert am Ende der betrachteten Periode Endwert nennt. Es gilt:

$$\text{Endwert} = q^n * \text{Barwert}$$

$$\text{Barwert} = \frac{1}{q^n} * \text{Endwert}$$

Den Faktor $\frac{1}{q^n}$ nennt man auch **Abzinsungsfaktor**. Der Abzinsungsfaktor ist gerade der Kehrwert des Aufzinsungsfaktors.

Wenn mehrere Zahlungen zu verschiedenen Zeitpunkten anfallen, so müssen für die Berechnung des Bar- bzw. Endwertes alle Zahlungen entsprechend ab- oder aufgezinst werden. Es sei ein Zinssatz von 8%, und weiterhin seien folgende Zahlungen gegeben:

Jahr	1	2	3	4
Zahlung	1000,-	2000,-	1000,-	2000,-

Den Barwert dieser Zahlungen erhält man als Summe der abgezinsten Zahlungen:

$$B = 1000 * \frac{1}{1,08} + 2000 * \frac{1}{1,08^2} + 1000 * \frac{1}{1,08^3} + 2000 * \frac{1}{1,08^4}$$

$$= 4904 \text{ DM}$$

Aus dem Barwert erhält man den Endwert, indem der Barwert aufgezinst wird. Für den Endwert ergibt sich also:

$$E = 4904 \text{ DM} * 1,08^4 = 6672 \text{ DM}$$

Die einfache Summe der Zahlungen (in diesem Fall 6000,-DM) ist immer größer als der Barwert und kleiner als der Endwert. Streng genommen, gilt diese Aussage allerdings nur, wenn ein positiver Zinssatz vorliegt. Für ökonomische Problemstellungen ist dies aber in aller Regel gegeben.

Wenn man für eine **Investition** den Barwert aller Zahlungen, also der Ausgaben (negatives Vorzeichen) und der Einnahmen (positives Vorzeichen), berechnet, so nennt man diesen Barwert auch **Kapitalwert**. Dieser Kapitalwert gibt an, um wieviel die Investition bei dem zugrundelegten Zinssatz im Barwert vorteilhaft oder nachteilig ist. Den zugrundegelegten Zinssatz nennt man auch **Kalkulationszinssatz**. Weitere Details seien der Investitionsrechnung im Rahmen der Betriebswirtschaftslehre überlassen.

7.3 Konstante Zahlungsströme (Renten)

Häufig sollen Bar- oder Endwerte von Zahlungsreihen berechnet werden. Im vorherigen Abschnitt wurde der Barwert für eine Zahlungsreihe mit ungleichen Jahreszahlungen berechnet. Natürlich kann in jedem Fall, wie dort gezeigt, zur Berechnung des Barwertes jeder Wert einzeln abgezinst werden. Wenn die Zahlungen in jedem Jahr gleich groß sind, läßt sich das Problem aber vereinfachen. Zahlungen, die jedes Jahr gleich hoch sind, nennt man auch **Renten**, daher spricht man auch von Rentenrechnung.

Seien im folgenden R die Ratenhöhe und n die Anzahl der Raten, so ergibt sich für den Endwert dieser Zahlungsreihe:

$$E = \underset{\substack{\text{letzte} \\ \text{Rate}}}{R \, q^0} + Rq^1 + Rq^2 + \ldots + \underset{\substack{\text{erste} \\ \text{Rate}}}{R \, q^{n-1}} = R(1 + q + q^2 + \ldots + q^{n-1})$$

Die letzte Zahlung ist gerade zu dem Zeitpunkt fällig, wo der Endwert berechnet wird, daher wird diese Zahlung nicht aufgezinst, die erste Zahlung erfolgt nach einem Jahr, daher muß diese für (n-1) Jahre aufgezinst werden.

Bei dem sich ergebenden Ausdruck handelt es sich um eine **geometrische Reihe**. Für die geometrische Reihe gilt:

$$1 + q + q^2 + \ldots + q^{n-1} = \frac{q^n - 1}{q - 1}$$

Also ergibt sich insgesamt für den Endwert (E):

$$E = R \frac{q^n - 1}{q - 1}$$

Der Barwert ergibt sich, indem dieser Endwert abgezinst wird:

$$B = \frac{1}{q^n} E = R \frac{1}{q^n} \frac{q^n - 1}{q - 1}$$

Bisweilen wird diese Formel auch mittels des Zinssatzes i angegeben. Wenn man in der Formel für q (1 + i) einsetzt, ergibt sich:

$$B = R \frac{1}{(1+i)^n} \frac{(1+i)^n - 1}{1+i-1} = R \frac{(1+i)^n - 1}{i * (1+i)^n}$$

Den Faktor, mit dem die Rate multipliziert werden muß,

$$\frac{1}{q^n} \frac{q^n - 1}{q - 1} \quad \text{bzw.} \quad \frac{(1+i)^n - 1}{i * (1+i)^n}$$

nennt man auch Abzinsungssummenfaktor (ASF). Die Werte lassen sich natürlich mit den angeführten Formeln mit jedem Taschenrechner ausrechnen. Dennoch wird in der BWL häufig auf tabellierte Werte zurückgegriffen. Der gefundene Zusammenhang zwischen Ratenhöhe und Barwert kann auch nach der Rate aufgelöst werden:

$$B = R \frac{1}{q^n} \frac{q^n - 1}{q - 1} \quad | * \frac{q^n (q - 1)}{q^n - 1}$$

$$\Leftrightarrow B \frac{q^n (q - 1)}{q^n - 1} = R$$

Mittels dieser Formel kann zu einem gegebenen Kapital (Barwert) die Höhe der Raten ausgerechnet werden, so daß der Barwert der Ratenzahlungen dem Kapital entspricht. Der Zinssatz und die Anzahl der Raten müssen natürlich zuvor gegeben sein.

Es soll beispielsweise ein Kredit von 100.000 DM in 10 gleichgroßen Raten abgelöst werden. Eine derartige Rückzahlung in gleich großen Raten, die sowohl die Zinsen als auch die Tilgung beinhalten, nennt man **annuitätische** Tilgung. Die sich hierbei ergebenden Raten nennt man entsprechend **Annuitäten**. Für die Fragestellung sei nun weiterhin ein Kalkulationszinssatz von 7% angenommen. Mittels der gefundenen Formel ergibt sich:

$$R = \frac{1,07^{10}\,(1,07-1)}{1,07^{10}-1} * 100.000,- \text{ DM} = 14.238,- \text{ DM}$$

Die Annuitäten betragen somit 14.238,- DM. Wenn man von diesen Raten wieder den Barwert ausrechnet, so ergibt sich natürlich wieder ein Barwert von 100.000,- DM.

Den Faktor $\dfrac{q^n\,(q-1)}{q^n-1}$ nennt man auch **Kapitalwiedergewinnungsfaktor** (KWF).

Dieser Faktor ist gerade der Kehrwert des Abzinsungssummenfaktors.

7.4 Vorschüssige Zinszahlungen

Bei den bisherigen Betrachtungen wurde stets davon ausgegangen, daß die Zinszahlungen am Ende der Periode fällig sind. Diese Art der Verzinsung, die der gängige Fall ist, nennt man auch **nachschüssige Verzinsung**.

Werden die Zinsen bereits am Anfang der Periode fällig, so spricht man von **vorschüssiger Verzinsung**.

Auch bei der Berechnung der Bar- und Endwerte wurde davon ausgegangen, daß die Raten jeweils nachschüssig, also die erste Rate am Ende der ersten Periode usw., fällig sind. Die angeführten Formeln gelten also für nachschüssige Raten (Renten). Bei vorschüssigen Zahlungen werden die Raten jeweils zum Anfang der Periode fällig. Somit muß jede Rate eine volle Periode zusätzlich verzinst werden. Daher ist jede Rate noch einmal mit q zu multiplizieren. Für den Endwert E ergibt sich dann:

$$E_{\text{vorschüssig}} = R\,q\,\frac{q^n-1}{q-1}$$

Entsprechend ergibt sich für den Barwert bei vorschüssiger Zahlungsweise:

$$B_{\text{vorschüssig}} = R\,\frac{q}{q^n}\,\frac{q^n-1}{q-1} = R\,\frac{1}{q^{n-1}}\,\frac{q^n-1}{q-1}$$

8   Anhang

Nachfolgend werden zunächst einige wichtige mathematische Grundfertigkeiten besprochen. Hierbei handelt es sich um Methoden, die zur Lösung von sehr vielen Klausuraufgaben benötigt werden. Fast alle hier behandelten Dinge sind Schulstoff der 8.–10. Klasse! Es sollte also jeder schon mal etwas davon gehört haben. Aber zugestanden, für manch einen mag es (sehr, sehr) lange her sein. Abschließend wird eine Übersicht über Formeln und mathematische Zeichen angeführt.

8.1   Lösungen von Gleichungen

In sehr vielen Aufgaben zu sehr unterschiedlichen Gebieten ist es notwendig, Gleichungen oder Gleichungssysteme zu lösen. Deshalb wird nachfolgend ein Überblick über Lösungsverfahren gegeben.

8.1.1   Lineare Gleichungen

Wenn eine lineare Gleichung nach einer Variablen aufgelöst werden soll, so sollten zunächst alle Terme mit dieser Variablen auf die eine Seite und alle anderen Terme auf die andere Seite gebracht werden:

$$3x + 5x - 14 = x \mid -x + 14$$
$$\Leftrightarrow 7x = 14$$

Dann kann durch den Faktor vor der Variablen geteilt werden:

$$7x = 14 \mid /7$$
$$x = 2$$

Handelt es sich um ein lineares Gleichungssystem, also mehrere lineare Gleichungen, so kann die Lösung mit dem Einsetzungs- oder Additionsverfahren gefunden werden. Es kann natürlich auch der Gauß–Algorithmus verwendet werden (siehe Abschnitt 1.3).

8.1.2 Quadratische Gleichungen

Bei quadratischen Gleichungen taucht die Variable in zweiter Potenz auf. Folgende Gleichung ist z.B. eine quadratische Gleichung:

$$2x^2 - 4x = 6$$

Eine derartige Gleichung kann man entweder mittels einer quadratischen Ergänzung lösen oder die auf diese Weise hergeleitete pq-Formel benutzen.

8.1.2.1 Quadratische Ergänzung

Der Term mit x^2 und der mit x^1 müssen beide auf einer Seite der Gleichung stehen. Dies ist hier der Fall. Zunächst muß dafür gesorgt werden, daß vor dem x^2 kein Faktor mehr steht:

$$2x^2 - 4x = 6 \mid / 2$$

$$\Leftrightarrow x^2 - 2x = 3$$

Nun wird die linke Seite der Gleichung so umgeformt, daß eine Klammer entsteht, die quadriert wird. Folgende Klammer ergibt quadriert:

$$(x - 1)^2 = x^2 - 2x + 1$$

Die ersten beiden Terme entsprechen den ersten beiden Termen in der obigen Gleichung. Wenn man die linke Seite der obigen Gleichung durch die Klammer ersetzt, so muß der dritte Term (die 1) wieder abgezogen werden:

$$x^2 - 2x = 3 \Leftrightarrow (x - 1)^2 - 1 = 3$$

(Den zweiten Ausdruck in der Klammer erhält man, indem der in der Gleichung vor dem x stehende Faktor durch zwei geteilt wird ($-1 = \frac{-2}{2}$).)

Die Gleichung kann nun nach x aufgelöst werden:

$$(x - 1)^2 - 1 = 3 \mid +1$$

$$\Leftrightarrow (x - 1)^2 = 4 \mid \sqrt{}$$

Nun wird die Wurzel gezogen. Hierbei ist zu beachten, daß es immer die positive und die negative Wurzel gibt:

$$\Leftrightarrow x - 1 = 2 \text{ oder } x - 1 = -2$$

$$\Leftrightarrow x = 3 \text{ oder } x = -1$$

8.1.2.2 pq-Formel

Mittels der quadratischen Ergänzung kann eine allgemeine Formel zur Lösung von quadratischen Gleichungen hergeleitet werden. Man formt die Gleichung zunächst so um, daß auf der einen Seite der Gleichung eine Null steht, anschließend sorgt man durch das Multiplizieren (oder auch Teilen) der Gleichung mit einem geeigneten Faktor dafür, daß vor dem x^2 nur noch eine 1 steht. Den Faktor, der nun noch vor dem x steht, nennt man p und den Term, der ohne x steht, q, die Gleichung lautet dann:

$$x^2 + px + q = 0$$

Diese Gleichung kann nun mittels quadratischer Ergänzung gelöst werden.

$$x^2 + px + q = 0$$

$$\Leftrightarrow (x + \tfrac{p}{2})^2 - \left(\tfrac{p}{2}\right)^2 + q = 0 \quad | + \left(\tfrac{p}{2}\right)^2 - q$$

$$\Leftrightarrow (x + \tfrac{p}{2})^2 = \left(\tfrac{p}{2}\right)^2 - q \quad | \sqrt{}$$

$$\Leftrightarrow x + \tfrac{p}{2} = \pm \sqrt{\left(\tfrac{p}{2}\right)^2 - q} \quad | - \tfrac{p}{2}$$

Als Lösung für x ergibt sich somit:

$$x = - \tfrac{p}{2} \pm \sqrt{\left(\tfrac{p}{2}\right)^2 - q}$$

Da in der Gleichung p und q auftreten, nennt man die Formel häufig auch pq-Formel.

Nachfolgend wird das zuvor schon angeführte Beispiel mit der pq-Formel berechnet:

$$2x^2 - 4x = 6$$

Zunächst wird die 6 auf die andere Seite gebracht. Nachfolgend wird die Gleichung durch 2 geteilt:

$$2x^2 - 4x = 6 \quad | -6$$

$$\Leftrightarrow 2x^2 - 4x - 6 = 0 \quad | /2$$

$$\Leftrightarrow x^2 - 2x - 3 = 0$$

An dieser Gleichung kann man nun den Wert für p und q ablesen, p ist der Wert, mit dem x multipliziert wird, und q ist der Wert, der alleine steht. Wichtig ist, daß auch das Vorzeichen zu p und q gehört. In diesem

Fall hat also p den Wert von -2 und q den Wert von -3. Wenn man dies einsetzt, ergibt sich:

$$x = -\frac{-2}{2} \pm \sqrt{(\frac{-2}{2})^2 - (-3)}$$

$$x = +\frac{2}{2} \pm \sqrt{1+3}$$

$\Leftrightarrow x = 1+2 \quad$ oder $\quad x = 1-2$

$\Leftrightarrow x = 3 \quad$ oder $\quad x = -1$

8.1.2.3 Weitere Zusammenhänge

Bisweilen wird auch eine sogenannte abc-Formel zur Berechnung von quadratischen Gleichungen angeführt. Hierbei wird die Gleichung nicht so umgeformt, daß vor dem x^2 nichts mehr steht, sondern der Ausdruck vor dem x wird mit a bezeichnet. Entsprechend lautet die allgemeine Form der quadratischen Gleichung:

$$ax^2 + bx + c = 0$$

Wenn man diese Gleichung mit der quadratischen Gleichung oder auch der pq-Formel löst, so ergibt sich:

$$x = -\frac{b}{2a} \pm \sqrt{\left(\frac{b}{2a}\right)^2 - \frac{c}{a}}$$

Ganz allgemein gibt es für die Anzahl von Lösungen von quadratischen Gleichungen 3 verschiedene Möglichkeiten:

- wenn der Ausdruck in der auftretenden Wurzel negativ ist, gibt es keine Lösung

- wenn der Ausdruck in der Wurzel 0 ist, existiert genau eine Lösung

- wenn der Ausdruck in der Wurzel größer als Null ist, existieren genau zwei Lösungen

8.1.3 Homogene Gleichungen höherer Ordnung

Bei homogenen Gleichungen tauchen keine einzelnen Zahlen oder Konstanten auf. Bei solchen Gleichungen kommt man meist durch Ausklammern weiter und erhält so zumindest eine Lösung. Dies wird nachfolgend an einem Beispiel demonstriert:

Es sei folgende Gleichung dritten Grades zu lösen:

$$x^3 + x^2 - 2x = 0$$

Hier kann x ausgeklammert werden:

$$\Leftrightarrow x * (x^2 + x - 2) = 0$$

Nun ist ein Produkt entstanden. Ein Produkt ist immer dann Null, wenn einer der Faktoren Null ist. Es muß also gelten:

$$x = 0 \quad \text{oder} \quad x^2 + x - 2 = 0$$

Der rechte Ausdruck könnte nun entsprechend den Lösungsverfahren für quadratische Gleichungen weiter gelöst werden.

8.1.4 Inhomogene Gleichungen höherer Ordnung

Typisch wären hier etwa Gleichungen dritten Grades. Angenommen, es sei folgende Gleichung zu lösen:

$$x^3 + 10x^2 - x = 10$$

Numerisch können derartige Gleichungen natürlich mit Näherungsverfahren gelöst werden. Wenn man aber direkt eine Lösung finden will, so muß man zunächst eine Lösung erraten. In der Realität wird es natürlich zumeist unmöglich sein, eine Lösung zu erraten, denn im allgemeinen kann die Lösung aus irgendwelchen Zahlen aus $\mathbb{R}$ bestehen. In Klausuraufgaben sind aber solche Aufgaben recht beliebt, bei denen sich die Lösung einfach erraten läßt (Zumeist ist dann 1, 2, 3, -1, -2, oder -3 eine Lösung). Bei der gestellten Aufgabe ist 1 eine Lösung. Nun könnte man natürlich versuchen, weiter zu raten, aber wenn man bei einer Gleichung dritten Grades eine Lösung gefunden hat, so lassen sich die anderen Gleichungen mittels **Polynomdivision** ermitteln. Zunächst muß die Funktion so umgestellt werden, daß auf der einen Seite Null steht.

$$x^3 + 10x^2 - x - 10 = 0$$

Dieser Ausdruck wird nun gewissermaßen durch die gefundene Lösung geteilt. Genaugenommen wird durch das entsprechende Polynom, das für die Lösung Null wird, geteilt. Es wird also aus dem gesamten Polynom sozusagen die eine Nullstelle "herausgeteilt". Die erratene Lösung war x = 1, das entsprechende Polynom lautet (x - 1), denn dieser Ausdruck wird für x = 1 gerade Null. Die nun durchzuführende Division wird nach dem Verfahren der schriftlichen Division durchgeführt.

$$x^3 + 10x^2 - x - 10 \,/\, (x - 1) = ?$$

Zunächst muß nun ein Ausdruck gefunden werden, der, mit dem x multipliziert, gerade die höchste x-Potenz des vorderen Ausdrucks ergibt. Dieser Ausdruck ist x^2. Von der ursprünglichen Funktion muß dann das Produkt aus diesem Ausdruck und (x - 1) abgezogen werden:

$$\begin{array}{l} x^3 + 10x^2 - x - 10 \,/\, (x - 1) = x^2 \ldots \\ \underline{-(x^3 - x^2)} \\ \qquad 11x^2 - x - 10 \end{array}$$

Für den nun unten stehenden Ausdruck muß genauso verfahren werden:

$$\begin{array}{l} x^3 + 10x^2 - x - 10 \,/\, (x - 1) = x^2 + 11x + 10 \\ \underline{-(x^3 - x^2)} \\ \qquad 11x^2 - x - 10 \\ \qquad \underline{-(11x^2 - 11x)} \\ \qquad\qquad 10x - 10 \\ \qquad\qquad \underline{-(10x - 10)} \\ \qquad\qquad\qquad 0 \end{array}$$

Die restlichen Lösungen der ursprünglichen Gleichung ergeben sich jetzt durch die Lösung der übriggebliebenen Gleichung:

$$x^2 + 11x + 10 = 0$$

Diese quadratische Gleichung kann mittels der pq-Formel gelöst werden:

$$x = -5,5 \pm \sqrt{5,5^2 - 10} = -5,5 \pm 4,5$$
$$\Leftrightarrow x = -1 \ \lor \ x = -10$$

8.1.5 Gleichungen mit Quotienten

Bei Gleichungen mit Quotienten ist es in der Regel am besten, zunächst die Quotienten zu beseitigen. Diese lassen sich beseitigen, indem man die Gleichung mit ihnen multipliziert.

$$\frac{x^2 + 2}{x} = 3 + \frac{2}{x} \quad | *x$$

Hier gilt es aber zu beachten, daß nicht mit 0 malgenommen werden darf. Wenn der Nenner (hier also x) Null ist, so ist der ganze Ausdruck nicht definiert. Falls sich bei der weiteren Berechnung eine Lösung von Null ergibt, so muß diese ausgeschlossen werden.

$$\Rightarrow x^2 + 2 = 3x + 2 \Leftrightarrow x^2 - 3x = 0 \Leftrightarrow x(x - 3) = 0$$

$$\Leftrightarrow x = 0 \ \lor \ x = 3$$

Die Lösung x=0 wurde zuvor ausgeschlossen, so daß sich als einzige Lösung x=3 ergibt.

8.1.6 Nicht lineare Gleichungssysteme

Während sich bei linearen Gleichungssystemen entweder eine eindeutige Lösung oder eine unendliche Lösungsmenge ergibt, kann es bei nicht linearen Gleichungen eine beliebige Anzahl von Lösungen geben. Manchmal muß man aufpassen, daß man bei der Lösung keine vergißt. Für nicht lineare Gleichungssysteme gibt es kein allgemeines Lösungsverfahren wie für lineare Gleichungssysteme (Gauß-Algorithmus). Nachfolgend werden einige wesentliche Aspekte für das Lösen von nicht linearen Gleichungssystemen herausgearbeitet:

1) $2x + y = 0 \ \land \ x^2 + y^2 = 20$

Aus der ersten Gleichung ergibt sich:

$$y = -2x$$

Dieses Ergebnis kann nun in die zweite Gleichung für y eingesetzt werden:

$$x^2 + (-2x)^2 = 20 \Leftrightarrow x^2 + 4x^2 = 20$$

$$\Leftrightarrow 5x^2 = 20 \Leftrightarrow x^2 = 4 \Leftrightarrow x = 2 \ \lor \ x = -2$$

Aus der ersten Gleichung kann nun jeweils der y-Wert bestimmt werden:

$$y = -2*2 = -4 \ \lor \ y = -2 *(-2) = 4$$

Somit ergeben sich die folgenden 2 Wertepaare als Lösungen:

$(2, -4)$ oder $(-2, 4)$

2) Tauchen Klammerausdrücke von Wurzeln oder Potenzen auf, so werden diese am besten zunächst beseitigt:

$$\sqrt{x^2 - 2x} = \sqrt{x^2 + 5x + 7} \quad |^{\wedge}2$$

Die gesamte Gleichung wird quadriert. Hierbei ergibt sich:

$$x^2 - 2x = x^2 + 5x + 7 \mid -x^2 - 5x$$

$$\Leftrightarrow -7x = 7 \mid /(-7)$$

$$\Leftrightarrow x = -1$$

8.1.7 Ungleichungen

Bei Ungleichungen taucht statt des Gleichheitszeichens der Gleichung ein kleiner ($<$), kleinergleich ($\leqq$), größer($>$) oder größergleich ($\geqq$) Zeichen auf. Bezüglich der meisten Umformungen können Ungleichungen wie Gleichungen behandelt werden. Ein wichtiger Unterschied ergibt sich insbesondere, wenn eine Ungleichung mit einer negativen Zahl multipliziert wird. In diesem Fall muß das Relationszeichen umgedreht werden:

$$3 < 7 \quad | *(-2)$$

$$\Leftrightarrow -6 > -14$$

An folgendem Beispiel kann die Sinnhaftigkeit dieser Regel gut nachvollzogen werden:

$$3 - x < 0 \mid +x \quad \Leftrightarrow 3 < x$$

Natürlich könnte bei dieser Gleichung auch zuerst die 3 auf die andere Seite gebracht werden:

$$3 - x < 0 \mid -3 \quad \Leftrightarrow -x < -3 \mid *(-1)$$

Wenn das Relationszeichen nun bei der Multiplikation mit -1 nicht umgedreht werden würde, so erhielte man ein anderes Ergebnis als zuvor!

Häufig wird übersehen, daß die angeführte Regel auch dann beachtet werden muß, wenn mit Termen multipliziert wird, die möglicherweise negativ sind. Sei folgende Ungleichung aufzulösen:

$$\frac{-1}{x - 2} > 1$$

Um diese Gleichung nach x aufzulösen, muß zunächst mit dem Nenner multipliziert werden:

$$\frac{-1}{x-2} > 1 \mid *(x-2) \quad \text{(für } x \neq 2)$$

Nun muß eine **Fallunterscheidung** durchgeführt werden. Für den Fall x>2 wird mit einem positiven Term multipliziert, und das Relationszeichen ändert sich nicht. Für x<2 wird hingegen mit einem negativen Term multipliztiert, so daß das Zeichen umgedreht werden muß:

für x > 2   für x < 2
-1 > x - 2   -1 < x - 2
⇔ 1 > x   ⇔ 1 < x
⇔ x < 1   ⇔ x > 1

Für den Fall x>2 gibt es also keine Lösung, denn x kann nicht gleichzeitig größer als 2 und kleiner als 1 sein. Eine Lösung ergibt sich nur, wenn x kleiner als 2 und größer als 1 ist. Somit lautet die Lösung für x:

$$1 < x < 2$$

Oder anders ausgedrückt:

$$x \in {]}1, 2{[} \quad \text{(x ist Element des offenen Intervalls zwischen 1 und 2)}$$

Wenn **Potenzen** in Ungleichungen auftauchen, so ist besondere Vorsicht geboten. Denn das Potenzieren oder Wurzelziehen kann das Vorzeichen der Seiten der Ungleichung beeinflussen, und somit sind besondere Regeln für diese Fälle erforderlich. Dies sei an dem nachfolgenden Beispielen verdeutlicht:

$$x^2 < 9$$

Um die Gleichung nach x aufzulösen, muß die Wurzel gezogen werden. Wenn man einfach wie bei einer Gleichung die Wurzel zieht, so ergibt sich:

$$x < 3 \ \lor \ x < -3$$

Die Lösung wäre also x < 3, denn wenn x < -3 ist, so ist es natürlich auch kleiner als 3. Allerdings läßt sich leicht überprüfen, daß dies nicht die richtige Lösung ist, denn wenn man für x z. B. -4 in die Ausgangsgleichung einsetzt (dies ist kleiner als -3), so ergibt sich:

$(-4)^2 < 9$, dies gilt aber nicht, denn 16 ist nicht kleiner als 9.

Die richtige Lösung erhält man, indem man beim Wurzelziehen den Betrag von x bildet, also

$$x^2 < 9$$

$$\Leftrightarrow \ |x| < 3$$

Denn da x^2 immer positiv ist und dies kleiner als 9 sein soll muß x vom Betrag her kleiner als 3 sein. Statt $|x| < 3$ kann man auch schreiben:

$$x < 3 \ \wedge \ x > -3$$

Die angeführte Lösung mit dem Betrag beim Wurzelziehen gilt für alle **geradzahligen** (2, 4, 6, etc.) Wurzeln.

Bei **ungeradzahligen** Wurzeln kann die Wurzel aus Ungleichungen genauso wie bei Gleichungen gezogen werden. Denn eine ungeradzahlige Wurzel verändert das Vorzeichen nicht. Entsprechend können ungeradzahlige Potenzen auf Ungleichungen angewendet werden, ohne daß sich etwas verändert. Z.B. können beide Seiten einer Ungleichung hoch 3 genommen werden.

Wenn hingegen geradzahlige Potenzen auf eine Ungleichung angewendet werden, so muß das Relationszeichen in bestimmten Fällen umgedreht werden, falls negative Vorzeichen in der Ungleichung auftauchen.

8.2 Bruchrechnen

Nachfolgend werden die wesentlichen Zusammenhänge der Bruchrechnung angeführt. Der Bruchstrich ist nichts anderes als ein Geteiltzeichen. Es gilt:

$$\frac{1}{2} = 1 \div 2$$

Hat ein Bruch im Zähler und Nenner gleiche Faktoren, so können diese **gekürzt** werden:

$$\frac{10}{45} = \frac{2*5}{9*5} = \frac{2}{9}$$

Da der Faktor 5 sowohl im Zähler als auch im Nenner auftaucht, können jeweils Zähler und Nenner durch diesen Faktor gekürzt werden.

Beim Kürzen steht zwischen den Ausdrücken ein Gleichheitszeichen; somit gilt die Regel des Kürzens auch "rückwärts". Brüche können also im Zähler und Nenner gleichzeitig mit beliebigen Faktoren multipliziert werden. Dieses Verfahren nennt man **Erweitern** des Bruches.

$$\frac{2}{9} = \frac{2*7}{9*7} = \frac{14}{63}$$

Zwei Brüche werden **multipliziert**, indem jeweils die Zähler und die Nenner miteinander multipliziert werden:

$$\frac{2}{9} * \frac{7}{5} = \frac{2*7}{9*5} = \frac{14}{45}$$

Dividiert (geteilt) werden Brüche, indem mit dem Kehrwert multipliziert wird:

$$\frac{2}{9} \div \frac{7}{5} = \frac{2}{9} * \frac{5}{7} = \frac{2*5}{9*7} = \frac{10}{63}$$

Auch, wenn Brüche dividiert werden, kann natürlich das "Geteilt–Zeichen" durch einen Bruchstrich ersetzt werden:

$$\frac{2}{9} \div \frac{7}{5} = \frac{\frac{2}{9}}{\frac{7}{5}} = \frac{2}{9} * \frac{5}{7} = \frac{2*5}{9*7} = \frac{10}{63}$$

Die **Addition** und **Subtraktion** von Brüchen ist etwas komplizierter. Sollen zwei Brüche addiert oder subtrahiert werden, so müssen sie zunächst auf den **Hauptnenner** gebracht werden. Am besten läßt sich das Verfahren an einem Beispiel verdeutlichen:

$$\frac{2}{9} + \frac{7}{5}$$

Bei dem ersten Ausdruck steht 9 und bei dem zweiten 5 im Nenner. Die Brüche können erst addiert werden, wenn bei beiden das Gleiche im Nenner steht. Hierzu müssen die Brüche erweitert werden. Der erste Bruch kann mit dem Nenner des zweiten und der zweite Bruch mit dem Nenner des ersten erweitert werden:

$$\frac{2}{9} + \frac{7}{5} = \frac{2*5}{9*5} + \frac{7*9}{5*9} = \frac{10}{45} + \frac{63}{45}$$

Nun, da beide Brüche den gleichen Nenner haben, dürfen die Zähler addiert werden:

$$\frac{10}{45} + \frac{63}{45} = \frac{10+63}{45} = \frac{73}{45}$$

Wenn mehr als zwei Brüche addiert oder subtrahiert werden sollen, so muß jeder Bruch mit den Nennern aller anderen Brüche erweitert werden. Z.B.:

$$\frac{2}{a} - \frac{5}{b} + \frac{2}{c} = \frac{2*b*c}{a*b*c} - \frac{5*a*c}{b*a*c} + \frac{2*a*b}{c*a*b} = \frac{2bc - 5ac + 2ab}{abc}$$

Wenn die Nenner gemeinsame Faktoren enthalten, kann man sich allerdings die Arbeit leichter machen. Dies wird anhand des nachfolgenden
Beispiels gezeigt:

$$\frac{2}{9} - \frac{5}{3} + \frac{3}{9}$$

Hier reicht es, den zweiten Bruch mit 3 zu erweitern, denn dann haben
alle Brüche den gleichen Nenner.

$$\frac{2}{9} - \frac{5}{3} + \frac{3}{9} = \frac{2}{9} - \frac{15}{9} + \frac{3}{9} = -\frac{10}{9}$$

Die Nenner brauchen also zum Addieren oder Subtrahieren nur auf das
kleinste gemeinsame Vielfache gebracht zu werden.

Auch die Addition von Brüchen läßt sich "umdrehen". Ein Bruch kann
z.b. folgendermaßen in mehrere Brüche aufgespalten werden:

$$\frac{10}{9} = \frac{15-5}{9} = \frac{15}{9} - \frac{5}{9} = \frac{5}{3} - \frac{5}{9}$$

oder auch

$$\frac{x^3 + 4x^2 - 2}{x} = \frac{x^3}{x} + \frac{4x^2}{x} - \frac{2}{x} = x^2 + 4x - \frac{2}{x}$$

Es sei angemerkt, daß derartige Aufspaltungen **nur** mit dem Zähler (das
was oben steht) und keinesfalls mit dem Nenner (das was unten steht)
durchgeführt werden dürfen.

Brüche, deren Wert größer als 1 ist, schreibt man auch als **gemischte
Zahl**. Z.B. schreibt man:

$$\frac{10}{9} = 1\frac{1}{9}$$

Den rechten Ausdruck nennt man eine gemischte Zahl. Es handelt sich
um eine abkürzende Schreibweise, bei der das Pluszeichen weggelassen
wird. Es gilt:

$$1\frac{1}{9} = 1 + \frac{1}{9}$$

Wenn im Zähler oder Nenner Summen oder Differenzen stehen und gekürzt werden soll, so ist zu beachten, daß aus jedem Term gekürzt wird:

$$\frac{2a - 5ac + 2ab}{abc} = \frac{2 - 5c + 2b}{bc}$$

Abschließend sei angeführt, daß ein Produkt genau dann Null ist, wenn
der Zähler Null und der Nenner gleichzeitig ungleich Null ist. Sei folgen-

des Beispiel betrachtet:

$$\frac{x^2 - 4x + 4}{x + 2} = 0$$

Nun wird der Zähler gleich Null gesetzt:

$$x^2 - 4x + 4 = 0$$

Diese Gleichung kann mittels der pq-Formel gelöst werden:

$$x = \frac{4}{2} \pm \sqrt{\left(\frac{4}{2}\right)^2 - 4} = 2 \pm 0 = 2$$

Wird die 2 in den Nenner eingesetzt, ergibt sich: 2 + 2 = 4. Somit ist der Nenner ungleich Null, und der Bruch wird für x=2 Null.

8.3 Grundlegende Rechenregeln

8.3.1 Wurzeln und Potenzen

Für Wurzeln und Potenzen gelten die gleichen Rechenregeln. Dieses muß schon deshalb so sein, weil sich jede Wurzel als Potenz schreiben läßt:

$$\sqrt[n]{a} = a^{\frac{1}{n}}$$

Besonders wichtig ist, daß bei Summen und Differenzen die Wurzeln oder Potenzen **nicht** einfach auf die einzelnen Terme angewendet werden dürfen:

$$(a + c)^3 \neq a^3 + c^3 \quad \text{bzw.} \quad \sqrt{a - c} \neq \sqrt{a} - \sqrt{c}$$

Bei Produkten oder Quotienten darf die Wurzel oder Potenz dagegen einfach auf die einzelnen Terme angewendet werden.

$$(a * c)^3 = a^3 * c^3 \quad \text{bzw.} \quad \sqrt{a * c} = \sqrt{a} * \sqrt{c}$$

$$\left(\frac{a}{b}\right)^2 = \frac{a^2}{b^2} \quad \text{bzw.} \quad \sqrt{\frac{a}{b}} = \frac{\sqrt{a}}{\sqrt{b}}$$

8.3.2 Multiplizieren von Klammern

Hier muß jeder Term der einen Klammer mit jedem Term der anderen Klammer multipliziert werden. Z.B.:

$$(a + b + c) * (d - e) = ad + bd + cd - ae - be - ce$$

Sollen zwei gleiche, oder bis aufs Vorzeichen gleiche Klammern miteinander multipliziert werden, so kann auch auf die Binomischen Formeln zurückgegriffen werden:

1. Binomische Formel $(a + b)^2 = a^2 + 2ab + b^2$

2. Binomische Formel $(a - b)^2 = a^2 - 2ab + b^2$

3. Binomische Formel $(a + b)*(a - b) = a^2 - b^2$

Die Binomischen Formeln lassen sich natürlich leicht durch Multiplizieren der Klammern herleiten.

Pascalsches Dreieck

Wenn eine höhere Potenz einer Klammer berechnet werden soll, so kann die Aufgabe mittels des Pascalschen Dreiecks vereinfacht werden.

Das Pascalsche Dreieck sieht folgendermaßen aus:

$$
\begin{array}{ccccccccccccccc}
 & & & & & & & 1 & & & & & & & \\
 & & & & & & 1 & & 1 & & & & & & \\
 & & & & & 1 & & 2 & & 1 & & & & & \\
 & & & & 1 & & 3 & & 3 & & 1 & & & & \\
 & & & 1 & & 4 & & 6 & & 4 & & 1 & & & \\
 & & 1 & & 5 & & 10 & & 10 & & 5 & & 1 & & \\
 & 1 & & 6 & & 15 & & 20 & & 15 & & 6 & & 1 & \\
1 & & 7 & & 21 & & 35 & & 35 & & 21 & & 7 & & 1 \\
\end{array}
$$

Die Zahlen in dem Dreieck entstehen jeweils, indem die links und rechts darüberliegenden Zahlen addiert werden. Natürlich kann dieses Dreieck nach unten beliebig fortgesetzt werden. Angenommen, es soll folgende Klammer berechnet werden:

$$(a + b)^4$$

Wenn diese Klammer 4 mal mit sich selbst multipliziert wird, so ergeben sich im Prinzip folgende Terme: a^4, a^3b, a^2b^2, ab^3 und b^4. Diese Terme kommen aber unterschiedlich oft vor. Wie oft sie vorkommen, gibt gerade die entsprechende Zeile im Pascalschen Dreieck an. Da es hier 5 vernommen werden, und es ergibt sich:

$$(a + b)^4 = 1a^4 + 4a^3b + 6a^2b^2 + 4ab^3 + 1b^4$$

Entsprechend kann bei anderen Klammern verfahren werden. Taucht ein Minus in der Klammer auf, so hängt das Vorzeichen der Terme davon ab, in welcher Potenz der Term, vor dem das Minus steht, eingeht:

$$(a - b)^5 = 1a^5 - 5a^4b + 10a^3b^2 - 10a^2b^3 + 5ab^4 - b^5$$

8.4   Typische Fehler

Nachfolgend werden typische Fehler, also Fehler, die immer wieder gemacht werden, angeführt. Für die meisten dürfte es nützlich sein, die Liste auf eigene Fehler zu durchforsten. Nachfolgend wird für die nicht erlaubten Umformungen das $\neq$ Zeichen benutzt. Hiermit ist gemeint, daß die angeführten Umformungen im allgemeinen nicht gestattet sind. In Spezialfällen können sie natürlich gelten.

1) $(x + y)^n \neq x^n + y^n$

2) $\sqrt{a + c} \neq \sqrt{a} + \sqrt{c}$

3) $\dfrac{2b - 5}{b} \neq 2 - 5$

4) $\dfrac{1}{a} + \dfrac{1}{b} \neq \dfrac{1}{a + b}$

5) $a^n + a^m \neq a^{n+m}$

6) $\log(x+y) \neq \log x + \log y$

7) $a - (3 + b) \neq a - 3 + b$

8) $\int x^2 * x \, dx \neq \int x^2 dx * \int x \, dx$

Spezielle Fehler bei Matrizen:

9) $A * B \neq B * A$

10) $A * B - A * C \neq (B - C) * A$

11) $A * B - 2A \neq A * (B - 2)$

12) $(A * B)^T \neq A^T * B^T$

13) $\det(A+B) \neq \det A + \det B$

Bei den angeführten Umformungen wurde häufig die Verknüpfung + verwendet. Es könnte genauso gut auch – verwendet werden.

8.5 Formeln

Nachfolgend werden wichtige Formeln zusammengefaßt. Damit die Übersicht einigermaßen komplett ist, werden auch die im Anhang zuvor besprochenen Formeln noch einmal mit angeführt.

8.5.1 Rechenregeln für Matrizen

1.	$A^{-1^T} = A^{T^{-1}}$	2.	$A^{-1^{-1}} = A$
3.	$A^{T^T} = A$	4.	$A * A^{-1} = I$
5.	$I * A = A * I = A$	6.	$\lambda * A = A * \lambda$ mit $\lambda \in \mathbb{R}$
7.	$A + A*B = A * (I + B)$	8.	$A * (B + C) = A*B + A*C$
9.	$(A + B)^T = A^T + B^T$	10.	$(A * B)^T = B^T * A^T$
11.	$(A*B)^{-1} = B^{-1}*A^{-1}$		

8.5.2 Rechenregeln für Determinanten

Determinanten existieren nur von quadratischen Matrizen. Daher gelten die angeführten Regeln nur für quadratische Matrizen.

1 $\det(A*B) = \det(A) * \det(B)$

2 $\det(A^{-1}) = \frac{1}{\det(A)}$

3 $\det(A) = \det(A^T)$

4 Werden zwei Zeilen vertauscht, so wechselt das Vorzeichen der Determinante.

5 Wenn zu einer Zeile der Matrix das λ-fache einer anderen Zeile addiert wird, verändert sich der Wert der Determinante nicht.

6 Es kann eine Konstante in eine beliebige Zeile hineinmultipliziert werden:

$$\lambda * \det \begin{vmatrix} 2 & -2 & 0 \\ 1 & -1 & 2 \\ 1 & 1 & 1 \end{vmatrix} = \det \begin{vmatrix} 2 & -2 & 0 \\ \lambda*1 & -\lambda*1 & \lambda*2 \\ 1 & 1 & 1 \end{vmatrix}$$

Hier wurde das λ in die zweite Zeile "hineinmultipliziert". Es hätte natürlich auch in die erste oder dritte Zeile multipliziert werden können.

7　$\det(\lambda * A) = \lambda^n * \det A$　　　A sei hier eine $(n*n)$ Matrix

8　Eine Determinante wird gerade dann Null , wenn ihre Spaltenvektoren (und damit auch ihre Zeilenvektoren) linear abhängig sind. Also gerade dann, wenn die Matrix singulär ist.

9　Allgemein ergibt sich die Determinante einer Dreiecksmatrix als das Produkt der Elemente der Hauptdiagonalen.

8.5.3 Bruchrechnen

multiplizieren:　　$\dfrac{a}{b} * \dfrac{c}{d} = \dfrac{a*c}{b*d}$

dividieren　$\dfrac{a}{b} \div \dfrac{c}{d} = \dfrac{\frac{a}{b}}{\frac{c}{d}} = \dfrac{a}{b} * \dfrac{d}{c} = \dfrac{a*d}{b*c}$

addieren und subtrahieren (mittels Hauptnenner):

$$\frac{a}{b} \pm \frac{c}{d} = \frac{a*d}{b*d} \pm \frac{c*b}{d*b} = \frac{ad \pm cb}{db}$$

Ein Bruch ist genau dann Null, wenn der Zähler Null und der Nenner ungleich Null ist

$$\frac{f(x)}{g(x)} = 0 \iff f(x) = 0 \ \wedge \ g(x) \neq 0$$

8.5.4 Rechnen mit Exponenten

1a) multiplizieren　　　$(a * b)^x = a^x * b^x$

1b) dividieren　　　$\left(\dfrac{a}{b}\right)^x = \dfrac{a^x}{b^x}$

(Die Regeln für Wurzeln stecken in den angeführten Gleichungen mit drin. Wenn x z.B. $\frac{1}{2}$ ist, so ergibt sich gerade die entsprechende Regel für die 2.Wurzel. Auch bei den nachfolgenden Beziehungen ergeben sich auf diese Weise die entsprechenden Gleichungen für Wurzeln)

2a)　　　$a^n * a^m = a^{n+m}$

2b) $\dfrac{a^n}{a^m} = a^{n-m}$

3) $(a^n)^m = a^{n*m}$

4) $a^x = e^{\ln a * x}$

8.5.5 Logarithmen

1a) $\log(x*y) = \log x + \log y$

1b) $\log(\dfrac{x}{y}) = \log x - \log y$

2) $\log(x^y) = y*\log(x)$

3) $\log_a x = \dfrac{1}{\ln a} \ln x$

8.5.6 Wichtige Identitäten

1       $\sqrt[n]{a} = a^{\frac{1}{n}}$

2       $x^{-n} = \dfrac{1}{x^n}$

3       $f^{-1}(f(x)) = x$ (Funktion und Umkehrfunktion heben sich gegenseitig
        auf, nachfolgend einige Beispiele)

        $\Rightarrow \ln(e^x) = x$; $e^{\ln x} = x$; $\sqrt[3]{x^3} = x$ etc.

8.5.7 Ableitungsregeln

Faktoren; $(a*f(x))' = a*f(x)'$

Summen/Differenzen: $(f(x) \pm g(x))' = f'(x) \pm g'(x)$

Kettenregel: $g(h(x))' = g'(h(x)) * h'(x)$
                        $\qquad$ äußere $\quad$ innere $\;$ Ableitung

Produktregel: $(g(x)*h(x))' = g'(x)*h(x) + g(x)*h'(x)$

Quotientenregel: $f'(x) = \dfrac{g'(x) * h(x) - g(x) * h'(x)}{[h(x)]^2}$

8.5.8 Ableitungsübersicht

Funktion f(x)	Ableitung f'(x)
a	0
$x^n \quad n \in \mathbb{R} \setminus \{0\}$	$n * x^{n-1}$
$\Rightarrow \sqrt{x} = x^{\frac{1}{2}}$	$\frac{1}{2} x^{-\frac{1}{2}}$
$\Rightarrow \frac{1}{x} = x^{-1}$	$-\frac{1}{x^2}$
$\ln(x)$	$\frac{1}{x}$
$\Rightarrow \log_a x = \frac{1}{\ln(a)} \ln(x)$	$\frac{1}{\ln(a)} * \frac{1}{x}$
$\sin(x)$	$\cos(x)$
$\cos(x)$	$-\sin(x)$
$\tan(x)$	$\frac{1}{\cos^2 x}$
e^x	e^x
$\Rightarrow a^x = e^{\ln(a) * x}$	$\ln(a) * e^{\ln(a) * x}$

8.5.9 Integrationsregeln

$$\int_a^b f(x)dx = - \int_b^a f(x)dx$$

$$\int_a^b f(x)dx + \int_b^c f(x)dx = \int_a^c f(x)dx$$

Faktoren $\int (a * f(x))dx = a * \int f(x)dx$

Summen/Differenzen $\int (f(x) \pm g(x))dx = \int f(x)dx \pm \int g(x)dx$

Partielle Integration $\int f' * g = f * g - \int f * g'$

Substitution   es muß eine neue Variable definiert werden, die alte Variable durch die neue vollständig ersetzt werden, das Integral gelöst und dann die neue Variable wieder durch die alte ersetzt werden.

bestimmtes Integral   hier müssen die Grenzen folgendermaßen in die Funktion eingesetzt werden:

$$\int_a^b f(x)dx = F(b) - F(a)$$

8.5.10   Tabelle wichtiger Stammfunktionen

Funktion $f(x)$	Stammfunktion $F(x)$
$x^{-1} = \dfrac{1}{x}$	$\ln(x)$
$\Rightarrow \dfrac{1}{x+a}$	$\ln(x+a)$
$x^n \quad n \in \mathbb{R}\backslash\{-1\}$	$\dfrac{1}{n+1} * x^{n+1}$
$\Rightarrow \sqrt{x} = x^{\frac{1}{2}}$	$\dfrac{2}{3} x^{\frac{3}{2}}$
$\Rightarrow \dfrac{1}{x^3} = x^{-3}$	$-\dfrac{1}{2} x^{-2}$
$\Rightarrow \dfrac{1}{\sqrt[3]{x^5}} = x^{-\frac{5}{3}}$	$-\dfrac{3}{2}*x^{-\frac{2}{3}}$
$\Rightarrow (ax+b)^n \quad n \in \mathbb{R}\backslash\{-1\}$	$\dfrac{1}{a} * \dfrac{1}{n+1} * (ax+b)^{n+1}$
$\sin(x)$	$-\cos(x)$
$\cos(x)$	$\sin(x)$
$\ln(x)$	$x*\ln(x) - x$
$\Rightarrow \ln(a*x) = \ln(a)+\ln(x)$	$\ln(a)*x + x*\ln(x)-x$
e^x	e^x
$\Rightarrow e^{a*x}$	$\dfrac{1}{a} e^{a*x}$
$\Rightarrow a^x = e^{\ln(a)*x}$	$\dfrac{1}{\ln(a)} * e^{\ln(a)*x}$
$a \quad a \in \mathbb{R}$	ax

Viele weitere Integrale können unter Zuhilfenahme der zuvor angeführten Integrationsregeln gelöst werden.

8.6 Mathematische Zeichen

Mengen:

$\mathbb{N}$	Menge der natürlichen Zahlen	$\{(0),1,2,3,4,......\}$
$\mathbb{Z}$	Menge der ganzen Zahlen	$\{....-3,-2,-1,0,1,2,3,....\}$
$\mathbb{Q}$	Menge der rationalen Zahlen	Menge aller als Bruch ganzer Zahlen darstellbarer Zahlen (Ratio = Verhältnis).
$\mathbb{R}$	Menge der reellen Zahlen	zusätzlich zu $\mathbb{Q}$ sind auch alle irrationalen Zahlen (z.B. $\Pi, e, \sqrt{2}$) enthalten.
$\mathbb{C}$	Menge der komplexen Zahlen	zusätzlich zu $\mathbb{R}$ sind auch alle Wurzeln aus nagativen Zahlen (imaginäre Zahlen) enthalten.

Logische Verknüpfungen

$\vee$ oder $\wedge$ und $\setminus$ ohne

Verknüpfungen von Mengen

$\cup$ vereinigt

$\cap$ geschnitten

$\in$ ist Element

$\subset$ ist Teilmenge

$\supset$ ist Obermenge (die zweitgenannte Menge ist in diesem Fall Teilmenge der ersten Menge)

Weitere Zeichen:

$\sum$ Summenzeichen

$\prod$ Produktzeichen

∂ Zeichen für partielle Ableitungen

$*$ In diesem Buch verwendetes "mal" Zeichen

$\Rightarrow$ daraus folgt

$\Leftrightarrow$ Äquivalent (gleichbedeutend) (dieses Zeichen wird bei der Umformung von Gleichungen verwendet, wenn das "daraus folgt"($\Rightarrow$) in beide Richtungen, also auch "rückwärts", gilt.

$\neq$ ungleich

∃   es existiert ein ...

∀   es gilt für alle ...

∘   verknüpft–Zeichen für Funktionen

dx   Differential (unendlich kleines Stück in x–Richtung)

8.7 Griechisches Alphabet

In der Mathematik werden immer wieder griechische Buchstaben verwendet Daher wird nachfolgend ein Überblick über das griechische Alphabet gegeben:

Klein	Groß	Name
α	A	Alpha
β	B	Beta
γ	Γ	Gamma
δ	Δ	Delta
ε	E	Epsilon
ζ	Z	Zeta
η	H	Eta
ϑ	Θ	Theta
ι	I	Jota
ϰ	K	Kappa
λ	Λ	Lambda
μ	M	My
ν	N	Ny
ξ	Ξ	Xi
ο	O	Omikron
π	Π	Pi
ρ	P	Rho
σ	Σ	Sigma
τ	T	Tau
υ	Υ	Ypsilon
φ	Φ	Phi
χ	X	Chi
ψ	Ψ	Psi
ω	Ω	Omega

Oberstufenmathematik leicht gemacht

Band 1:
Differential- und Integralrechnung

Ein Buch für alle Studierenden, die große Defizite in Mathematik haben, oder zum Weiterempfehlen für Schülerinnen und Schüler der Oberstufe..

Dieses Buch versucht die mathematischen Zusammenhänge möglichst anschaulich zu vermitteln. Deshalb sind die Darstellungen sehr ausführlich und durch zahlreiche Abbildungen verdeutlicht. Aufgebaut wird nur auf den Mathematikkenntnissen, die die meisten Schülerinnen und Schüler in der Oberstufe tatsächlich haben. Bei der Darstellung des Stoffes wird also berücksichtigt, daß auch manch ein Begriff aus der Mittelstufe noch erklärungsbedürftig ist, wenn dieser benutzt wird. So werden z.B. Exponentialfunktionen und Logarithmen relativ ausführlich erklärt.

mit zahlreichen Abbildungen und Beispielaufgaben

16,80 DM
220 Seiten
ISBN 3-939737-09-1

Oberstufenmathematik leicht gemacht
Band 1:
Differential- und Integralrechnung
mit zahlreichen Abbildungen und Beispielaufgaben
Peter Dörsam

"Ein übersichtliches und klares Werk, überzeugend durch recht ausführliche Erläuterungen und andererseits den Mut zur inhaltlichen Beschränkung."

Besprechung der Einkaufszentrale für öffentliche Bibliotheken

Stichwortverzeichnis